AF759540

Ch. Houillon

Embryologie

Reihe Biologie

Bereits erschienen

Charles Houillon
Sexualität

Michel Durand / Pierre Favard
Die Zelle

Georges Cohen
Der Zellstoffwechsel und seine Regulation

In Vorbereitung

A. Berkaloff / J. Bourguet / P. Favard / M. Guinnebault
Biologie und Physiologie der Zelle

Georges Prévost
Genetik

Charles Houillon

Embryologie

Mit 57 Abbildungen

Springer Fachmedien Wiesbaden GmbH

Reihe Biologie

Herausgegeben von
Prof. Dr. Rudolf Altevogt, Münster

Verfasser: Charles Houillon
Faculté des sciences de Paris

Übersetzung aus dem Französischen
Frau Dr. Helma Hollmann, Hannover

Titel der Originalausgabe: Embryologie
Erschienen bei Editions Scientifiques HERMANN, Paris

Verlagsredaktion: Bernhard Lewerich

ISBN 978-3-528-03530-3 **ISBN 978-3-663-19712-6 (eBook)**
DOI 10.1007/978-3-663-19712-6

1972

Alle Rechte an der deutschen Ausgabe vorbehalten
Copyright ©1972 der deutschen Ausgabe by **Springer Fachmedien Wiesbaden**
Ursprünglich erschienen bei Friedr. Vieweg + Sohn, GmbH, Verlag, Braunschweig **1972**
Softcover reprint of the hardcover 1st edition 1972

Die Vervielfältigung und Übertragung einzelner Textabschnitte, Zeichnungen oder Bilder auch für die Zwecke der Unterrichtsgestaltung, gestattet das Urheberrecht nur, wenn sie mit dem Verlag vorher vereinbart wurden. Im Einzelfall muß über die Zahlung einer Gebühr für die Nutzung fremden geistigen Eigentums entschieden werden. Das gilt für die Vervielfältigung durch alle Verfahren einschließlich Speicherung und jede Übertragung auf Papier, Transparente, Filme, Bänder, Platten und andere Medien.

Satz: Friedr. Vieweg + Sohn, Braunschweig

Buchbinder: W. Langelüddecke, Braunschweig
Umschlaggestaltung: Peter Kohlhase, Lübeck

Vorwort

Der Band „Embryologie" bereichert die uni-texte um eine zusammenfassende Darstellung über eine Wissenschaft, die zu den klassischen der biologisch-medizinischen Forschung gehört. Thema der Embryologie ist die Entwicklungsgeschichte der Individuen (Ontogenese). Das vergleichende Studium der verschiedenen Embryonalstadien von Fisch, Frosch, Echse, Vogel und Säuger brachte auch für den Menschen entscheidende Erkenntnisse über seine eigene Stellung innerhalb unserer Welt. Manche seiner gestaltlichen Eigenschaften wurden erst durch diesen Vergleich mit seinen Vorfahren und Verwandten aus der Tierwelt verständlich. So lassen sich Fehlleistungen der gestaltlichen Entwicklung, bei denen Organe und Organsysteme des Menschen nicht das allgemeine Niveau erreichen, als nicht zu Ende gekommene Gestaltbildungsprozesse erkennen und vielleicht eines Tages im guten Sinne manipulieren. Damit ist die Betrachtung der Kausalität morphogenetischer Vorgänge angesprochen, die im Kapitel V ausführlich zu Wort kommt und bis auf das biochemische Niveau hinabreicht.

Der Leser erhält den komplexen Stoff in einem stufenweise fortschreitenden Informationsgang mitgeteilt. Auf die dargestellten Probleme wird er ausreichend vorbereitet und umsichtig in sie eingeführt. Somit ist auch für den, der in der biologischen Fachterminologie noch nicht so recht zu Hause ist, Gewähr gegeben, daß er sich schnell in diesem Fachgebiet zurechtfindet.

R. Altevogt

Münster (Westf.), im Dezember 1971

Inhalt

III. Entwicklung der Vögel

IV. Entwicklung der Säugetiere

I. Einführung

1. Historischer Überblick

Die Embryologie erforscht die Eizellen-Entwicklung vom Zeitpunkt der Befruchtung an bis zur Geburt. Sie hat es sich zur Aufgabe gemacht, die einzelnen Abschnitte in der Metazoen-Entwicklung während der gesamten diploiden Phase des Individuums zu verfolgen: Vom einzelligen Stadium des Eis bis zum Punkt weitgehender Differenzierung, in dem sich die Organe des jungen Lebewesens herausbilden, das nun imstande ist, ein selbständiges Leben zu führen.

Die Probleme der Entwicklungsvorgänge haben schon frühzeitig das Interesse der Menschheit erweckt. Bereits die einfache Beobachtung zeigt, daß die Einzelwesen geboren werden, wachsen, sich vermehren und schließlich sterben. Die Anfänge dieses Lebenszyklus entzogen sich lange einer Untersuchung, da sie im Ei ablaufen. Erst der Gebrauch geeigneter optischer Instrumente machte diese Entwicklungsstufe der direkten Beobachtung zugänglich. Obwohl die Eier bei verschiedenen Gattungen einen ähnlichen Umfang wie bei den Vögeln erreichen, ist die entscheidende Region doch jeweils nur auf einen kleinen Bereich - die *Keimscheibe* - beschränkt. Im allgemeinen bewegt sich die Größenordnung von Evertebraten-Eiern in Zehnteln von Millimetern, ausgenommen die der Cephalopoden und einiger Arthropoden, bei denen die Eier einen Durchmesser von einem Millimeter und mehr erreichen können. Diese Größenordnung läßt sich ebenfalls bei der Mehrzahl der Vertebraten beobachten, mit Ausnahme der Sauropsiden und vor allem der placentalen Säuger, bei denen der Durchmesser der Eizelle ein Zehntel Millimeter nicht überschreitet. Dies ist auf den sekundären Verlust der Reservesubstanz zurückzuführen; ein Verlust, der mit der besonderen Entwicklung des Eis im mütterlichen Organismus zusammenhängt.

Die Erfindung des Mikroskops reicht immerhin nicht weiter zurück als bis zum Ende des 16. Jahrhunderts, und die ersten Vorstellungen von der Zelle beginnen sich erst gegen Ende des 17. Jahrhunderts herauszubilden. Aber selbst mit einer Lupe oder einem Mikroskop ist es noch nicht möglich, die einzelnen Entwicklungsphasen zu verfolgen, die viel zu langsam ablaufen, um in ihrer Gesamtheit überblickt zu werden. Es wird zudem die Unterstützung durch ausreichende technische Möglichkeiten erforderlich, so wie es eine vielfach erwiesene Tatsache ist, daß sich ein wissenschaftlicher Fortschritt erst nach der Einführung neuer Techniken verwirklichen läßt.
Für die Embryologie erhielten eine besondere Bedeutung vor allem die verschiedenen histologischen Techniken, die jedoch erst seit der zweiten Hälfte des 19. Jahrhunderts mit Erfolg angewendet werden. Die Grundlage der embryologischen Forschung schuf HARVEY (1651), als er nach Beobachtungen am Uterus von träch-

tigen Säugerweibchen sowie der Entwicklung des Hühnchens im Ei den Satz formulierte, daß jedes Individuum aus einem Ei hervorgeht. Aber selbst Entdeckungen wie die des Follikels durch DE GRAAF (1672) und der Spermatozoen durch LEUWENHOECK (1677) brachten keine neuen Fortschritte für die embryologische Forschung. Die Eizelle der Säugetiere wurde endgültig erst 1827 durch VON BAER entdeckt, dem wir auch die Kenntnis von den primären Keimblättern des Embryos verdanken. WOLFF (1759) beschrieb unterdessen die Entwicklung des Hühnchens in einer bemerkenswerten Weise: Er deutete die Embryogenese als Kette von immer komplizierter werdenden Vorgängen oder *Epigenesis;* seine Ansichten sollten erst zwei Jahrhunderte später bestätigt werden. Die Gedankenwelt dieses Zeitalters wurde von den Vorstellungen der Präformisten beherrscht, nach denen der Keim nur eine Miniaturausgabe des Adultus sein sollte.

Erst unter dem Eindruck der Beobachtungen von REAUMUR und BONNET über die Parthenogenese der Blattläuse traten diese Theorien etwas mehr in den Hintergrund.

Ein wissenschaftlicher Fortschritt wird stets dann bewirkt, wenn verschiedene, gleichzeitig angestellte Untersuchungen von ähnlichen Vorstellungen getragen werden. Aus diesem Blickwinkel ist es vor allem das Gedankengut der Evolutionisten, dem der Aufschwung der Embryologie zu verdanken ist. Diese Ansichten kamen am Beginn des neunzehnten Jahrhunderts auf (LAMARCK; 1802) und konnten in ihrer Richtigkeit von DARWIN (1859) bestätigt werden. Sie brachten einen entscheidenden Wendepunkt in der embryologischen Forschung.

Zusammen mit F. MÜLLER (1864) formulierte HAECKEL das *biogenetische Grundgesetz: In der Ontogenese* spiegelt sich *die Phylogenese wider,* oder anders ausgedrückt, die Entwicklung des Individuums rekapituliert die Evolutionsschritte seiner Ahnenreihe. Für HAECKEL bedeutete die Gastrula die gemeinsame Ausgangsform aller Metazoen. Diese Vorstellungen reizten zu genaueren Untersuchungen und standen am Beginn des Aufschwungs der vergleichenden Embryologie während der zweiten Hälfte des 19. Jahrhunderts. Schließlich wurden dann auf der Grundlage der morphologischen Studien experimentelle Untersuchungen möglich; die experimentelle Embryologie kam gegen Ende des letzten Jahrhunderts auf.

2. Die einzelnen Entwicklungsstufen

Die Ontogese oder Embryogenese des Einzelwesens ist die Antwort auf eine kontinuierliche Abfolge wechselnder Bedingungen von mehr oder weniger komplexer Art. Ihre exakte Darstellung würde eine fortlaufende Beobachtung erfordern; das ist aber bei einer großen Anzahl von Tieren technisch nicht zu verwirklichen, da sich die Embryogenese sehr langsam vollziehen kann, etwa über mehrere Monate hin, wie bei den Säugern. Jedoch gibt es in der Entwicklung einer jeden Tierart charakteristische Abschnitte, mit denen Phasen eingeleitet werden, in denen das

Geschehen überall gleichartig abläuft. Eine Verknüpfung all dieser z.T. nur theoretisch abgeleiteten Abschnitte ist von großem Nutzen für die Deutung der Phänomene.

Am Beginn der Entwicklung begegnet man in allen Tierklassen einem ähnlichen Schema. Nach der Befruchtung, die durch eine Phase zunehmender Aktivität und die amphimiktischen Vorgänge gekennzeichnet ist, macht das Ei während der gesamten Entwicklungsstufe, die man *Furchung* nennt, eine große Zahl von Teilungsschritten durch, bis schließlich das *Blastula*-Stadium erreicht ist. Die Blastula ist der Ausgangspunkt für eine weitere Stufe, die *Gastrulation*, in deren Verlauf die Keimblätter entstehen. Man bezeichnet sie allgemein als *Gastrula*-Stadium.

Wenn nach der Gastrulation die Anlage der Organe erfolgt, beginnt sich die Entwicklung zu spezialisieren. Immerhin haben gemeinsame Züge noch lange Bestand innerhalb der großen systematischen Gruppen. Im Verlauf dieser Phase der Organdifferenzierung trennt sich der Entwicklungsgang der Chordaten von dem aller übrigen Metazoen ab, er weist also von nun an keinerlei Gemeinsamkeiten mehr etwa mit der Embryologie der Arthropoden auf. Bei den ersten Stufen der Ontogenese lassen sich einige Haupttypen unterscheiden, die im großen ganzen den zoologischen Einteilungsprinzipien folgen. Es bleibt festzuhalten als einer der größten Verdienste der vergleichenden Embryologie, die grundlegende Reihenfolge der hier skizzierten Vorgänge, wie sie für alle Metazoen zutreffen, geklärt zu haben:
– Befruchtung
– Furchung
– Gastrulation
– Organdifferenzierung.

Die chronologische Abfolge dieser Phasen und der vergleichbaren Umgestaltungen, die sie in sich bergen, drücken den gemeinsamen Ursprung aller Organismen aus. Allein die Abstammungslehre gestattet es, die Einheitlichkeit in den Anfängen der Individualentwicklung zu verstehen. Die vergleichende Embryologie hat der Evolutions-Theorie mehr überzeugende Beweise liefern können als die Paläontologie.

Bevor die Entwicklungsabläufe an einigen Beispielen eingehender zur Sprache kommen können, ist es unumgänglich, die Begriffe der Furchung und Gastrulation näher zu erläutern. Die Befruchtung wird im einzelnen hier nicht behandelt, ausgenommen die Vorgänge der cytoplasmatischen Umgestaltungen, mit denen die aktive Periode der Eizelle einsetzt.

3. Die Furchung

3.1. Definition

Die Teilung oder Furchung einer Eizelle ist die Folge der amphimiktischen Vorgänge. Sie beginnt mit einer ersten Durchschnürung, in deren Verlauf zwei Tochterzellen oder *Blastomeren* entstehen. Das Kern-Plasma-Verhältnis der befruchteten Eizelle ist gründlich zugunsten des Cytoplasmas gestört, eine für die weitere Entwicklung bedeutungsvolle Tatsache. Erst nach Beendigung der Furchungsteilungen nähert sich das Kern-Plasma-Verhältnis dem Normalwert, mit dem die jeweilige Spezies ausgezeichnet ist. Das Ei teilt sich in eine Anzahl von Blastomeren, ohne daß sich sein Umfang in nennenswerter Weise vergrößert. Schließlich erhält es das Aussehen einer Maulbeere und wird daher *Morula* genannt, während gleichzeitig ein zentraler Hohlraum – das *Blastocoel* – entsteht. Zu diesem Zeitpunkt ist aus der Morula eine Blastula geworden. Die typische Blastula besteht aus einer Zellschicht, die das Blastocoel umhüllt (Bild 6).

Die Furchung vollzieht sich nach unterschiedlichen Modi und ist abhängig von der Dottermenge sowie von dem damit in engem Zusammenhang stehenden Eityp. Und in der Tat richten sich die Abfolge der mitotischen Prozesse und die daran anschließenden Teilungen der Eizelle nach der Menge der vorhandenen Reservesubstanz. Diese Wechselwirkungen drücken sich in der BALFOURschen Regel aus: Eine Zelle kann sich um so schneller vermehren, je geringer sie mit Dottermaterial beladen ist. Ganz allgemein kann man also sagen, daß die Furchung um so schneller abläuft, je weniger Dotter vorhanden ist.

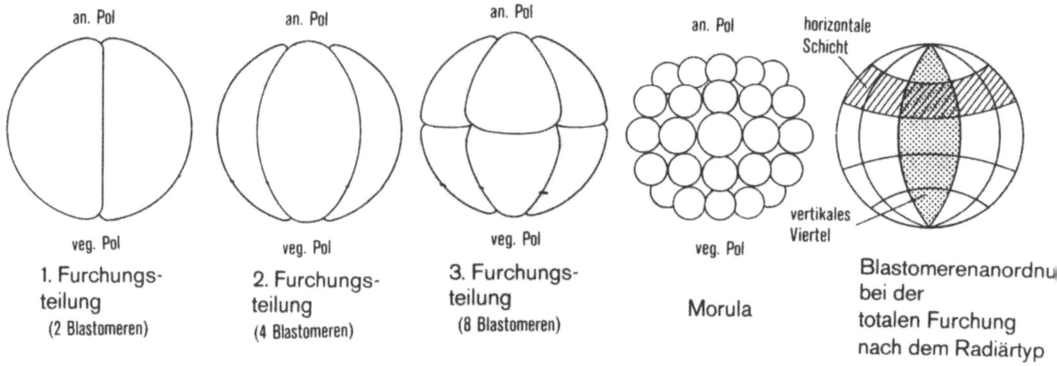

Bild 1. Totale Furchung nach dem Radiärtyp (Seitenansicht).

Nach der Menge des Reservemateriales lassen sich vier Typen von Eizellen unterscheiden:

– *oligolecithal*, dotterarm (Seeigel);
– *heterolecithal*, mit einer durchschnittlichen, aber ungleich verteilten Dottermenge versehen (Amphibien);
– *telolecithal*, extrem reich an Dottermaterial (Vögel);
– *centrolecithal* (Insekten).

Gemäß der oben erwähnten Regel läßt es sich voraussehen, daß sich der animale Pol der oligolecithalen und heterolecithalen Eier schneller furchen wird als der vegetative Pol; in dieser Region teilen sich die dotterreichen Blastomeren langsam. Dies wird besonders deutlich, wenn das Reservematerial so reichlich vorhanden ist wie bei den telolecithalen Eiern; in diesem Fall furcht sich der untere Eipol nicht mehr.

Bei der Furchung lassen sich zwei Arten unterscheiden, je nachdem ob die Durchschnürung der Eizelle vollständig ist oder nur einzelne Partien erfaßt:

- die *totale Furchung* betrifft die gesamte Eizelle, man findet sie bei oligolecithalen und heterolecithalen Eiern;
- die *partielle Furchung* betrifft nur einen Teil der Eizelle, und dies ist der Fall bei telolecithalen und centrolecithalen Eiern.

3.2. Die Typen der totalen Furchung unterschieden nach der Blastomerengröße

Als *holoblastisch* bezeichnet man solche Eier, deren Entwicklung von der totalen Furchung bestimmt wird. In diesem Fall kann die Dottermenge entweder sehr gering oder nur wenig angereichert sein. Als Charakteristikum gilt jedoch nicht allein die Größe der einzelnen Blastomeren, sondern auch ihre Stellung im Verband mit den übrigen.

So wird die totale Furchung als *äqual* bezeichnet, wenn alle Blastomeren gleich groß sind. Dieser Typus ist ziemlich selten vertreten; er findet sich innerhalb der Echinodermen z.B. bei den Synapten (Holothuria), die mit oligolecithalen Eiern ausgestattet sind. Die *total-inäquale* Furchung trifft für die Mehrzahl der oligolecithalen Eier zu sowie für alle heterolecithalen.

Die kleineren Blastomeren – *Mikromeren* – sind am animalen Pol angeordnet und die größeren Blastomeren – *Makromeren* – am vegetativen Pol des Eies. Dieser häufige Furchungstypus läßt sich besonders gut an der Entwicklung des Froscheis verfolgen.

3.3. Die Typen der totalen Furchung unterschieden nach der Blastomeren-Anordnung

Der Ablauf der totalen Furchung erfolgt nach einer strengen Gesetzmäßigkeit; die Blastomeren teilen sich nicht etwa unabhängig jede für sich, sondern die Teilungsschritte aller Blastomeren derselben Eizelle verlaufen koordiniert. Die Stellung der einzelnen Blastomeren zueinander wird durch die Richtung der Teilungsspindeln bestimmt. Dem Typus einer unregelmäßig ausgebildeten Furchung begegnet man nur bei den Coelenteraten; in den übrigen Gruppen vollzieht sich die totale Furchung nach dem *Radiärtyp*, dem *Spiraltyp*, dem *bisymmetrischen* Typ oder dem *Bilateraltyp*. Dabei besitzen die beiden erstgenannten Typen die größte Verbreitung.

3.3.1. Radiärtyp

Bei diesem Typ wechseln in bestimmter Weise meridionale Furchen mit senkrecht auf diesen verlaufenden Latitudinalfurchen ab.
Durch die meridionalen Furchen wird die senkrechte Anordnung der Blastomeren festgelegt, während die Latitudinalfurchen die horizontale Schichtung der Blastomeren zur Folge haben. Die meridionalen Furchungsebenen gehen durch die Achse der Eipole, so daß man hinsichtlich dieser Achse von einer Radiärsymmetrie der Blastula sprechen kann.

Ein derartiger Furchungsablauf läßt sich bei den Synapten oder den Echiniden beobachten sowie bei den ersten Teilungsschritten des Amphibieneies.

3.3.2. Spiraltyp

Diesem Furchungstyp begegnet man bei zahlreichen Evertebraten wie den polycladen Turbellarien, den Nemertinen, Amphineuren, Gastropoden, Scaphopoden, Lamellibranchiaten und den Anneliden. Im weiteren Verlauf ihrer Entwicklung entsteht bei allen eine vergleichbare Larvenform : die *Trochophora.* Durch sie wird ein gemeinsamer Ursprung dieser Gruppen bewiesen, die als adulte Individuen sehr wenig Verbindendes zeigen. Man faßt sie deshalb unter der Sammelbezeichnung *Spiralia* zusammen. Beim Radiärtyp werden die Teilungsspindeln abwechselnd horizontal und vertikal angelegt, so daß man ohne eine Blastomere zu durchteilen, vom animalen zum vegetativen Pol gelangen kann, wenn man einer meridionalen Furchungslinie folgt. Anders bei der Spiralfurchung: hier verlaufen die Teilungsspindeln weder horizontal noch vertikal, sondern sie sind schräg zur Eiachse gestellt. Die Tochterblastomeren ordnen sich zwischen den Ausgangsblastomeren und verbleiben in waagerechten Lagen, die jedoch von Schicht zu Schicht versetzt sind. Um hier vom animalen zum vegetativen Pol zu gelangen, ohne eine Blastomere zu durchteilen, muß man eine Spirale um die Eiachse beschreiben. Die aus einer bestimmten Blastomere hervorgegangenen Zellelemente lassen sich recht bald voneinander unterscheiden, so daß frühzeitig ihre Abstammung zu erkennen ist. Für die Blastomerennomenklatur verwendet man einen Buchstaben, dem ein Zahlenkoeffizient vorangestellt wird und der zusätzlich mit einem Zahlenexponenten versehen sein kann. Auf diese Weise ergibt sich die *Abstammungsfolge der Zellen.* Die erste Furchung ist eine meridionale und bildet die beiden ersten Blastomeren, genannt AB und CD. Der zweite Furchungsschritt verläuft gleichfalls meridional und steht senkrecht auf dem ersten. Es entsteht dabei das Blastomerenquartett A-B-C-D, das die Grundlage für die vier Quadranten des Embryos liefert. Mit jeder neuen Zellteilung wechselt die Richtung der Teilungsspindeln. Nach der dritten Furchung bilden sich vier Mikromeren am animalen Pol heraus; sie sind zwischen die vier Makromeren des vegetativen Poles eingeschoben. Diese vier Mikromeren bilden das erste *Quartett:* 1a, 1b, 1c und 1d. Der Buchstabe a weist auf die Her-

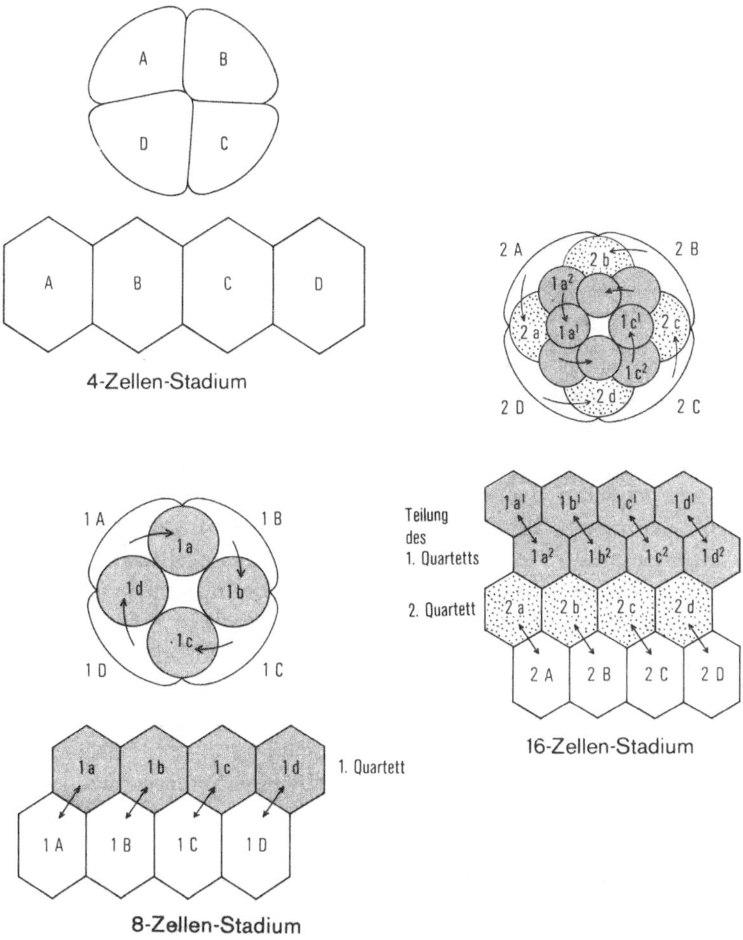

Bild 2. Totale Furchung nach dem Spiraltyp. Das Ei ist in Aufsicht auf den animalen Pol dargestellt; bemerkenswert ist der Richtungswechsel der hier mit Pfeilen versinnbildlichten, achromatischen Spindeln: Sie sind im 8-Zellen-Stadium rechtsgerichtet und im 16-Zellen-Stadium linksgerichtet.

kunft der betreffenden Mikromere von der Makromere A hin, während der Koeffizient die Rangordnung andeutet; zum ersten Mikromerenquartett gehört der Koeffizient 1. Die vier Makromeren erhalten jetzt die Bezeichnung: 1A, 1B, 1C und 1D (Bild 2). Nach dem vierten Teilungsschritt geben die Makromeren ein zweites Mikromerenquartett ab: 2a, 2b, 2c und 2d; durch den Koeffizienten 2 wird dieses zweite Quartett gekennzeichnet. Aus den Makromeren sind nun die Zellen 2A, 2B, 2C und 2D geworden. Während das zweite Mikromerenquartett noch im Entstehen begriffen ist, teilt sich das erste noch einmal, so daß anschließend zwei Zellagen aus je vier Blastomeren vorliegen :

– eine obere Zellschicht am animalen Pol;
– eine Zwischenschicht, die unter der oberen Schicht gelegen ist.

Mit dem Koeffizienten 1 werden weiterhin die Blastomeren des ersten Quartetts bezeichnet, doch erhalten die neuen Blastomeren zusätzlich einen Exponenten:

– die obere Zellschicht trägt den Exponenten 1;
– die untere Zellschicht trägt den Exponenten 2.

Nach der fünften Furchungsteilung geben die Makromeren ein weiteres Quartett 3a, 3b, 3c und 3d ab und werden nun selbst mit 3A, 3B, 3C und 3D bezeichnet. Außerdem teilen sich auch die Blastomeren des zweiten Quartetts, und ihre Abkömmlinge tragen den Koeffizienten 2 sowie die Exponenten 1 oder 2 je nachdem, ob sie nach oben oder nach unten abgegliedert werden. Das erste Quartett teilt sich gleichfalls. Diesen Blastomeren, die wieder den Koeffizienten 1 tragen, fügt man zusätzlich zum Exponenten der vierten Furchungsteilung einen weiteren hinzu. Diese Numerierung der Zellen wird noch ein weiteres Mal für die sechste Furchungsteilung angewendet, die zu einer Blastula mit 64 Blastomeren führt. Von den Makromeren gliedert sich ein viertes und letztes Quartett (4a, 4b, 4c und 4d) ab, und sie werden dann mit 4A, 4B, 4C und 4D gekennzeichnet. Zur gleichen Zeit teilen sich die drei ersten Quartette, deren Nomenklatur nach den oben erläuterten Regeln fortgeführt wird. Die Bezeichnung der Zellreihe hört an dieser Stelle auf, da die folgenden Furchungsteilungen asynchron verlaufen, was vornehmlich für die Blastomere D gilt, die stets am umfangreichsten bleibt.

Die Abkömmlinge der Blastomere D, die nach dem zweiten Furchungsschritt auftaucht, sind bis zur sechsten Furchungsteilung aufgeführt (Bild 3). Nimmt man z.B. die Blastomere $1d^{221}$, so besagt der Buchstabe d, daß es sich um eine Mikromere handelt, der Koeffizient 1, daß sie aus dem ersten Quartett entstanden ist, das sich nach dem dritten Furchungsschritt herausgebildet hat. Den Hinweis auf die dritte Zellgeneration nach der dritten Furchungsteilung erhält man durch den dreistelligen Exponenten; sie ist also im 64-Zellen-Stadium entstanden.

Der besondere Vorzug dieser Nomenklatur ist, daß sie es gestattet, die Entstehungsgeschichte der einzelnen Blastomeren genau zu studieren. Ohne auf Einzelheiten in der Abstammungsgeschichte der einzelnen Blastomerengruppen einzugehen, soll hier nur die Blastomere 4d erwähnt werden, die zur Bildung des Mesoderms und der Urkeimzellen führt, die schon sehr frühzeitig erkennbar sind. Der Verdauungstrakt entsteht aus anderen Blastomeren des vierten Quartetts, genauer den Zellen 4a, 4b, 4c sowie den vier Makromeren 4A, 4B, 4C und 4D.

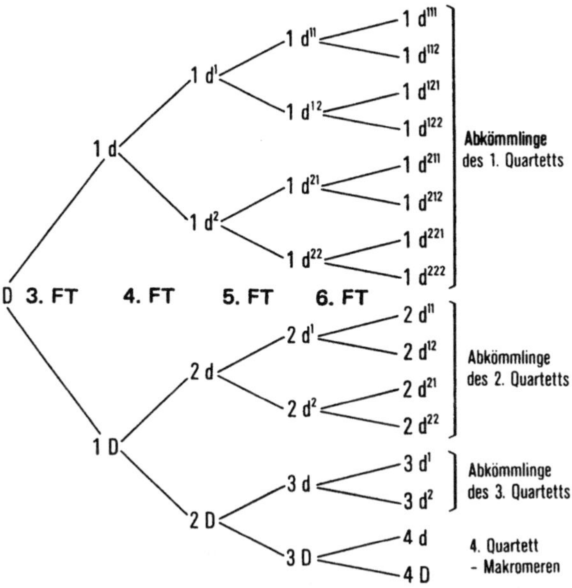

Bild 3
Eine Abstammungsreihe von Zellen bei der Spiralfurchung; die Nomenklatur wird für die Blastomere D bis zur sechsten Furchungsteilung (FT) verfolgt.

Die *totale bisymmetrische* oder *biradiale Furchung* ist nur bei den Ctenophoren zu beobachten; durch die beiden ersten Furchungsebenen, die meridional verlaufen, werden die beiden Symmetrie-Ebenen des Embryos festgelegt.

Der *totalen bilateralen Furchung* begegnet man bei den Ascidien. Die erste Furchungsebene steht in enger Beziehung zur bilateralen Symmetrie-Ebene des Embryos. Das in der Entwicklung begriffene Ei ist stets in Gestalt zweier symmetrischer Hälften realisiert. Jede Blastomere der einen Seite entspricht einer symmetrisch angeordneten Blastomere der gegenüberliegenden Seite.

3.4. Partielle Furchung

Wenn Eizellen reichlich mit Reservematerial versehen sind, wird bei den Furchungsteilungen der entgegengesetzt liegende Eipol nicht mehr erreicht, und der größte Teil des Dotters bleibt daher ungefurcht.

Diese Furchung liegt in zwei Ausbildungsformen vor:
– discoidale Furchung;
– superfizielle Furchung.

3.4.1. Discoidale Furchung

Sie kommt bei telolecithalen Eiern vor, so etwa bei den Sauropsiden, zahlreichen Fischen und den Cephalopoden. Aufgrund ihrer äußeren Form, die sie im Verlauf

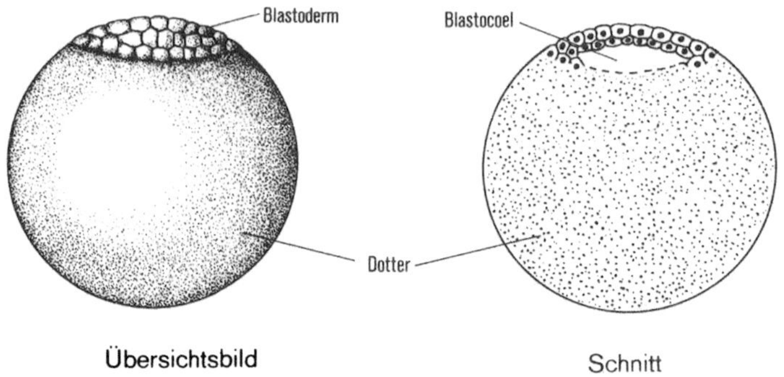

Bild 4. Discoidalfurchung.

der Furchungsteilungen erhalten, heißen diese Eier *meroblastisch.* Die Teilung erfaßt nur eine Cytoplasma-Schicht in der Umgebung des oberen Eipoles; der untere Teil bleibt ungefurcht (Bild 4). Es entsteht dabei eine Blastomerenkappe, das sogenannte *Blastoderm* oder die Keimscheibe, aus der sich der Embryo auf der Dottermasse schwimmend entwickelt. Das alecithale Ei der Säuger, das sein Reservematerial sekundär wieder verloren hat, beginnt die Furchung wie ein holoblastisches Ei und führt sie später nach Art der Meroblastier weiter.

3.4.2. Superfizielle Furchung

Diesem Furchungstyp folgen die centrolecithalen Eier der Insekten. Der Zellkern macht mehrere Teilungen durch, ohne daß in der Dottermasse die Zellgrenzen ausgebildet werden. Wenn die Kerne schließlich die peripheren Plasmabezirke erreicht haben, bilden sie dort ein Syncytium. Die Zellgrenzen entwickeln sich später, und es entsteht ein peripheres Blastoderm, das den zentralen, ungefurchten Dotter umhüllt (Bild 5). Hierbei muß besonders erwähnt werden, daß einer oder mehrere Kerne, die in das Plasma des Eipoles eingewandert sind, das Ausgangsmaterial für die Urkeimzellen darstellen.

3.5. Die Ergebnisse der Furchungsteilungen

Am Beginn der Furchung bilden die Blastomeren einen dichten Zusammenhalt, wobei die Eizelle das erwähnte maulbeerenähnliche Aussehen erhält, das diesen Abschnitt als Morula-Stadium charakterisiert (Bild 6). Aber sehr bald haben die Blastomeren das Bestreben, sich um einen zentralen Hohlraum – die *Furchungshöhle* oder das *Blastocoel* – zu gruppieren. Aus dem Keim ist nun eine Blastula geworden. Es gilt verschiedene Blastula-Typen zu unterscheiden, die auf die Abweichungen in Gehalt und Verteilung des Reservemateriales bei der Eizelle zurückzuführen sind. Handelt es sich um dotterarme Eier, so führt die total-äquale wie

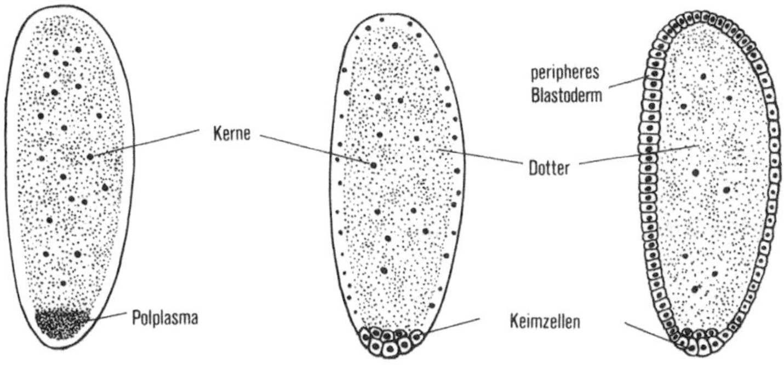

Kernteilung Periblastula

Bild 5. Superfizielle oder intravitelline Furchung des Insekteneis.

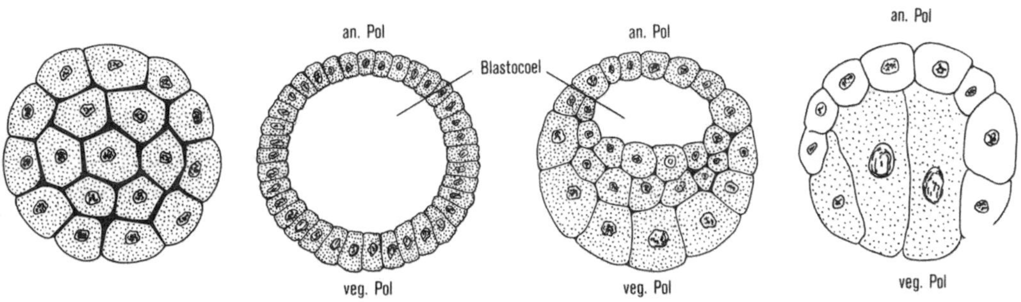

Morula Coeloblastulen Sterroblastula

Bild 6. Endstadien nach der totalen Furchung (im Schnitt).

auch die total-inäquale Furchung zu einer Blastula, deren Blastocoel von einer gleichenmäßigen Zellschicht umgeben ist. Man erhält die typische *Coeloblastula* des dotterarmen Seeigel- oder *Branchiostoma*-Eis (Bild 6).

Im Fall einer total-inäqualen Furchung bei heterolecithalen Eiern wird das Blastocoel exzentrisch zum animalen Pol verlagert. Da die Blastomeren des vegetativen Poles durch ihren Dotterreichtum entsprechend umfangreich sind, erscheint die Coeloblastula hier unregelmäßig gestaltet.

In einigen seltenen Fällen ist das Blastocoel nur theoretisch vorhanden, da sein Raum vollständig von den riesigen Blastomeren des unteren Eipoles ausgefüllt wird. Man spricht hier von einer *Sterroblastula*, für die der Polychaet *Nereis* ein typisches Beispiel bildet. Die fülligen Makromeren werden von einer Mikromerenkappe förmlich umwallt (Bild 6).

Der discoidalen Furchung entspricht die sogenannte *Discoblastula* der telolecithalen Fisch- und Sauropsiden-Eier. Eine Blastomerenkappe am oberen Eipol bedeckt den ungefurchten Dotter.

Die superfizielle Furchung der centrolecithalen Insekteneier führt zu einer *Periblastula*, die ebenfalls eine Furchungshöhle entbehrt. Das ungefurchte Dottermaterial ist von einer Blastomerenschicht umhüllt.

4. Die Gastrulation

4.1. Definition

Unter dem Begriff Gastrulation versteht man die Gesamtheit aller morphogenetischen Prozesse, in deren Verlauf die Keimblätter der Metazoen entstehen. Die Aktivität der mitotischen Vorgänge, die während der gesamten Furchung sehr stark ist, verlangsamt sich allmählich, ohne jedoch vollständig aufzuhören. An den Blastomeren oder Blastomerenstreifen erfolgen entscheidende Verlagerungen. Sie führen zu einer Unterteilung in zwei Zellgattungen, wobei die eine dazu bestimmt ist, eine Deckschicht für die andere zu bilden. Das äußere Blatt oder *Ektoderm* umhüllt ein inneres Blatt, das *Entoderm.* Aber die Gastrula bleibt nur bei Schwämmen und Coelenteraten ein zweischichtiger Keim; bei allen übrigen Metazoen entsteht zwischen den beiden primären Keimblättern ein mittleres Blatt oder *Mesoderm.*

4.2. Formen der Gastrulation

Die Gastrulation kann in fünf verschiedenen Formen vollzogen werden, wobei sich in einzelnen Fällen auch Kombinationen beobachten lassen:

- Invagination
- Epibolie
- Delamination
- Immigration
- polare Proliferation

4.2.1. Invagination oder Einstülpung

Im einfachsten Fall der Gastrulation senkt sich die vegetative Hemisphäre in das Blastocoel ein; dies ist nur bei der typischen Coeloblastula möglich. Die durch die Invagination entstandene Öffnung, in deren Umgebung die beiden primären Keimblätter entstehen, heißt *Blastoporus (Urmund).* Vorgänge dieser Art spielen in der Entwicklung des Seeigels und bei *Branchiostoma* eine Rolle. Durch die Einstülpung des vegetativen Poles in das Innere der Blastula wird das an der Außenfläche verbleibende Blatt zum Ektoderm. Das innere Blatt oder Entoderm bildet die Begrenzung der primären Verdauungshöhlung oder des *Urdarmes.* In dem Maße wie der Urdarm an Größe zunimmt, verringert sich das Blastocoel immer mehr, bis es schließlich ganz verschwindet.

4.2.2. Epibolie oder Umwachsung

Wenn wie bei der Sterroblastula ein eigentliches Blastocoel fehlt, kann eine Invagination nicht erfolgen. Bei dieser Form der Gastrulation teilen sich die Mikromeren des animalen Poles sehr lebhaft und beginnen, die Makromeren des vegetativen Poles zu umhüllen, so daß diese passiv nach innen verlagert werden (Bild 7).

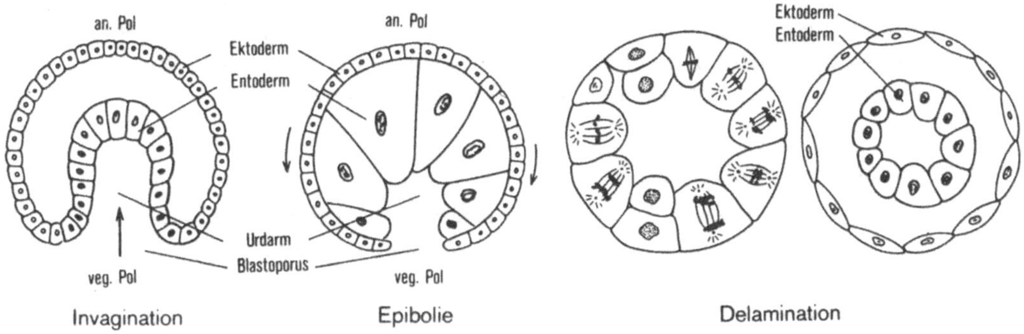

Bild 7. Formen der Gastrulation.

Der Blastoporus entsteht in der frei gebliebenen, kreisförmigen Fläche der Ektodermkappe. Er verschließt sich nach Beendigung der Epibolie. Da keine Einstülpung von Entodermmaterial erfolgt ist, wird der Urdarm von Makromeren begrenzt.

Bei der Gastrulation der Amphibien sind die Formen der Umwachsung und der Einstülpung miteinander verknüpft, so daß die Analyse der Vorgänge sehr schwierig wird.

4.2.3. Delamination

Diese Form der Gastrulation ist bei den Coelenteraten verbreitet. In dem als Abblätterung bezeichneten Prozeß werden die Zellen der Coeloblastula in zwei Lagen aufgeteilt; die Anfänge sind gelegentlich schon im 16-Zellen-Stadium zu beobachten. Die Teilungsspindeln sind radiär angeordnet, die Teilungsebenen laufen parallel über die Oberfläche des Eis (Bild 7).

So bildet sich die einschichtige Blastula in einen Keim mit zwei Zellschichten um. Die Abblätterung wird in dieser Art fortgesetzt, bis die im Innern gelegenen Zellen das Entoderm gestaltet haben, von dem der Urdarm umgeben wird. Ein Blastoporus ist nicht vorhanden, die Urdarm-Öffnung bricht sekundär durch.

4.2.4. Immigration

In diesem Fall wandern Blastula-Zellen aktiv in das Blastocoel ein. Handelt es sich um eine große Furchungshöhle, so werden die Zellen zunächst freibeweglich und ordnen sich darauf erneut, um das Entoderm zu bilden. Die Entstehung des dichten Keimblattes, das sich eng an das Ektoderm anlegt, geht relativ rasch vor sich. Eine Gastrulation von der Art der Immigration tritt bei den höheren Vertebraten auf.

4.2.5. Polare Proliferation

Die Blastomeren des vegetativen Poles wuchern hier in das Innere des Blastocoels. Es kann ein zweifaches Phänomen eintreten: Eine aktive Verlagerung der unteren Blastomeren gegen das Innere des Keimes und eine Verdrängung der Blastomeren des vegetativen Poles infolge einer Epibolie der Mikromeren des oberen Eipoles. Die Gastrulation der Coelenteraten verläuft sehr häufig in dieser Weise.

5. Organdifferenzierung

Nach der Gastrulation sind die Gestaltungsbewegungen noch nicht beendet. Es lassen sich jetzt andersartige Umformungen beobachten, die von Gruppe zu Gruppe recht unterschiedlich sind: Der Blastoporus kann sich ventral verlagern, es können sich Wimpernkränze und verschiedene Fortsätze bei wasserlebenden Larven ausbilden, das Mesoderm teilt sich in regelmäßigen Ausstülpungen bei den Vertebraten ab, und es setzen die Umbildungen der Dorsalregion ein, wie etwa die Anlage des Neuralrohres. In den Grundzügen läßt sich nun schon die Gestalt des Embryos erkennen. Alle diese Gestaltungsbewegungen, die der Gastrulation mit eingeschlossen, werden mit dem Begriff *Morphochorese* im Sinne des belgischen Embryologen A. DALCQ zusammengefaßt. Am Ende der Morphochorese erfahren auch diejenigen Zellregionen, die bisher noch keine histologische Differenzierung erhielten, ihre Ausgestaltung. Der Keim stellt in der Tat ein Mosaik aus verschiedenen Feldern dar, die zwar noch nicht differenziert, jedoch hinsichtlich ihres zukünftigen Schicksals unwiderruflich festgelegt sind. Diese organbildenden Cytoplasmabezirke, einmal angelegt, erhalten jetzt auch ihre histologische Ausbildung. Die Morphochorese schließt mit der Entstehung der Epidermis und ihrer Anhangsgebilde sowie des Nervensystems aus dem Ektoderm. Während der gesamten Furchung und auch noch während der Gastrulation zeigt der Keim so gut wie keine Größenzunahme. Dann aber, nach Abschluß der Morphochorese, wird das Wachstum des Embryos deutlich. Die Gewebe haben sich zusammengelagert und bilden die Organe, die nach weiteren Gewebedifferenzierungen nun auch funktionsfähig sind.

Von jetzt an ist der Embryo imstande, sein eigenes Leben zu führen. Dies ist im allgemeinen der Zeitpunkt, wo das Ausschlüpfen erfolgt; aus dem Embryo ist eine Larve geworden.

Das junge Lebewesen hat ein Stadium funktioneller Aktivität erreicht, die das Ende der Embryonalperiode bedeutet; das Larvenstadium hat eingesetzt. In vielen Fällen ist die Erscheinungsform sehr verschieden von der des ausgewachsenen Tieres. Tiefgreifende Veränderungen während der sogenannten *Metamorphose* sind erforderlich, um aus der Larve das adulte Tier hervorgehen zu lassen. Aber vom Standpunkt des Embryologen aus darf man annehmen, daß die wesentlichsten Phänomene mit dem Beginn der Larvalperiode abgeschlossen sind.

Die Beobachtung der Entwicklung beim Seeigelei illustriert in leicht verständlicher Form die wichtigsten Entwicklungsstufen, die hier zu besprechen sind. Die Entwicklung der Vertebraten birgt weit komplexere Erscheinungen in sich.

6. Entwicklung des Seeigeleis

Die Echinodermen, vor allem die Echiniden, sind von großer Bedeutung für embryologische Untersuchungen, da man die Eier relativ einfach erhält und die künstliche Befruchtung durchführen kann. Die Entwicklung wird hier am Beispiel von *Paracentrotus lividus* behandelt, einem Seeigel von violetter Färbung, der an unseren Küsten verbreitet ist. Über ihn liegen bereits sehr gute Untersuchungen von BOVERI (1901) und der Schule des Schweden HÖRSTADIUS vor.

Die reife Eizelle ist von einer gallertigen Hüllschicht umgeben, die sich bei der Benetzung durch Meerwasser aufzulösen beginnt. Die beiden Richtungskörper sind schon vor der Ausstoßung der Eier noch im Ovarium abgegeben worden, so daß die Befruchtung unverzüglich vorgenommen werden kann. Vom Zeitpunkt der Befruchtung an läßt der orangegelbe Farbstoff, der sich beim unbefruchteten Ei auf einen Ring nahe der Äquatorlinie beschränkte, nur noch eine kleine unpigmentierte Kappe am vegetativen Pol frei; diese Färbung wird im weiteren Verlauf der Entwicklung nicht mehr berücksichtigt.

6.1. Furchung

Die Eizelle hat ungefähr einen Durchmesser von einem Zehntel Millimeter. Da sie nur wenig mit Dottermaterial beladen ist, gehört sie zum oligolecithalen Typ, der die totale Furchung durchläuft. Die ersten drei Teilungsschritte vollziehen sich gleichmäßig nach dem Radiärtyp, die folgenden werden dann ungleichmäßig; dabei verwischt die radiäre Anlage ziemlich schnell.

Die erste Furchungsebene läuft vom animalen zum vegetativen Pol. Sie erscheint etwa anderthalb Stunden nach der Befruchtung und teilt das Ei in zwei gleichgroße Blastomeren. Die zweite Furchung schneidet wiederum meridional ein und führt zur Entstehung von vier gleichen Blastomeren (Bild 8B und C). Nach der dritten Furchungsteilung – äquatorial und senkrecht auf der Eiachse stehend – sind

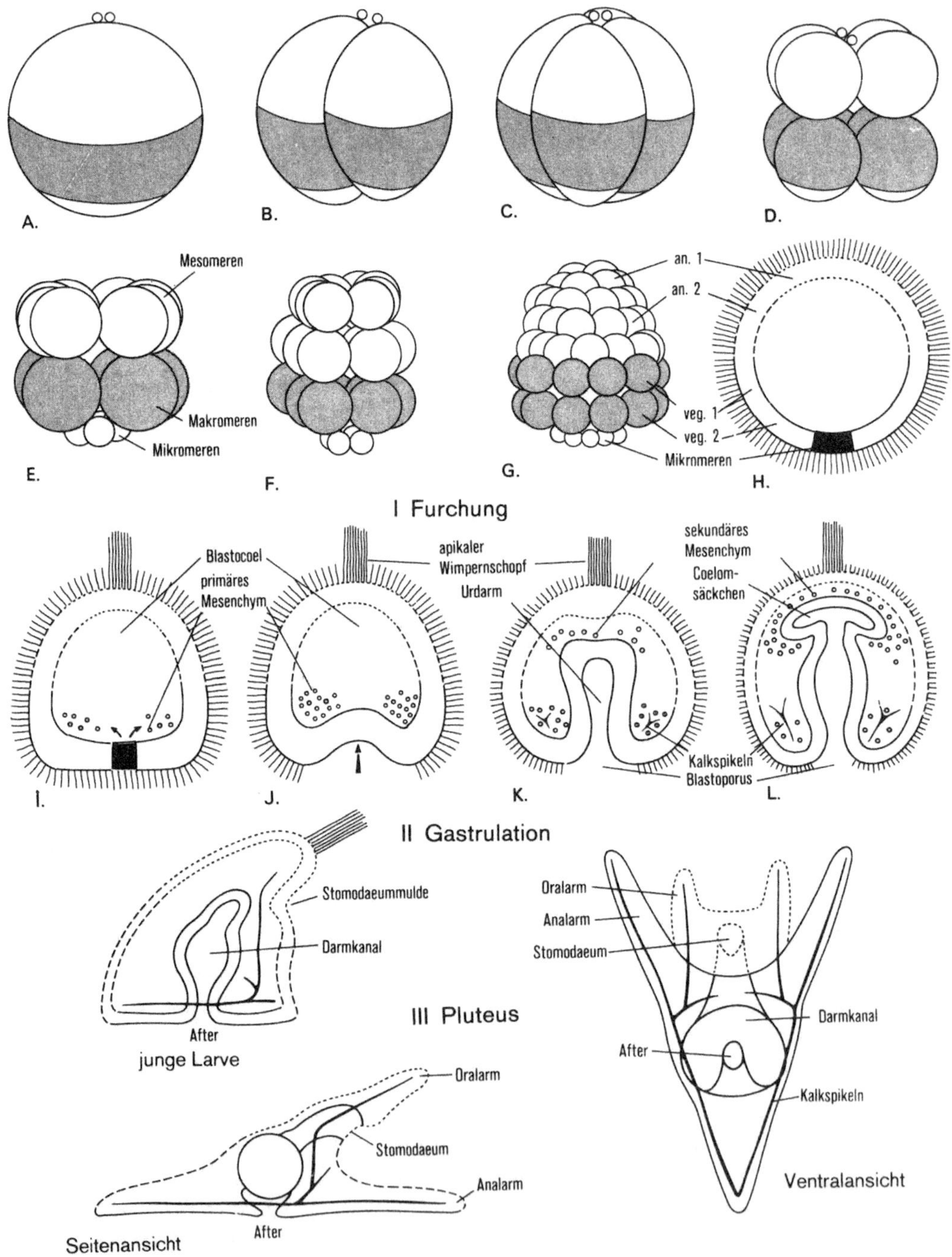
A.
B.
C.
D.
Mesomeren
Makromeren
Mikromeren
E.
F.
an. 1
an. 2
veg. 1
veg. 2
Mikromeren
G.
H.
I Furchung
Blastocoel
primäres
Mesenchym
apikaler
Wimpernschopf
Urdarm
sekundäres
Mesenchym
Coelom-
säckchen
Kalkspikeln
Blastoporus
I.
J.
K.
L.
II Gastrulation
Stomodaeummulde
Darmkanal
After
junge Larve
III Pluteus
Oralarm
Stomodaeum
Analarm
After
Seitenansicht
Oralarm
Analarm
Stomodaeum
Darmkanal
After
Kalkspikeln
Ventralansicht

acht gleichartige Blastomeren entstanden. Sie verteilen sich auf zwei Schichten, von denen sowohl die obere oder *animale Hälfte* wie auch die untere, *vegetative* je vier Blastomeren enthalten (Bild 8D).

Das 16-Zellen-Stadium ist nach dem vierten Furchungsschritt erreicht. Die meridional verlaufende Furchungsebene führt in der animalen Hemisphäre zu acht gleich großen *Mesomeren* in einer einzigen Schicht. In der vegetativen Hemisphäre ist die Furchungsebene latitudinal angelgt, durch die sich zwei Blastomerenlagen herausbilden: eine erste Lage aus vier großen Blastomeren oder *Makromeren*, die sich ungefähr auf der Höhe des ursprünglichen Pigmentringes befindet, und eine zweite Lage aus vier kleinen Blastomeren, den *Mikromeren*, die ungefärbt am vegetativen Pol liegen.

Nach dem fünften Mitose-Zyklus bzw. der fünften Furchung liegt das 32-Zellen-Stadium vor. Dieses Mal sind die Mesomeren von einer latitudinalen Teilung betroffen, und sie ordnen sich anschließend in zwei Schichten oder Zellkränzen an: eine obere Schicht in Höhe des animalen Poles mit acht Mesomeren, die als *animale Mesomeren 1* (an 1) bezeichnet werden, und eine darunterliegende Schicht, ebenfalls aus acht gleichgroßen Mesomeren bestehend wie die vorigen, genannt *animale Mesomeren 2* (an 2). In der vegetativen Hemisphäre verläuft die Ebene dieses Furchungsschrittes meridional und gliedert acht gefärbte Makromeren und acht Mikromeren am vegetativen Pol ab (Bild 8 F).

Im sechsten Teilungszyklus wird das 64-Zellen-Stadium angelegt. Die Furchung verläuft wieder latitudinal für die Mesomeren. Es gibt von nun an 16 Mesomeren an 1 und 16 Mesomeren an 2. Doch für die weitere Entwicklung ist die latitudinale Teilung der Makromeren von viel größerer Bedeutung. Sie bilden nun zwei Schichten: eine obere, unterhalb der Zone an 2 gelegen, deren acht Makromeren *vegetative Makromeren* 1 (veg 1) heißen, und eine untere Schicht, ebenfalls aus acht Makromeren bestehend, die vegetativen Makromeren 2 (veg 2). Die Mikromeren bleiben stets in ihrer Lage am vegetativen Pol (Bild 8 G). Im 64-Zellen-Stadium schließlich besteht der Seeigel-Keim aus fünf Zonen, die aus Blastomeren gebildet werden.

Bild 8. Entwicklung des Seeigeleis, schematisch dargestellt.
A, befruchtete Eizelle mit subäquatorialem Pigmentring; B, 2-Blastomeren-Stadium; C, 4-Blastomeren-Stadium; D, 8-Blastomeren-Stadium; E, 16-Blastomeren-Stadium; F, 32-Blastomeren-Stadium; G, 64-Blastomeren-Stadium; H, Schnitt durch eine Blastula mit den fünf Zellkränzen; I, Beginn der Mikromeren-Immigration; J, Beginn der Entoderm-Invagination; K, abgeschlossene Entoderm-Invagination; L, Bildung der Coelomsäckchen; M, Abplattung auf einer Seite des Keimes, wodurch die Oralseite festgelegt wird; N, Pluteus-Larve in der Seitenansicht; O, Pluteus-Larve in der Ventralansicht (nach HÖRSTADIUS).

Beginnend am animalen Pol trifft man nacheinander auf die Zonen: an 1, an 2, veg 1, veg 2 und die Mikromeren. Von den Blastomeren an 1, an 2 und veg 1 wird das Ektoderm der Larve gebildet; veg 2 stellt das Ausgangsmaterial für das Entoderm und einen Teil des *Mesenchyms* dar; aus den Mikromeren entstehen die Kalkspikeln oder das Larvalskelett.

Vom 8-Zellen-Stadium an neigen die Blastomeren dazu, einen zentralen Hohlraum – das Blastocoel – zwischen sich anzulegen. In den späteren Furchungen, die auf das 64-Zellen-Stadium folgen, werden auch die Größenunterschiede bei den Blastomeren vermindert. Sie ordnen sich in einer einfachen Epithelschicht um das Blastocoel an. Somit entsteht die typische Coeloblastula, die eine Bewimperung erhält und sich der Reste ihrer gallertigen Hüllschicht entledigt (Bild 8 H). Es handelt sich nun um eine echte Larve, die mit Hilfe ihres Wimpernkleides frei im Meer umherschwimmen kann. Diese Stufe ist bei einer Temperatur von 20°C innerhalb 24 Stunden nach der Befruchtung erreicht.

6.2. Gastrulation

Die Coeloblastula verliert alsbald ihr kugeliges Aussehen und nimmt durch Abplattung des vegetativen Poles eine mehr viereckige Form an. Ein Wimpernschopf aus langen, beweglichen Cilien bildet sich am animalen oder Apikalpol aus (Bild 8 I). Von den Mikromeren abgeleitete Zellen wandern in das Blastocoel ein; es handelt sich um die erste Gastrulationsbewegung oder Immigration, die einzig den vegetativen Pol betrifft. Die Mikromeren stellen einen Teil des *primären Mesoderms* oder Mesenchyms dar, aus dem schon bald die Kalkspikeln entstehen. Auf dieser Stufe trägt die tetraederförmige Larve eine einfache Deckschicht, die sich von Zellelementen der Makromeren veg 2 ableitet. Wie ein Handschuhfinger stülpt sich nun deren Grundfläche in das Blastocoel ein; an dieser Invaginationsbewegung nehmen allein Abkömmlinge der veg 2 teil. Daraus entsteht schließlich der Urdarm, der durch den Blastoporus mit dem Außenmedium in Verbindung steht. Der Blastoporus wird später zum After (Bild 8 J). Vom Dach des Urdarmes sondern sich Zellelemente, das *sekundäre Mesenchym*, ab, die in das Blastocoel eindringen und das Ausgangsmaterial für die Bestandteile des Blutgefäßsystems bilden (Bild 8 K). In der gleichen Region sondert sich ein unpaares Bläschen ab, das sich teilt und vom Urdarm abtrennt (Bild 8 L). Es handelt sich um die Enterocoel-Bläschen, die sich zu beiden Seiten dem Darm anlegen und das *Coelom* der Larve ausbilden. Seine weitere, recht verwickelte Entstehungsgeschichte soll an dieser Stelle nicht behandelt werden. Es sei nur erwähnt, daß noch verschiedene Abtrennungen erfolgen, deren Zellagen den Organen der Larve als Umhüllung dienen. Die Gastrula besteht im fortgeschrittenen Stadium aus drei Schichten (Bild 8 L): der äußeren Deckschicht oder Ektoderm, hervorgegangen aus den an 1, an 2 und veg 1; der inneren Schicht oder Entoderm, die den Urdarm auskleidet und von den veg 2 abstammt;

schließlich dem Mesoderm mit einer komplizierteren Herkunft, und zwar leitet es sich zu einem Teil vom primären Mesenchym aus den Mikromeren ab und zum anderen Teil vom sekundären Mesenchym und den Enterocoel-Bläschen aus den veg 2 . Aus den Mikromeren entsteht unterdessen auch das Larvalskelett.

An der Gastrulation des Seeigeleis sind also beide Formen – Invagination und Immigration – beteiligt.

6.3. Ausbildung der *Pluteus*-Larve

Nach Beendigung der Gastrulation nimmt der Keim eine eiförmige Gestalt an. Er flacht sich auf einer Seite ab, aus der die Ventralseite der definitiven Larve, auch *Pluteus* genannt, hervorgeht. Dabei verlagert sich der Blastoporus geringfügig zu dieser Seite und wird zur Afteröffnung. Das Urdarmdach, das auch die Enterocoelbläschen abgegliedert hat, dreht sich leicht zur abgeflachten Ventralseite. Die Dorsalwand verlängert sich tütenförmig und verschiebt damit den apikalen Wimpernschopf seitwärts. Auch die Kalkspikeln entwickeln sich weiter (Bild 8 M). Die ventrale Bucht oder *Stomodaeum* verbindet sich mit dem Urdarmdach und bildet die Mundöffnung, die also als sekundärer Durchbruch anzusehen ist. Alle Metazoen, bei denen sich der Blastoporus zum After umwandelt, werden als *Deuterostomier* bezeichnet; zu dieser Kategorie gehören die Echinodermen und Chordaten. Die Mehrzahl der übrigen Metazoen gehört zu den sogenannten *Protostomiern*, bei denen aus dem Blastoporus die Mundöffnung wird. Beim jungen *Pluteus* ist der Darmkanal leicht U-förmig gebogen; durch zwei Einschnürungen gliedert er sich später in drei Abschnitte: Vorder-, Mittel- und Enddarm. Die ventrale Bucht senkt sich im weiteren Verlauf noch stärker ein und bildet einen regelrechten Hohlraum, während sich die Seitenränder beachtlich verlängern (Bild 8 N). Diese Fortsätze wachsen hinsichtlich der Symmetrie-Ebene des *Pluteus*, die man durch den apikalen Wimpernschopf sowie Mund und After legen kann, nach vier verschiedenen Richtungen aus. Zwei dieser Fortsätze stehen auf jeder Seite des sich allmählich reduzierenden apikalen Wimpernschopfes und ergeben die Oralarme, die sich von den Abkömmlingen der Blastomeren an 1 herleiten. Gegenüber den Oralarmen entstehen aus den beiden anderen Fortsätzen die Analarme; sie stammen auf der Seite der Höhlung von Zellelementen der Blastomeren an 2 ab und auf der Analseite von Elementen der Blastomeren veg 1 . Die der Höhlung entgegengesetzt liegende Partie dehnt sich im Rahmen des oben erläuterten Planes nur nach einer Richtung aus (Bild 8 N). Die Arme der Larve werden durch die Kalkspikeln gestützt, die somit ein echtes Larvalskelett darstellen.

Das endgültige *Pluteus*-Stadium ist drei Tage nach der Befruchtung erreicht (Bild 8 0). Die ursprüngliche Bewimperung in Gestalt des apikalen Wimpernschopfes ist nun verschwunden und wird von einer Wimpernschnur abgelöst, die das Mundfeld umgibt. Außerdem ist die Mundbucht des echten *Pluteus* von den vier armartigen Fortsätzen – gestützt durch die Kalknadeln – umstellt. Beim Schwimmen dreht sich der *Pluteus* ständig um seine Achse, dabei zeigen die Larvalfortsätze in die Schwimmrichtung. Die starren Arme dienen nur als Schwebfortsätze, während die circumorale Wimpernschnur ein wirksames Fortbewegungsorgan darstellt. Die Metamorphose dieser Larve zum richtigen Seeigel birgt umfangreiche Veränderungen in sich, die an dieser Stelle nicht weiter verfolgt werden.

Zusammenfassend kann man sagen, daß sich in der Entwicklung des Seeigeleis relativ einfache Vorgänge abspielen. Nach einer zunächst äqualen totalen Furchung werden die Teilungsschritte zunehmend inäqual. Die Gastrulation wird als Immigration, verbunden mit einer Invagination, vollzogen. Es sei noch erwähnt, daß von jetzt an die Abgrenzung präsumptiver Anlagenbezirke zur Ausbildung der verschiedenen Larvalregionen vorliegt.

II. Entwicklung der Amphibien

1. Wirkungsmechanismen des Befruchtungsvorganges

Die Entwicklung der Amphibien ist Gegenstand zahlreicher vergleichender und experimenteller Untersuchungen, da sich gerade dieser Keim für experimentelles Arbeiten als sehr geeignet erwiesen hat. Die sich ausgesprochen langsam entwickelnden Eier erreichen bei den gemeinhin bearbeiteten Gruppen einen Durchmesser von 1 - 3 mm. Das ist eine Größenordnung, bei der operative Eingriffe schon durchführbar sind. Sie werden außerdem in genügender Menge abgelegt, und es ist mit neuen Methoden sogar möglich, die Laichabgabe künstlich herbeizuführen und die Befruchtung in vitro zu vollziehen. Auf diese Weise kann man zu allen Jahreszeiten Eier der verschiedensten Arten bekommen, und zwar sowohl von Anuren als auch von Urodelen.

Die morphologische Seite der Entwicklung wird am speziellen Beispiel des Grasfrosches *Rana temporaria* behandelt. Die anatomische Seite erfährt eine allgemeinere Besprechung, da sie gleichzeitig die Grundvorstellung von der Organdifferenzierung bei den übrigen Vertebraten liefern soll.

1.1. Morphologische Merkmale des Befruchtungsvorganges

Das Froschei hat 1,8 mm Durchmesser; seine Polarität ist durch eine schwarzbraune Färbung der oberen Hemisphäre gekennzeichnet, während der untere Eipol nicht pigmentiert ist. Im Zentrum des stark glänzenden animalen Poles bildet sich ein Pol- oder Reifungsfleck heraus, wo sich die Abschnürung des ersten Richtungskörpers vollzieht. Etwas mehr im Innern befindet sich der Kern der Eizelle, er verharrt im Metaphasestadium der zweiten Reifungsteilung.

Bei den Amphibien ist die Befruchtung durch eine Reihe wichtiger Prozesse charakterisiert, die vor dem Einsetzen der Furchung ablaufen und ihren Sinn in der Herbeiführung der bilateralen Symmetrie haben. Innerhalb von zwei Stunden nach Eindringen des Spermiums in die Eizelle hat das Ei eine symmetrische Substanzverteilung erreicht und besitzt nun einen Bezirk, der der späteren Dorsalseite des Embryos entspricht.

Von nun an sind einzelne Felder der Eizelle in ihrem endgültigen Entwicklungsgang festgelegt, bei dem es im Normalfall keine Abweichungen mehr gibt. Die Determination der bilateralen Symmetrie beim Amphibienei ist dank der eingehenden Untersuchungen durch ANCEL und VINTEMBERGER (1948) geklärt worden. Sie vollzieht sich in drei Schritten:

– Aktivierungsreaktion der Eirinde;
– Gleichgewichtsrotation;
– Symmetrierotation.

1.1.1. Aktivierungsreaktion der Eirinde

Das Spermium benötigt rund 5 bis 10 Minuten, um die gallertige Hüllschicht zu durchstoßen und im Bereich der oberen Hemisphäre zum eigentlichen Eiplasma zu gelangen. Es folgt hier eine erste Latenzzeit von etwa gleicher Dauer, wie sie für den Vorgang des Eindringens erforderlich war. Der Samenfaden verharrt etwa 10 bis 15 min auf der Oberfläche, ehe er ins Innere des Eiplasmas vordringt.

Vom Reifungsfleck gehen leichte Kontraktionswellen aus, die aber nur das oberflächlich verteilte Pigment in der Rindenzone des Eis betreffen. Der Fleck selbst verblaßt dann sehr schnell und verschwindet endgültig. Mit einem elektrolytischen Nadelstich, der oben auf den animalen Pol gesetzt wird, läßt sich zeigen, daß die Kontraktionsbewegung etwa 2 min nach dem Auftreffen des Spermiums einsetzt und 8 min später, wenn das Spermium vollkommen eingedrungen ist, wieder aufhört. Nimmt man für den Spermieneintritt den Zeitpunkt t=0 an, dann ist die von ihr verursachte Aktivierungsreaktion der Eirinde zum Zeitpunkt t=10 abgeschlossen. Zur selben Zeit, in der diese erste Phase endet, hebt das Chorion sich als Befruchtungsmembran ab, und das Cytoplasma sezerniert etwas perivitelline Flüssigkeit.

1.1.2. Gleichgewichtsrotation

Nach Ausbildung der Befruchtungsmembran haftet die Cytoplasma-Oberfläche nicht mehr so fest an der gallertigen Dottermembran, und das Ei wird im perivitellinen Raum relativ frei beweglich; es kann nun eine schwerkraftorientierte Lage einnehmen. Der infolge seines höheren Gehaltes an großen Dotterschollen schwerere untere Eipol weist jetzt endgültig nach unten. Bei der künstlichen Befruchtung sind die Eier zu Beginn nicht ausgerichtet. Man beobachtet unter anderem zahlreiche Eier, bei denen der Pol mit dem sogenannten weißen Dotter nach oben gekehrt ist. Nach ungefähr einer halben Stunde, wenn die Befruchtung vollzogen ist, weisen nunmehr auch hier die dunkel pigmentierten oberen Eipole nach oben. Diese Gleichgewichtsrotation, die den animalen Pol nach oben bringt und den vegetativen nach unten, ist gleichbedeutend mit dem Begriff Orientierungs-Drehung. Die zweite Phase nimmt bei einer Temperatur von 18°C etwa 30 min in Anspruch und ist zum Zeitpunkt t=40 nach dem Spermieneintritt beendet. Der zweite Richtungskörper wird zum Zeitpunkt t=25 abgegeben.

1.1.3. Symmetrierotation

Ungefähr 80 min nach der Befruchtung und für die Dauer von etwa einer Stunde – also vom Zeitpunkt t=1 h 10 bis 2 h 10 – läuft bei einer Temperatur von 18 °C ein für die weitere Entwicklung sehr wesentlicher Vorgang ab: Im Cytoplasma der Eizelle vollzieht sich die symmetrische Substanzverteilung. Sie wird sichtbar im Auftreten des sogenannten grauen Halbmondes, mit dem die Dorsalseite des zu-

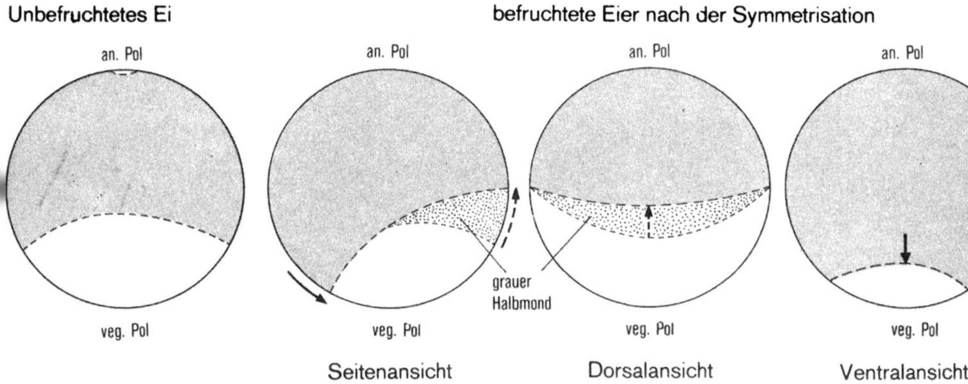

Bild 9. Bildung des grauen Halbmonds bei den Amphibien.

künftigen Embryos markiert wird. Im Zusammenhang damit wird das oberflächlich verteilte Pigment in einem Winkel von 30° um eine Achse geschleppt, die durch den Mittelpunkt der Eizelle geht und senkrecht auf der Abbildungsebene steht. Von dieser Fließbewegung ist allein die Rindenschicht betroffen, die Gesamtheit des Dottermaterials rührt sich dabei nicht. Es entsteht der Eindruck, als schöbe sich die Rindenschicht über die im Zentrum ruhenden Partien. Diese Bewegungen der Eirinde äußern sich in einem Aufsteigen des Pigmentes, das in gleichem Maße erfolgt, wie es auf der Gegenseite absinkt (Bild 9).

Die Aufwärtsbewegung wird deutlich durch die Herausbildung einer Zone von der Gestalt eines Halbmondes, deren Färbung einen Mittelton zwischen der dunklen Pigmentierung des animalen Poles und der lichten Färbung des vegetativen Poles einnimmt. Es ist der *graue Halbmond,* oder allgemeiner gesprochen der depigmentierte Halbmond, entstanden. Das Absinken des Farbstoffes auf der Gegenseite des grauen Halbmondes ist durch dunkel pigmentierte Spuren gekennzeichnet. Der entfärbte Bezirk entspricht dem Rücken des Embryos, während die gegenüberliegende Seite im Bereich des abgesunkenen Pigments die spätere Bauchseite darstellt. Die bilaterale Symmetrie-Ebene, die zum Zeitpunkt t=2 h 10 nach der Befruchtung nachweisbar ist, zeigt sich identisch mit der Ebene, in der das Maximum der Pigmentbewegung liegt. Wenn sich die Bilateralsymmetrie auch erst zwei Stunden nach der Befruchtung ausprägt, so ist sie doch schon zu einem viel früheren Zeitpunkt festgelegt.

1.2. Determination der Bilateralsymmetrie

Die Samenzelle dringt in die obere Hemispäre der Eizelle ein, aber nur ihr Kopfteil gelangt weiter in das Cytoplasma. Die plasmatische Hüllschicht des männlichen

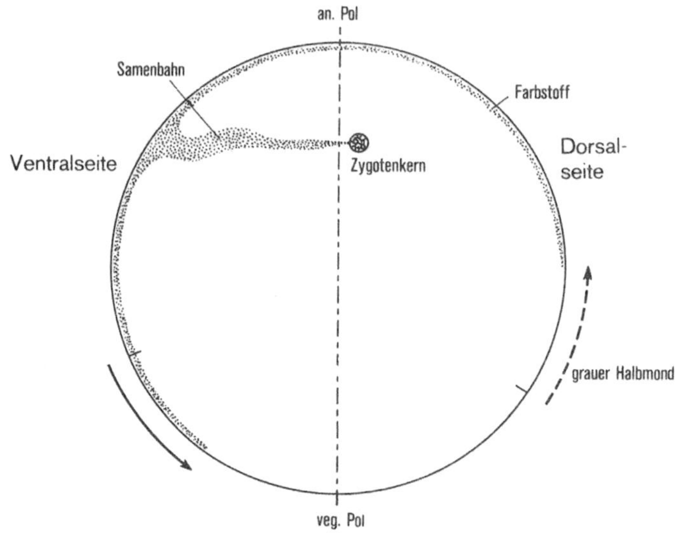

Bild 10. Schnitt durch ein befruchtetes Froschei, angelegt in der bilateralen Symmetrie-Ebene.

Gameten verschwindet, während das Centriol, gegen die Mitte der Eizelle gerichtet, den Spermaster ausbildet. Der männliche Vorkern, der nun ins Innere wandert, schleppt einen Pigmentschweif hinter sich her, die sogenannte Spermienbahn (Bild 10). Der Kern der Eizelle hat inzwischen den zweiten Richtungskörper abgeschnürt; als weiblicher Vorkern verlagert er sich zur Vereinigung mit dem männlichen Vorkern in den Bereich der animalen Hemisphäre. Der Ort der Kernverschmelzung befindet sich in der Nähe der Ei-Hauptachse. Die Spermienbahn liegt stets auf der Gegenseite des grauen Halbmondes. Die bilaterale Symmetrie-Ebene stimmt auch mit der Ebene überein, die durch die Spermienbahn und die animal-vegetative Hauptachse vorgegeben ist. Die Meridialebene verläuft durch den Punkt, an dem die erste Berührung und später das Eindringen des Samenfadens erfolgten; sie ist zudem durch das Maximum der Pigmentverschiebung hervorgehoben, das auf dieser Linie am stärksten ausgeprägt ist.

Das Problem einer Determinierung der bilateralen Symmetrie stellt sich folgendermaßen: Ist die Symmetrie-Ebene schon im unbefruchteten Ei vorgegeben? Wenn dies nicht der Fall ist, welches sind dann die Faktoren, die während des Befruchtungsvorganges zu ihrer Ausbildung führen? Diese Fragestellung ist von einiger Bedeutung, da die gesamte spätere Entwicklung des Eis eng verknüpft ist mit dem Vorhandensein einer Symmetrie.

Es würde hier zu weit führen, die sehr eindrucksvollen Versuche von ANCEL und VINTEMBERGER zu beschreiben; wir beschränken uns daher auf die Ergebnisse der beiden Forscher. Das unbefruchtete Ei besitzt nur eine einfache achsiale Symmetrie, die sich auf die Verbindungslinie des animalen mit dem vegetativen Pol bezieht. Die bilaterale Symmetrie kann durch Außenfaktoren bestimmt werden, nur sind diese recht labil, und jeder Eingriff kann später eine Modifizierung erfahren. Das eigentlich bestimmende Element ist die Symmetrierotation, die sich in der Ausbildung des grauen Halbmondes ausdrückt. Die Ausrichtung dieser Drehbewegung ist von zwei verschiedenen Faktoren abhängig; unter natürlichen Bedingungen ist der Samenfaden das entscheidende Element. Im Experiment dagegen kann man dem Ei eine von der Spermienbahn abweichende Symmetrie-Ebene aufzwingen. Nimmt man zum Beispiel eine Eizelle, die soeben befruchtet worden ist, und läßt sie eine langsame Drehung um 360° durchlaufen, die einem anderen Meridian folgt als das eindringende Spermium, dann entspricht die Ebene, um die sich diese erzwungene Drehung vollzieht, derjenigen der bilateralen Symmetrie des Eis. Auch das Maximum der Pigmentbewegung liegt in dieser neuen Ebene. Die Lage des grauen Halbmondes kann demzufolge willkürlich festgelegt werden, wie etwa im vorliegenden Fall durch die Richtung einer erneuten Drehung. Man hatte sich zunächst das Vorhandensein eines Meridians vorgestellt, in dem die Befruchtung vorzugsweise erfolgt, d.h. einen Meridian, in dessen Verlauf das Spermium bevorzugt eindringt und der schon beim unbefruchteten Ei in irgendeiner Form besteht. Nun kann man aber bei der künstlichen Befruchtung mit Hilfe einer Mikropipette an jedem beliebigen Punkt – so extrem er auch gelegen sein mag – die Spermien aufsetzen. In jedem Fall erscheint der graue Halbmond auf der entgegengesetzten Seite der Spermienbahn. Durch die Möglichkeit einer willkürlichen Bestimmung des Eintrittspunktes für einen Samenfaden wird deutlich, daß im unbefruchteten Ei eine Symmetrie-Ebene noch nicht vorgegeben sein kann. Beim Froschei wird sie ungefähr 2 h nach der Befruchtung endgültig festgelegt und ist mit der Ausbildung des grauen Halbmondes gekoppelt, der die Dorsalseite des Keimes markiert. Halten wir von nun an fest, daß diese oberflächliche Zone zu einem Teil dem späteren Chorda-Mesoderm des Embryos entspricht.

2. Morphologische Merkmale des Entwicklungsablaufes

2.1. Furchung

Das Amphibienei gehört zum heterolecithalen Typ, seine Furchung ist daher total und verläuft in zunehmendem Maße inäqual (Bild 11 A bis G).

Beim Froschei schneidet die erste Teilung meridional ein; sie erfolgt bei einer Temperatur von 18°C rund 2 h 30 nach der Befruchtung (Bild 11 B). Nur in etwa 50 Prozent der Fälle ist diese Teilungsebene mit der bilateralen Symmetrie-Ebene identisch,

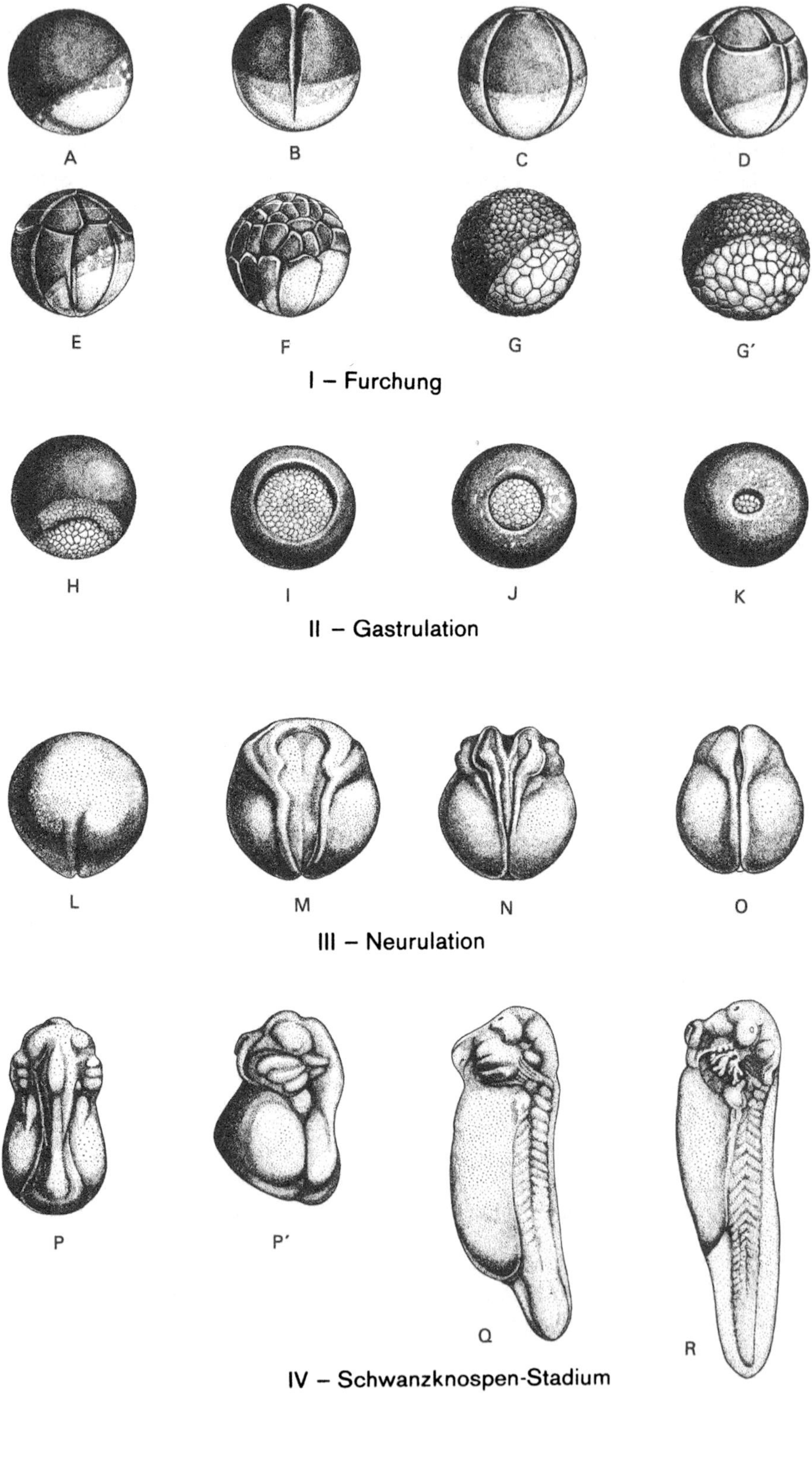
A
B
C
D
E
F
G
G′
I – Furchung
H
I
J
K
II – Gastrulation
L
M
N
O
III – Neurulation
P
P′
Q
R
IV – Schwanzknospen-Stadium

wie es sich zum Beispiel bei den Ascidien und bei *Branchiostoma* stets beobachten läßt. Die zweite Teilungsebene ist gleichfalls meridional, aber senkrecht auf der ersten angelegt; sie führt zur Bildung von vier gleichgroßen Blastomeren (Bild 11 C). Die dritte Teilungsebene verläuft infolge der stärkeren Dotteranreicherung am vegetativen Pol leicht subäquatorial und senkrecht zu den beiden vorhergehenden. Das Ei besteht nun aus vier oberen Blastomeren, die im Vergleich zu den vier unteren ein geringerer Umfang auszeichnet (Bild 11 D).

Die vierte Teilung schneidet wiederum meridional ein und führt zum 16-Zellen-Stadium (Bild 11 E). Die Teilungsschritte werden zunehmend asynchron, da sich die Zellen am animalen Pol weitaus schneller teilen als die des vegetativen Poles (Bild 11 G und G'). Das Blastocoel bildet sich bereits im 8-Zellen-Stadium und ist exzentrisch zum oberen Eipol verlagert. Die Blastocoelflüssigkeit besitzt einen pH-Wert im alkalischen Bereich von etwa 8,5.

Die Furchung erstreckt sich bei einer Temperatur von 18 °C über einen Zeitraum von 24 h. Am Ende dieses Stadiums besteht der Keim, der einen konstanten Durchmesser bewahrt hat, aus 5000 bis 6000 Zellen. Zellgrenzen lassen sich nur im Bereich des vegetativen Poles erkennen, wo die Blastomeren noch relativ groß geblieben sind. Die während der gesamten Furchung recht intensive mitotische Aktivität verlangsamt sich nun, ohne jedoch vollkommen aufzuhören.

2.2. Gastrulation

Die Vorgänge der Gastrulation erfordern durchschnittlich 24 h. Äußerlich werden sie erkennbar im Auftreten einer winzigen Kerbe, der *dorsalen Blastoporuslippe (obere Urmundlippe)*, die im Verlauf der Organdifferenzierung noch eine bedeutende Rolle spielen soll. Der graue Halbmond ist während der Furchungsteilungen verschwunden, doch hätte man sich die Mühe gemacht, ihn vorher noch zu kennzeichnen, so sähe man, daß die Eindellung direkt darunter entsteht. Demzufolge beginnt

Bild 11. Entwicklung des Frosches. I. Furchung, A, ungefurchte Eizelle (Seitenansicht mit grauem Halbmond); B, 2-Blastomeren-Stadium (die Teilungsfurche entspricht der bilateralen Symmetrie-Ebene); C, 4-Blastomeren-Stadium; D, 8-Blastomeren-Stadium; E, 16-Blastomeren-Stadium; F, Morula (Seitenansicht); G und G', Blastula (von der Seite und von dorsal gesehen); II. Gastrulation. H, unter dem grauen Halbmond erscheinende dorsale Urmundlippe; I, U-förmige Urmundlippe; J, Dotterpfropf; K, Abschluß der Gastrulation, der Dotterpfropf ist fast vollständig eingestülpt; III. Neurulation. (Dorsalansicht). L, Neuralplatte; M, N und O, Verschmelzung der Medullarwülste; IV. Schwanzknospen-Stadium. P und P', frühes Schwanzknospen-Stadium (von dorsal und lateral gesehen); Q, mittleres Schwanzknospen-Stadium (Seitenansicht); R, schlüpfbereites Exemplar (Seitenansicht) (nach WITSCHI).

die Gastrulation auf der Dorsalseite des Embryos (Bild 11 H). Die dorsale Lippe wächst seitwärts auf den vegetativen Pol zu. Sie hat zunächst das Aussehen einer Sichel und wird zusehends hufeisenförmig: Es sind die *lateralen Blastoporuslippen* entstanden (Bild 11 I)

Diese seitlich ausgewachsenen Lippen vereinen sich schließlich ventral, und damit hat sich die *ventrale Blastoporuslippe* herausgebildet. Die Einkerbung des Blastoporus hat sich nun kreisförmig umgebildet und umschließt die untere, pigmentfreie Zone des Eis, die den Dotterpfropf am vegetativen Pol enthält (Bild 11 J).

Der Dotterpfropf stülpt sich als Ganzes in die Furchungshöhle ein und verschwindet allmählich. Es bleibt nur eine winzige, in die Länge gezogene Spalte übrig, die *Blastoporusspalte*. Man kann die Gastrulation zu diesem Zeitpunkt als abgeschlossen ansehen, obwohl die Gastrulationsbewegungen der Invagination sich noch über einen gewissen Zeitraum fortsetzen (Bild 11 K). Die Blastoporusspalte entspricht bei den Urodelen unmittelbar dem After. Bei den Anuren fügen sich die Ränder der Spalte zusammen, und es bleibt nur eine kleine Vertiefung bestehen, die sekundär durchbrochen wird, wenn das gesamte Dottermaterial resorbiert ist.

2.3. Neurulation

Die über der Urmundspalte gelegene Dorsalregion beginnt sich schwach abzuflachen und bildet die *Neuralplatte* (Bild 11 L). Dabei verdicken sich ihre seitlichen Ränder und wölben sich etwas heraus. Der Keim, der bis zu diesem Stadium seine kugelförmige Gestalt bewahrt hatte, beginnt in die Länge zu wachsen. Die verdickten Ränder der Neuralplatte – die *Medullarwülste* – heben sich noch weiter empor, wachsen aufeinander zu und werden zum *Neuralrohr*. Der vorderste und größte Abschnitt der Neuralplatte schließt sich zuallerletzt, er stellt den Bereich des späteren Gehirns dar (Bild 11 M, N und O).

Zur selben Zeit, da sich seine medio-dorsale Verwachsung vollzieht, senkt sich das Neuralrohr in den Keim ein. Die Verschmelzung der Medullarwülste geht oberhalb der Urmundspalte vor sich, und im sogenannten *Canalis neurentericus* besteht eine Verbindung zwischen dem Urdarm und dem Neuralrohr. Durch Verdickungen im vorderen Abschnitt, die seitlich zur Gehirnregion orientiert sind, werden die Anlagen der sensorischen Plakoden und die Kiemenknospen gekennzeichnet. Eine weitere, medio-ventral gelegene Verdickung im vorderen Bereich weist auf die Lage des späteren Haftapparates der Larve hin.

Die Neurulation erfordert bei einer Temperatur von 18 °C etwa einen Tag. Bei den Amphibien wendet man den Begriff der Morphochorese am sinnvollsten auf die Gesamtheit der Phänomene an, die während der Gastrulation und Neurulation ablaufen. Sie sind im Fall des Grasfrosches innerhalb von knapp drei Tagen nach der Laichabgabe beendet.

2.4. Schwanzknospen-Stadium

Das Längenwachstum des Keimes beginnt im Verlauf der Neurulation und äußert sich vornehmlich in seinem hinteren Abschnitt, wo es zur Anlage des Schwanzes oder der *Schwanzknospe* führt (Bild 11 IV).

Die ersten Somiten entstehen lateral entlang der Rückenlinie; sie gehen auf eine segmentale Anordnung des Mesoderms zurück. Nun beginnt sich auch die Kopfregion auszubilden; besonders auffallend sind die zwei hellen optischen Zentren, die allmählich deutlicher hervortretenden Kiemenknospen und der Haftapparat, der sich in der Mitte der Bauchseite hufeisenförmig vorwölbt. Dieses sogenannte Schwanzknospen-Stadium dauert bei einer Temperatur von 18 °C nur wenig länger als einen Tag. Während des Neurula- und Schwanzknospen-Stadiums wird das embryonale Epithel mit einer feinen Bewimperung versehen, durch die auch auf glattem Untergrund eine Ortsveränderung ermöglicht wird, wenn sich der Keim von seinen Hüllen befreit hat. Im Alter von dreieinhalb Tagen führt der Embryo die ersten spontanen Bewegungen aus, und auch das Herz beginnt zu schlagen. Die äußeren Kiemen, die deutlich hervortreten und sich zu verzweigen beginnen, werden allmählich in den Blutkreislauf mit einbezogen. Der Schwanz erfährt eine beachtliche Verlängerung. Ungefähr vier Tage nach der Eiablage erfolgt das Ausschlüpfen. Aus dem Embryo ist eine rund 6 mm lange, junge Larve mit äußeren Kiemen geworden, die ein unabhängiges Leben zu führen vermag. Mit Hilfe des vom Haftapparat abgesonderten Schleimes besitzt sie auch die Möglichkeit, sich an Wasserpflanzen anzuheften.

2.5. Larvalentwicklung

2.5.1. Frühstadium mit äußeren Kiemen

Zum Schlüpftermin ist die Organogenese der Larve noch nicht abgeschlossen, es ist vor allem noch keine Mundöffnung ausgebildet. In den ersten vier Tagen bleibt die junge Larve überwiegend festgeheftet und schließt ihre Entwicklung ab, obwohl sie sich bereits in einer Richtung aktiv schwimmend fortbewegen kann. In diesem Zeitabschnitt ist die Ausbildung eines Operculums zur Abdeckung der äußeren Kiemen das bedeutendste morphologische Phänomen (Bild 12 S und T). Das *Operculum* besteht aus einer Hautfalte, die seitlich hinter der Mundregion entsteht und nach hinten auswächst. Die inzwischen vollständig entwickelten äußeren Kiemen gleichen kleinen Büscheln oder Netzen, durch die ein intensiver Gasaustausch erfolgt. Sie werden von den Hautfalten bald vollkommen verdeckt, die anschließend mit den lateralen und ventralen Körperwänden verwachsen. Dadurch ist eine Kiemenhöhle entstanden, die einerseits mit dem Mund und andererseits auch mit dem Außenmedium über eine einzige Öffnung in Verbindung steht, die auf der linken Seite liegt: das *Spiraculum*. Dieses Atemloch resultiert aus der unvollständigen

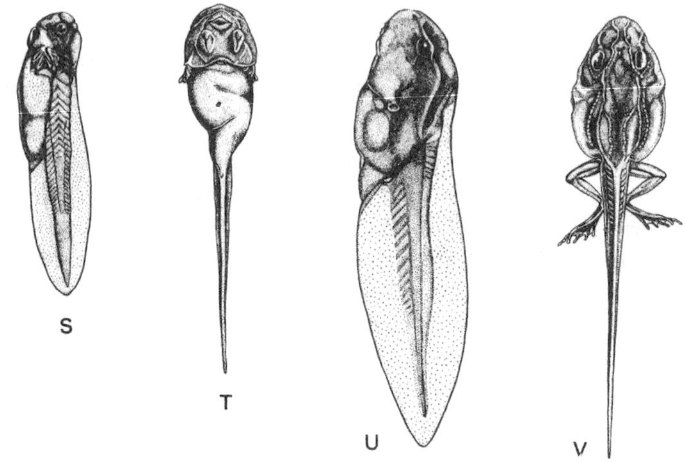

V – Larvalperiode

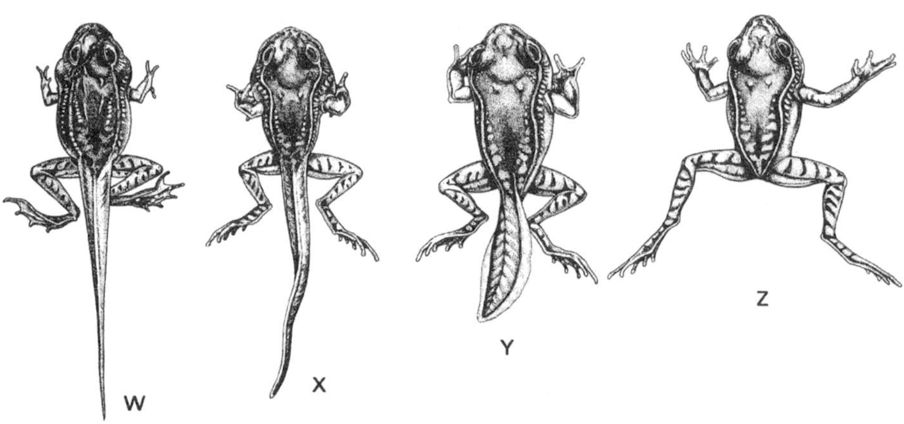

VI – Metamorphose

Bild 12. Entwicklung des Frosches (Fortsetzung). V. Larvalperiode. S, Frühstadium mit äußeren Kiemen (Seitenansicht); T, Bildung des Operculums (Ventralansicht); U, Kaulquappe (linke Seite mit Spiraculum); V, Kaulquappe (Dorsalansicht). VI. Metamorphose. W, die Vorderglied-maßen treten in Erscheinung; X und Y, Rückbildung des Schwanzes; Z, Abschluß der Metamorphose (nach WITSCHI).

Verschmelzung der beiden Hautfalten auf der linken Seite. Die in dieser Weise bedeckten äußeren Kiemen verschwinden allmählich und werden durch eine neue Bildung, die *inneren Kiemen*, ersetzt.

Bis zur Entstehung des Atemloches hat der Kopf noch keine besondere Ausgestaltung gegenüber dem restlichen Rumpf erfahren. Das Ganze gleicht einer Kugel, die sich in einem langen Schwanz fortsetzt. Im Alter von neun Tagen wandelt sich bei 18 °C die Larve in eine Kaulquappe um, die bereits 14 mm lang ist. Der Mund ist inzwischen entstanden; er besitzt einen hornartigen Kiefer mit drei oder vier Reihen keratinisierter Zähnchen. Sie gestatten dem Tier, Wasserpflanzen abzuweiden oder Detritus aufzunehmen. Das Dottermaterial ist vollständig resorbiert worden, und an seine Stelle ist ein langer, spiralig aufgerollter Darmkanal getreten. Nun erscheinen auch die hinteren Gliedmaßen auf beiden Seiten der Analregion an der Basis des Schwanzes. Es sind kegelförmige Knospen, die sich immer mehr vergrößern.

2.5.2. Kaulquappe mit inneren Kiemen

Die fertig entwickelte Kaulquappe beginnt im Alter von 10 Tagen mit der Aufnahme von Futter; sie hat nun eine Länge von 15 mm erreicht. Bis zur ersten Nahrungsaufnahme haben der Embryo und die junge Larve vom Reservematerial der Eizelle gelebt. Aufgrund der hohen Atmungsaktivität hat sich das Trockengewicht leicht verringert. Das gesamte bisherige Wachstum ist nur durch einen Quellungsvorgang zu erklären, denn immerhin beträgt der Umfang des Embryos zum Schlüpftermin das Dreifache der Eizelle. Das Wachstum des Embryos steht in enger Beziehung zur histologischen Ausdifferenzierung, denn die Zellen nehmen an Größe zu und geben ihr Dottermaterial auf; sie weichen auseinander und bilden intrazelluläre Hohlräume sowie verschiedene Körperhöhlen, die von Geweben begrenzt werden (Bild 12U und V).

Im Verlauf der zweiten Larvalperiode verändert sich die allgemeine Morphologie der Kaulquappe nicht. Das Tier wächst einheitlich bis zum Alter von drei Wochen und erreicht eine endgültige Länge von 25 mm. Allein die hinteren Gliedmaßen vergrößern sich weiter, doch behalten sie vorläufig ihre kegelförmige Gestalt.

2.5.3. Prämetamorphose

Die Bezeichnung *Prämetamorphose* gilt für eine lange Larvalperiode, in der die Kaulquappe ihr gleichmäßiges Wachstum fortsetzt und die durch die zunehmende Ausbildung der hinteren Gliedmaßen gekennzeichnet ist. Die vorderen Gliedmaßen entwickeln sich unterdessen in der Kiemenhöhle, aber man kann sie äußerlich noch nicht wahrnehmen. Das eigentliche Larvenstadium wird durch das Kaulquappen- und Prämetamorphosestadium repräsentiert, doch gestattet die Einführung des neuen Begriffs der Prämetamorphose, die einzelnen Larvenstadien nach der Ausdifferenzierung der hinteren Extremitäten genauer zu unterscheiden. Es beginnt mit der ersten, länglich-kegelförmigen Anlage, die sich schon bald schaufelartig abflacht und der Fußanlage entspricht. Dann bilden sich die Zehen heraus und schließlich die gesamte Extremität, die in charakteristischer Weise eingekrümmt ist und aus drei Abschnitten besteht: Oberschenkel, Unterschenkel und Fuß. Am Ende der Prämetamorphose, das bei 18 °C im Alter von etwa sieben Wochen erreicht ist, hat die Kaulquappe des Grasfrosches ihre maximale Größe von rund 45 mm erlangt. Die hinteren Gliedmaßen sind bereits wohl ausgebildet, und die vorderen, ebenfalls fertig entwickelt, werden unter dem durchsichtigen Operculum erkennbar (Bild 12 V).

2.6. Metamorphose

Die Metamorphose der Amphibien umfaßt tiefgreifende Veränderungen, die den Übergang vom Wasser- zum Landleben ermöglichen. Diese Phase der Entwicklung bedeutet für das Tier eine kritische Periode. Sie erfordert beim Frosch etwa zehn Tage. Die Kaulquappe nimmt während dieser Zeit keine Nahrung zu sich und magert sichtlich ab.

Den Beginn der Metamorphose setzt man im allgemeinen beim Erscheinen der vorderen Gliedmaßen an (Bild 12 W). Die linke Vorderextremität tritt durch das Atemloch aus, während die rechte die Wandung des Operculums durchstößt. Das allmähliche Durchbrechen der Vorderextremitäten läßt sich noch als gesonderte Entwicklungsstufe, die sogenannte *Prometamorphose*, abtrennen; allerdings sind im Fall des Grasfrosches die weiteren Umbildungen schon jetzt vorbereitet.

Bis jetzt hat der allgemeine Körperumriß des Tieres noch keine besondere Ausgestaltung erfahren. Dies läßt die Metamorphose zu einem echten Wendepunkt werden. Der eindrucksvollste Vorgang ist sicherlich die Rückbildung des Ruderschwanzes und schließlich des Schwanzes selbst. In einem Zeitraum von weniger als einer Woche wird er bis auf einen Stumpf reduziert. Der ehemals rundliche Kopf nimmt eine mehr eckige Form an und verjüngt sich von vorn nach hinten. Auch in der Mundregion vollziehen sich beachtliche Umbildungen: Papillen, Zähnchen und der hornartige Kiefer verschwinden. Die Mundöffnung wird breit und verlängert sich nach den Seiten zu. In den ersten Tagen der Metamorphose beginnt sich auch die Zunge zu bilden. Einschneidende Veränderungen gehen am Darmtrakt vor sich, es erfolgen zuerst eine Histolyse und dann eine interessante Histogenese. Der schließlich daraus hervorgehende Darmkanal des jungen Frosches ist bedeutend kürzer als bei der Kaulquappe. Es erfolgt zudem eine völlige Umstellung in der Ernährung, denn das Tier ernährt sich nach der Metamorphose von Insekten und anderen kleinen Evertebraten. Eines der ersten Anzeichen für die abgeschlossene Metamorphose im Bereich des Darmkanales ist die Bildung von Leber-Glykogen.

Die inneren Kiemen verschwinden vollständig, und das Kiemenskelett bildet sich in den Hyoidapparat um. Nun werden die Lungen, die bereits vor dem Ausschlüpfen angelegt worden waren, voll funktionsfähig.

Das einschichtige Epithel der Kaulquappe verdickt sich und wird mehrschichtig, dabei nehmen die oberen Schichten Keratin in sich auf. Die Haut wird allmählich heller und bekommt die Färbung des ausgewachsenen Tieres.

Der junge Frosch hat nun endlich das Aussehen des Adultus, aber er mißt noch nicht mehr als 13 bis 15 mm Länge. Er verläßt jetzt das Wasser, um auf das Trockene zu gelangen, denn sonst müßte er unweigerlich ertrinken, selbst wenn der Schwanz noch nicht vollständig rückgebildet ist (Bild 12 Y).

Bei der Metamorphose lassen sich deutlich drei verschiedenartige Vorgänge voneinander trennen:

– einige Organe degenerieren vollkommen und endgültig: der hornartige Kiefer wird ersetzt durch eine große Mundöffnung, die inneren Kiemen und der Schwanz werden rückgebildet;
– einige Organe erfahren strukturelle Umänderungen: die Haut verdickt sich, der Darm wird verkürzt und der Kiemenapparat umgebaut;
– andere Organe werden erst jetzt voll funktionsfähig: die Lungen und die Extremitäten.

In einer tabellarischen Übersicht lassen sich die wichtigsten Entwicklungsschritte zusammenstellen, und man kann gleichzeitig für den hier besprochenen Fall von *Rana temporaria* die durchschnittliche Dauer der Stadien angeben, wie sie bei einer Temperatur von 18 °C zu beobachten ist. Im Alter von zwei Monaten kann die Metamorphose dann als abgeschlossen betrachtet werden.

Embryonalperiode		Larvalperiode und Metamorphose		
Furchung	24 h	Frühstadium mit äußeren Kiemen		4-5 Tage
Gastrulation	24 h	Kaulquappe mit inneren Kiemen		13-14 Tage
Neurulation	20 h	Prämetamorphose		25-30 Tage
Schwanzknospe	24/30h	Metamorphose	weniger als	10 Tage

Der hier besprochene Entwicklungsgang bezieht sich im besonderen auf den des Frosches, aber er gilt gleichermaßen für alle Anuren. Bei den Urodelen dagegen trifft man auf eine weniger spezialisierte Entwicklung, und man hält sie auch für sehr viel ursprünglicher als die Anuren. Die Larve bleibt auf dem Stadium der äußeren Kiemen stehen, es fehlen das Stadium mit inneren Kiemen und die Prämetamorphose. Die Larve von Triturus bewahrt ihre äußeren Kiemen bis zum Beginn der Metamorphose, die aus diesem Grund weniger eindrucksvoll verläuft. Im Zuge der Weiterentwicklung beobachtet man zuerst die Ausbildung der Vorder- und anschließend die der Hinterextremitäten. Die einschneidenden Vorgänge der Metamorphose machen sich bemerkbar in einer Verdickung der Haut sowie einer Veränderung in ihrer Färbung, in einer Zunahme der Hautdrüsen und im Erscheinen neuer Pigmente. Charakteristische Umgestaltungen führen zur Rückbildung der Kiemen und des Hautlappens am Ruderschwanz; der Schwanz selbst bleibt bestehen. Vom Beginn der Metamorphose an treten während des gesamten weiteren Lebensabschnittes echte Häutungen auf. Die Häutungen äußern sich in einer Abschuppung der oberflächlichen, verhornten Zellen. Schließlich gibt es innerhalb der Urodelen Arten, die niemals eine Metamorphose durchmachen. Sie bleiben ihr ganzes Leben über auf der Larvenstufe und vermehren sich auch in diesem Zustand. Dieses Phänomen ist unter der Bezeichnung *Neotenie* bekannt. Die Neotenie ist beim Axolotl fakultativ, bei *Proteus* und *Necturus* permanent.

3. Determination der Metamorphose bei den Amphibien

3.1. Bedeutung der Schilddrüse

Die Metamorphose der Amphibien vollzieht sich unter der endokrinen Kontrolle der Schilddrüse, und diese wird wiederum gesteuert durch ein Hormon aus dem Hypophysenvorderlappen.

Die Bedeutung der Schilddrüse hat zuerst GUDERNATSCH (1912) nachgewiesen. Wurden Kaulquappen mit Schilddrüsenextrakt gefüttert, so zeigten sie eine beschleunigte Entwicklung. In wenigen Tagen vollzog sich die Metamorphose der Larven zum winzigen Frosch.

Den Gegenbeweis über die Wirkungsweise des Schilddrüsenhormons erbrachte ALLEN (1916). Bei Kaulquappen, denen durch einen operativen Eingriff die Schilddrüse entfernt wurde, erfolgte keine Metamorphose; sie setzten das Wachstum weit über die normale Größe fort und wurden zu Riesenexemplaren.

Mit diesen beiden entscheidenden Experimenten wird die bedeutende Rolle der Schilddrüse für die Metamorphose der Amphibien bewiesen, und sie standen am Beginn zahlreicher Arbeiten, die seit etwa einem halben Jahrhundert dieses Phänomen eingehender untersuchen.

Fügt man z.B. dem Wasser, in dem die Aufzucht von Kaulquappen erfolgt, etwas Thyroxin – das maßgebende Schilddrüsenhormon – zu, so wird schon bei geringen Dosen eine beschleunigte Metamorphose hervorgerufen. Bei einer Konzentration von 1 mg pro 500 Liter Wasser besitzt das Thyroxin noch seine Wirksamkeit und ruft eine verfrühte Metamorphose hervor. Selbst Kaulquappen, die nach Entfernung der Schilddrüse normalerweise keine Metamorphose mehr durchlaufen würden, bilden sich sehr rasch um, wenn sie mit Zusatz von Schilddrüsenhormon aufgezogen werden. Anhand histologischer Untersuchungen des Drüsengewebes läßt sich nachweisen, daß die Schilddrüse während der Metamorphose eine beachtliche Menge des Hormons freisetzt. Die Drüsenfollikel sind von einem mäßig hohen Epithel umgeben; die Hormonsynthese findet in den sogenannten Resorptionsvakuolen unter Verwendung des gespeicherten Thyreoglobulins statt. Die Aktivität der Drüse kann auch durch bestimmte Substanzen gehemmt werden, indem sie die Hormonabgabe an das Blut blockieren. Werden diese sogenannten Thyreostatika, wie z.B. Thiouracil oder Thioharnstoff, den Zuchtgefäßen mit Kaulquappen der Discoglossidae zugeführt, dann verlängert sich die Dauer der Larvalperiode um das Fünffache. Die Drüsenfollikel behalten ein flaches Epithel bei und sind mit Thyreoglobulin angefüllt, aber das Hormon kann dem Organismus nicht zugeführt werden. Die Thyreostatika verhindern die Freisetzung des Thyroxins, so daß die Metamorphose nicht eintritt.

Das Thyroxin leitet sich von Aminosäuren ab und ist durch vier Jod-Atome im Molekül gekennzeichnet. Schon die Zugabe einer kleinen Jodmenge in die Zuchtgefäße mit Kaulquappen bewirkt eine verfrühte Metamorphose. Wenn bei der Aufzucht von Kaulquappen ein Präparat mit radioaktivem Jod verwendet wird, so findet man das Jod in großen Mengen in der Schilddrüsenregion wieder, wo es in verschiedene Proteine eingebaut ist. Durch die radioaktive Markierung ist es möglich, den Jodstoffwechsel in Relation zur Proteinsynthese zu setzen. Bis zu dem Moment, wo die Vordergliedmaßen sichtbar werden – also während des gesamten Prämetamorphose-Stadiums – nimmt die Menge des in der Schilddrüse zurückgehaltenen Jods ständig zu, und erst zum Ende der Metamorphose nimmt sie wieder ab. Diese Verringerung stimmt mit dem Zeitpunkt der Thyroxinausschüttung in die Blutbahn überein. Die Gesamtmenge des an verschiedene Eiweißkörper gebundenen Jods bleibt während der Prämetamorphose konstant und vermehrt sich dann im Verlauf der Metamorphose.

3.2. Bedeutung der Hypophyse

Die Aktivität der Schilddrüse wird von der Hypophyse gesteuert. Nimmt man eine Abtragung der Hypophyse bei den Kaulquappen der Anuren oder den Larven der Urodelen vor, so verharren die Tiere im Larvalstadium ebenso wie nach einer Schilddrüsenentfernung oder der Behandlung mit Thyreostatika. Im Anschluß an die Hypophysektomie läßt sich noch ein Sekundäreffekt beobachten, indem sich die Larven vollständig entfärben. Dies ist auf das Fehlen des Zwischenlappens zurückzuführen, von dem das Intermedin produziert wird. Dieses Hypophysenhormon steuert die Entstehung und Verbreitung des Melanins, d.h. die Bildung des schwarzen Farbstoffs in den Epidermiszellen und seine Verteilung in den als Melanophoren bezeichneten Pigmentzellen. Durch den Ausfall des Intermedins bleiben die Melanophoren, die nur einen geringen Melaningehalt haben, kontrahiert, so daß die Tiere ungefärbt erscheinen. Die Hypophysektomie wirkt sich auch negativ auf die Geschlechtsreife aus; durch das Fehlen gonadotroper Hormone entwickeln sich die inzwischen in Hoden oder Ovarien differenzierten Keimdrüsen nicht bis zur geschlechtlichen Reife. Eine *Triturus*-Larve behält nach der Hypophysenexstirpation zeitlebens die äußeren Kiemen, den wohlausgebildeten Ruderschwanz und macht keine Metamorphose durch; außerdem bleibt sie farblos und erreicht die Geschlechtsreife nicht. Es gelang, derartige Exemplare, obwohl sie recht zart gebaut sind, über mehrere Jahre hinweg zu halten und zu beobachten.

Die Bildung der Hypophysenhormone erfolgt im Vorderlappen. Wenn Extrakte aus dieser Region verfüttert werden oder die Transplantation einer Hypophyse vorgenommen wird, dann gelangen hypophysektomierte Larven zur Metamorphose. Das für die Anregung der Schilddrüse verantwortliche Hormon ist das Thyreoidea-stimulierende Hormon (= TSH), das man auch thyreotropes Hormon nennt.

3.3. Beziehungen Hypophyse-Schilddrüse

Ganz am Anfang der Prämetamorphose beobachtet man in den basophilen Zellen des Vorderlappens eine zunehmende Granulierung, die dafür spricht, daß sich die Zellen, in denen thyreotropes Hormon gebildet wird, bereits frühzeitig ausdifferenzieren. Im gleichen Zeitabschnitt werden in der Schilddrüse jodhaltige Verbindungen gespeichert. So entsteht zu Beginn der Larvalperiode ein endokrines System, das die Normalentwicklung einer Kaulquappe gewährleistet. Im Verlauf der Prämetamorphose, wenn sich die Hinterextremitäten entwickeln – also noch vor der Ausbildung der Vorderextremitäten – nimmt die Größe der TSH-bildenden Zellen ständig zu, und ihre Granulierung vermehrt sich noch. Außerdem haben Untersuchungen mit radioaktivem Jod gezeigt, daß sich in der Schilddrüse eine kontinuierliche Jodspeicherung vollzieht. Die Hormonsynthese geht also in beiden Drüsen sehr intensiv vor sich. Es scheint, als ob die sowohl in der Schilddrüse wie auch in der Hypophyse erfolgende Hormonproduktion und -Anreicherung unabhängig voneinander ablaufen. Die Anregung geht jedoch wohl von einem gleichartigen Reiz aus.

Wenn die Vorderextremitäten schließlich sichtbar werden, lassen sich auffällige Veränderungen am Hypophysenvorderlappen und an der Schilddrüse nachweisen:

- die Granulierung der Hypophysenzellen vermindert sich in dem Maße wie die Produktion von Thyreotropin zunimmt;
- der Gehalt von Thyreoglobulin in den Schilddrüsenfollikeln nimmt ab, während im Gewebe eine Zunahme von jodhaltigen Eiweißkörpern zu verzeichnen ist.

Die Produktion von TSH im Hypophysenvorderlappen führt schließlich zu einer Schilddrüsen-Überfunktion und bewirkt so die morphologischen Umgestaltungen der Metamorphose. Der Spiegel beider Hormone steigt in dieser Phase noch, und man hat festgestellt, daß sich die Umwälzungen der Metamorphose hinsichtlich ihrer Bedeutung gestaffelt vollziehen.

Anhand der Veränderungen im endokrinen System lassen sich drei Phasen in der Larvalentwicklung unterscheiden:

- die erste kennzeichnet den Beginn der Prämetamorphose, wenn die Hinterextremitäten noch als Knospen vorliegen. Es besteht zwischen Thyreoidea und Hypophyse ein Gleichgewichtszustand;
- die zweite Phase fällt mit der Ausentwicklung der Hinterextremitäten zusammen; es findet eine intensive Hormonsynthese statt. Eine Ausschüttung erfolgt zwar, erreicht jedoch kein nennenswertes Ausmaß;
- die letzte Phase umfaßt die Zeitspanne von der Ausbildung der Vorderextremitäten bis zur Rückbildung des Schwanzes. Die Freisetzung einer erheblichen Menge von TSH ermöglicht die Ausschüttung großer Thyroxin-Mengen. Beide Drüsen entfalten ihre größte Aktivität zum Beginn der Metamorphose.

Am Beispiel des Krallenfrosches *Xenopus* hat man versucht, den Thyroxingehalt in den Larven während jeder der oben charakterisierten Phasen zu ermitteln; dabei ergaben sich die folgenden Größenordnungen:

erste Phase: 1 pro 1 Mrd;
zweite Phase: 3–20 pro 1 Mrd;
dritte Phase: 200 pro 1 Mrd.

3.4. Die Verhältnisse beim Axolotl

Beim Axolotl handelt es sich um einen neotenen Schwanzlurch, der in kalten Seen der mexikanischen Hochebenen lebt. Normalerweise findet bei dieser Art keine Metamorphose statt, da eine Schilddrüse zwar vorhanden, jedoch stark rückgebildet ist. Im Jahre 1864, während des mexikanischen Krieges, schickte General FOREY sechs lebende Axolotln an das Museum von Paris. Im darauffolgenden Jahr erhielt man etwas Laich von dieser Art. Einige der aus diesen Eiern schlüpfenden Larven machten eine Metamorphose durch, und man erkannte in den dabei entstehenden Tieren den Schwanzlurch *Ambystoma mexicanum,* der früher als eigene Art beschrieben worden war. Die Mehrzahl der sich aus jenen Eiern entwickelnden Larven aber blieb neoten. Es waren nur wenige, die zur Metamorphose gelangten. Damit war der Beweis erbracht, daß es sich beim Axolotl nur um die neotene Larve von *Ambystoma mexicanum* handelte.

Da man inzwischen die Bedeutung der Schilddrüse erkannt hatte, konnte man die Metamorphose beim Axolotl unter Versuchsbedingungen willkürlich herbeiführen. Bei etwa einjährigen Tieren erreichten wir in einem Zeitabschnitt von vierzehn Tagen noch eine Metamorphose, wenn die Zuchtbehälter der Axolotln eine Thyroxin-Konzentration von 1/20 000 000 enthielten. Bisher blieben allerdings alle Versuche, eine Metamorphose bei *Proteus* oder *Necturus* einzuleiten, vergeblich.

Worauf beruht nun die Neotenie beim Axolotl, wenn seine Gewebe doch durch das Schilddrüsenhormon beeinflußbar sind und eine Schilddrüse sogar vorhanden ist? An dieser Stelle muß die Tätigkeit der Hypophyse berücksichtigt werden. Das Ausbleiben der Metamorphose beim Axolotl kann entweder mit einer Hypophysen-Insuffizienz oder mit mangelnder Ansprechbarkeit der Schilddrüse auf das thyreotrope Hormon erklärt werden. Tatsächlich hat sich herausgestellt, daß es sich um eine Hypophysen-Insuffizienz handelt, was auch durch das folgende Experiment bewiesen wird: Wenn man auf einen Axolotl die Hypophyse einer nahe verwandten Art überträgt, die normalerweise eine Metamorphose ausführt wie z.B. *Ambystoma tigrinum,* dann erfolgt auch beim Axolotl eine Metamorphose. Unter natürlichen Bedingungen fehlt also der Hypophyse ihre die Thyreoidea stimulierende Funktion.

Die hier entwickelte Hypothese versucht, die Steuerung der Schilddrüsentätigkeit durch die Hypophyse im Verlauf der Metamorphose zu erklären. Als Ausgangspunkt legt man das Vorhandensein von zwei thyreotropen Hormonen zugrunde: Dabei ist das eine für die Speicherung von Thyreoglobulin in den Drüsenfollikeln verantwortlich, das andere reguliert – ausgehend vom Thyreoglobulin – die Ausschüttung des Thyroxins. Im Fall des Axolotl wird von der Hypophyse nur das erste der beiden Hormone gebildet, und durch das Fehlen des zweiten thyreotropen Hormons wird das Ausbleiben der Metamorphose bedingt. Diese einleuchtende Hypothese ist allerdings schwer zu beweisen.

Die Empfindlichkeit einzelner Gewebe des Axolotl für Schilddrüsenhormon läßt sich auch auf indirektem Wege testen. Man kann einem *Triturus*-Embryo ein Stück embryonalen Hautgewebes von einem Axolotl aufpfropfen, das sich ganz normal weiterentwickelt. Setzt dann beim Molch die Metamorphose ein, so vollzieht sich am Transplantat zur selben Zeit eine Metamorphose. Mit einem ähnlichen Eingriff ist es möglich, zwei Keime der gleichen oder auch von verschiedenen Arten im Embryonalstadium miteinander zu verbinden. Man erhält eine dauerhafte Verwachsung oder Parabiose der beiden Embryonen, die sich in der Folgezeit auch weiter entwickeln und dabei verwachsen bleiben. In jedem Fall verläuft die Metamorphose völlig synchron bei beiden Tieren. Vereinigt man nun einen Embryo von einer Art mit frühzeitiger Metamorphose mit einem anderen Embryo, dessen Art durch eine verzögerte Metamorphose gekennzeichnet ist, dann vollzieht sich die endgültige Umbildung der beiden Parabionten zur selben Zeit. Wir haben auf diese Weise beim Axolotl eine Metamorphose erreicht, wenn er in Parabiose mit *Triturus alpestris* lebte. Schon bald nach diesen eine Parabiose erzielenden Operationen stellt sich zwischen beiden Partnern ein gemeinsames Kreislaufsystem ein. Bei der Beobachtung des mit *Triturus alpestris* vereinigten Axolotl taucht folgendes Problem auf: Ist das vom *Triturus* freigesetzte Thyroxin, der ja normalerweise eine Metamorphose ausführt, mitverantwortlich für die Umbildung des Axolotl? Oder handelt es sich um das thyreotrope Hormon des Molches, das beim Übertritt in den Axolotl dessen gewöhnlich inaktive Schilddrüse stimuliert?

Es ist uns der Nachweis gelungen, daß die Metamorphose des Axolotl einzig auf der Thyroxin-Abgabe von *Triturus* beruht; die Thyreoidea des Axolotl erlangt ihre Funktionsfähigkeit nicht. Damit ist gleichzeitig bewiesen, daß das thyreotrope Hormon von *Triturus* im Gegensatz zum Thyroxin nicht in den Axolotl übertritt.

Die Metamorphose des Axolotl kann noch auf eine viel eindrucksvollere Weise demonstriert werden. Es ist nämlich möglich, aus zwei Embryonen, von denen der eine zur Art *Triturus alpestris* und der andere zur Art *Ambystoma mexicanum* gehört, Chimären in folgender Gestalt zu erzeugen:

- das Vorderende eines *Triturus alpestris* wird mit einem Hinterende vom Axolotl vereinigt (Bild 13 A). Eine derartige Chimäre metamorphosiert im Alter von drei Monaten wie eine normale *Triturus*-Larve, und auch das zum Axolotl gehörende Hinterende bildet sich zwangsläufig zur gleichen Zeit um (Bild 13 B). Das Schilddrüsenhormon von *Triturus* beeinflußt auch die Umformung des Axolotl-Gewebes der Chimäre;

- die umgekehrt zusammengesetzte Chimäre aus dem Vorderende eines Axolotl-Embryos mit dem entsprechenden Teil eines *Triturus*-Embryos ist ebenfalls lebensfähig. Aber in diesem Fall erfolgt niemals eine Metamorphose, und das *Triturus*-Hinterende bleibt infolge der funktionslosen Schilddrüse des Vorderendes neoten (Bild 13 C).

Die Interpretation und Analyse des Grundphänomens der Metamorphose kann mittels derartiger Eingriffe entscheidend gefördert werden, wenn es gelingt, lebensfähige Organismen zu erzeugen.

3.5. Empfindlichkeit verschiedener Gewebekomplexe auf Thyroxin

Die Metamorphose setzt nach einer vermehrten Aktivität der Schilddrüse ein. Mehr oder weniger frühzeitig sprechen die einzelnen Gewebe darauf an, je nachdem zu welchem Organ und zu welcher Tierart sie gehören.

Wir haben die permanente Neotenie bei *Proteus* und *Necturus* erwähnt, die beide die Fähigkeit verloren haben – oder nie besaßen –, auf Schilddrüsenhormon anzusprechen, obwohl ihre Schilddrüse mehr oder weniger funktionsfähig ist. Man kann einer *Triturus*-Larve, der die Thyreoidea entfernt wurde, die Drüse eines *Proteus* oder *Necturus* einpflanzen, und es erfolgt eine Metamorphose. Im Gegensatz dazu besteht beim Axolotl schon eine deutliche Beeinflussung durch die Tätigkeit der Schilddrüse; die Neotenie beruht hier allein auf der Hypophysen-Insuffizienz.

Im Verlauf der normalen Metamorphose bei den Kaulquappen der Anuren beobachtet man gelegentlich Abweichungen in der Empfindlichkeit der Gewebe, z.B. ist eine Beschleunigung oder Verzögerung in der Rückbildung des Operculums möglich. Bei *Eleutherodactylus,* einer Art mit direkter Entwicklung, besitzt das

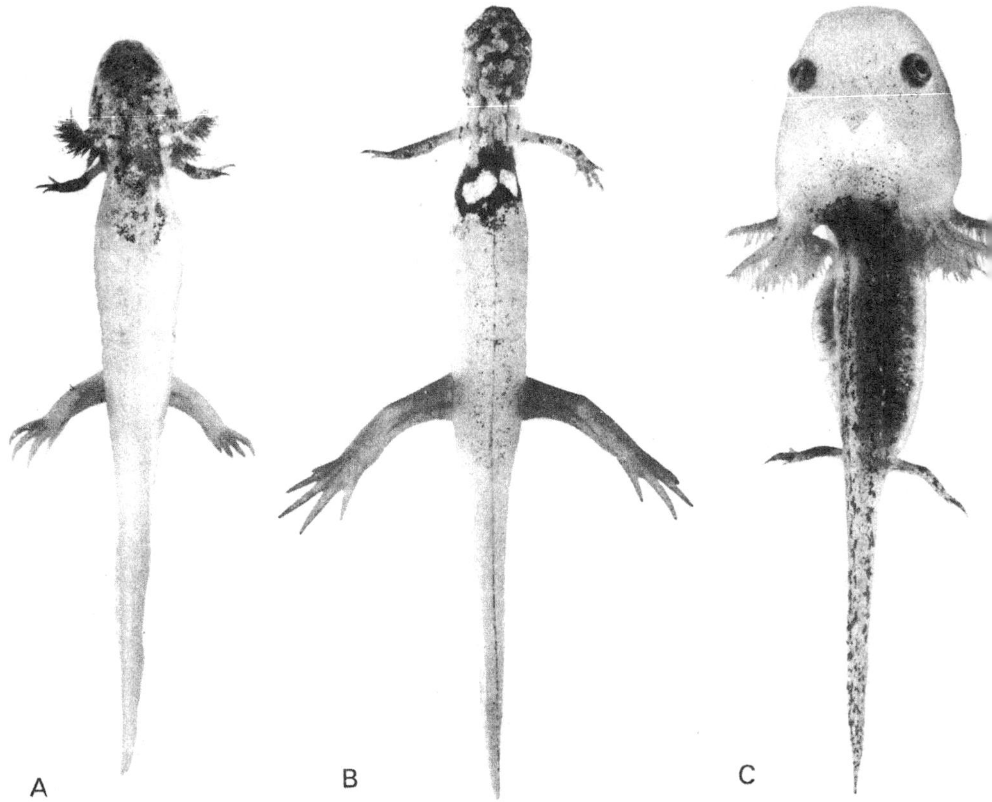

Bild 13. Chimären zwischen *Triturus alpestris* und *Ambystoma mexicanum.* A, Larve mit Kopf und Vordergliedmaßen von *Triturus* und dem Rumpf von *Ambystoma.* B, das gleiche Tier nach der Metamorphose; die Metamorphose des *Triturus*-Vorderendes zieht die des *Ambystoma*-Hinterendes nach sich. C, Chimäre, die umgekehrt wie im vorigen Beispiel zusammengesetzt ist; der Kopf von *Ambystoma* macht keine Metamorphose durch, und das *Triturus*-Hinterende bleibt im Larven-Stadium (nach HOUILLON, 1965).

schlüpfbereite Tier bereits das Aussehen des Adultus. Hier vollziehen sich die für die Metamorphose typischen Umbildungen in der Haut und an den Extremitäten unabhängig von der Tätigkeit der Schilddrüse. Im Gegensatz dazu erfordert die Rückbildung des Schwanzes eine Steuerung über die Thyreoidea.

Einige Gewebekomplexe sprechen direkt auf das Vorhandensein von Thyroxin an. Daher ist es möglich, innerhalb eines streng lokalisierten Bereiches eine Metamorphose auszulösen. Man kann z.B. ein mit Thyroxin imprägniertes Cholesterin-Kügelchen in die Schwanzregion einpflanzen. War der Gehalt an Thyroxin nur gering, dann tritt die generelle Metamorphose nicht beschleunigt ein, jedoch erfolgt im Bereich des Implantates eine Veränderung am Schwanz. Eine in der gleichen Weise vorgenommene Thyroxin-Implantation in die Rückenhaut einer *Triturus*-Larve ruft eine lokale Metamorphose der Epidermis hervor, die sich im Auftreten neuer Farbelemente in der Umgebung des Implantates zeigt. Eine gleichartige Implantation im Bereich einer Vorderextremitäten-Anlage bewirkt ein beschleunigtes Wachstum dieser Extremität im Vergleich zu der anderen. In allen drei Fällen handelt es sich um eine direkte und spezifische Wirkung des Thyroxins.

Man kann die Schwanzknospen-Anlage eines Frosches auf die Flanke eines anderen Embryos im gleichen Stadium transplantieren. Sie entwickelt sich nach dem Eingriff normal, so daß an einer Seite der Kaulquappe ein zusätzlicher Schwanz wächst. Mit dem Beginn der Metamorphose bildet sich auch der überzählige Schwanz in der gleichen Zeit zurück wie der eigentliche Kaulquappen-Schwanz. Setzt man anstelle der Schwanzknospe embryonales Extremitäten-Gewebe ein, so entwickelt sich in der Flanke der Kaulquappe ein zusätzliches Bein, das jedoch auch nach der Metamorphose persistiert. Ein Gewebestück aus der Augenregion, das einem anderen Embryo in die Schwanzregion gepflanzt wird, gestattet die Ausdifferenzierung eines Auges am Schwanz der Kaulquappe. Wenn schließlich mit dem Eintritt der Metamorphose die Rückbildung des Schwanzes erfolgt, beginnt die Wanderung des Auges nach vorn. Am Ende der Metamorphose bleibt das übertragene Auge in der Sacralregion des jungen Frosches bestehen.

Mit diesen drei Experimenten wird sehr gut die unterschiedliche Empfindlichkeit von verschiedenen Kaulquappen-Geweben für Schilddrüsenhormon gezeigt. Ein Schwanz wird stets rückgebildet, wo er sich auch befinden mag, während eine überzählige Extremität oder ein Auge überdauern.

Die Wirkung des Schilddrüsenhormons kann in einigen Fällen auch indirekt erfolgen. So steht die partielle Resorption des Operculums in engem Zusammenhang mit der Degeneration des darunterliegenden Kiemengewebes. Die Bildung eines Tympanons wird dagegen von den darüberliegenden Hautschichten ausgelöst.

3.6. Wirkungsweise des Schilddrüsenhormons

Zwei nur wenig voneinander abweichende Vorstellungen versuchen, die Wirkungsweise des Thyroxins näher zu erklären.

Nach KOLLROS besitzt jeder Gewebekomplex eine eigene Reizschwelle für das Hormon. Auf diese Weise führen die niedrigen Hormonkonzentrationen zu einem gewissen Metamorphosegrad des Tieres, der nicht überschritten wird, solange die Konzentration noch unbedeutend ist. Der Eindruck eines Schwellenwertes entsteht sehr leicht nach einer Thyroxin-Behandlung, wenn man über einen festgesetzten

Zeitraum verfolgt, ob die für eine Metamorphose typischen Umgestaltungen eintreten oder nicht. Die Vorstellung von der Reizschwelle schließt mit ein, daß das Hormon als Reiz wirkt, um ein bestimmtes Phänomen auszulösen. Die normale Metamorphose ist demnach das Ergebnis einer kontinuierlichen Zunahme an Thyroxin, durch die eine Reihe verschiedener Schwellenwerte durchlaufen wird, so daß sich die Entwicklung in einzelnen Stufen vollziehen kann. Somit entspricht der niedrigste Schwellenwert der Ausbildung der Hinterextremitäten, und mit dem Ansteigen auf immer höhere Werte entstehen nach und nach: Die Verdickung der Haut, das Auftreten der Vordergliedmaßen und schließlich beim Erreichen der höchsten Reizschwelle die Rückbildung des Schwanzes.

ETKIN vertritt eine Auffassung, die von stöchiometrischen Grundprinzipien ausgeht. Danach sprechen die Gewebe auf sämtliche Hormonkonzentrationen an, jedoch in einem mehr oder weniger einschneidenden Ausmaß gemäß dem jeweils vorliegenden Spiegel. Jede Gewebeart bedarf eines spezifischen Thyroxin-Spiegels, um ihre spezielle Metamorphose zu vollenden. Das Hormon kann entweder in relativ kurzer Zeit sehr konzentriert abgegeben werden oder in geringerer Menge über einen längeren Zeitraum hin. Die Metamorphose ist folglich mit jeder Konzentration durchführbar, wenn sich der Vorgang nur entsprechend lang genug hinzieht. Die stöchiometrische Betrachtungsweise schließt mit ein, daß das Thyroxin im molekularen Bereich direkt in das die Metamorphose erzeugende biochemische Geschehen eingreift. Der normale Ablauf dieses Phänomens ist somit von der endgültigen Hormondosis abhängig, die zur Umbildung jedes einzelnen Gewebekomplexes erforderlich ist. Diese recht verwickelte Fragestellung läßt sich aber auf einen allgemeineren Ausgangspunkt zurückführen: das ist die zunehmende Steigerung der Schilddrüsen-Tätigkeit während der Larvalperiode.

3.7. Theorien über die Wechselbeziehungen Schilddrüse-Hypophyse-Hypothalamus

Nach den vorangegangenen Ausführungen mag es so scheinen, als sei die Hypophyse der Auslöser für die Vorgänge der Metamorphose, da die Tätigkeit der Thyreoidea durch sie gesteuert wird. Es hat sich inzwischen herausgestellt, daß die Hypophyse kein autonomes Zentrum darstellt, von dem das endokrine System des Organismus kontrolliert wird. Oberhalb der Hypophyse besteht im Hypothalamus ein nervöses Zentrum, das auf die Hypophysen-Sekretion einen entscheidenden Einfluß ausübt. Man spricht daher auch vom Tractus hypothalamo-hypophyseus.

In den verschiedenen Hypothalamus-Kernen befinden sich einige im Dienst der Neurosekretion stehende Neuronen, die über ihre Axone das abgesonderte Sekret in den Bereich des Zwischenlappens weiterleiten. Von dort werden die Neurosekrete durch ein Blutkapillarensystem in die Sinus des Vorderlappens transportiert. Mit einer Durchtrennung des Hypophysenstieles gelang es im Experiment, die Verbindung Hypophyse-Hypothalamus zu unterbrechen. Es zeigte sich ebenso wie bei

Hypophysenverpflanzungen, daß sich die Prometamorphose oder die Ausbildung der Vordergliedmaßen unabhängig vom Hypothalamus vollzieht, während das Ende der Metamorphose oder die eigentlich kritische Phase im Gegensatz dazu vollständig unter dem Einfluß des Hypothalamus steht. Endgültig kann man also sagen, daß die Schilddrüsen-Tätigkeit von der Hypophyse gesteuert wird, die wiederum ihre Impulse vom Hypothalamus erhält. Zum Verständnis der umwälzenden Erscheinungen der Metamorphose, die fast unmerklich beginnen und dann zu einem gewaltigen Ereignis werden, ist es unerläßlich, diese recht komplexen Wechselbeziehungen nachzuvollziehen.

Die verschiedenen Ergebnisse der vorher geschilderten Beobachtungen können folgendermaßen zusammengefaßt werden: Am Anfang der Larvalperiode differenzieren sich in der Hypophyse die thyreotropen Zellelemente, von denen das TSH produziert wird. Diese Zellen erscheinen zuallererst am Beginn der Larvalperiode. Durch einen auch aus anderen Bereichen bekannten Mechanismus, das sogenannte Feedback oder Rückkoppelungsprinzip, besteht mittels Thyroxin-Überproduktion eine Hemmung weiterer Thyreotropin-Ausschüttung. Im Blut wird ein konstantes Thyroxin-TSH-Verhältnis aufrechterhalten. Man kann annehmen, daß die Hypophyse während der gesamten Prämetamorphose extrem empfindlich auf den Feedback-Mechanismus des Thyroxins reagiert. Derart beeinflussen sich die beiden endokrinen Drüsen gegenseitig, doch hält sich für die Dauer der Prämetamorphose der Thyroxinspiegel im Blut der Larve sehr niedrig; er liegt in der Größenordnung von 1^{-9}. Das genügt, um die Entwicklung der Hinterextremitäten zu gewährleisten. Im Verlauf dieser Periode setzt mit einer leichten Verzögerung die neurosekretorische Aktivität des Hypothalamus ein. Ist seine Tätigkeit einmal angelaufen, so wird dieses System voll funktionsfähig. Man kann nun beobachten, wie die Neurosekrete des Hypothalamus in zunehmendem Maße die Empfindlichkeit der thyreotropen Hypophysenzellen für das als Rückkoppelung wirkende Thyroxin rückgängig machen. Von nun an geht die Ausdifferenzierung aller Zellen in großem Ausmaß vor sich. Die Auswirkungen des Thyroxins auf den Hypothalamus dürfen nicht eigentlich als hemmend auf das Rückkoppelungsprinzip angesehen, sondern müssen als positiver Feedback-Mechanismus verstanden werden. In einer Art Kettenreaktion wird so die verspätet einsetzende Wirksamkeit des Hypothalamus festgelegt, mit der wiederum die Anregung der thyreotropen Zellen intensiviert wird.

Auf diese Weise entsteht in der Tätigkeit des Hypothalamus eine Art konstant fortschreitender Auto-Akzeleration, die sich auf die Hypophyse auswirkt und die ihrerseits die Thyreoidea beeinflußt. Der Abschluß der Prämetamorphose vollzieht sich allmählich, doch dann beschleunigen sich die Vorgänge in der Prometamorphose, die schließlich sehr rasch die kritische Phase herbeiführen.

ETKINs Anschauungen, die den Ausgangspunkt für diese Theorie bildeten, gingen davon aus, daß im Moment der kritischen Phase, wenn die Umgestaltungen in ein tiefgreifendes und intensiviertes Stadium gelangt sind, die thyreotropen Zellen völlig frei sind von der hemmenden Rückkoppelung durch die Thyreoidea. In diesem Fall wird unter dem Einfluß des Hypothalamus eine große Menge von TSH und schließlich aufgrund der Anregung der Schilddrüse durch die Hypophyse eine entsprechende Menge Thyroxin freigesetzt, die den beschleunigten Ablauf der Metamorphose bedingen. Am Schluß dieses Prozesses verliert der Hypothalamus wie alle übrigen Gewebe des Organismus seine Empfindlichkeit für Thyroxin; die Hypophysen-Aktivität geht auf das normale Maß zurück und der Anteil des Thyroxins vermindert sich. Die Tätigkeit von Hypophyse und Thyreoidea sinken auf das übliche Niveau ab, und damit ist das Ende der Metamorphose erreicht.

3.8. Biochemische Veränderungen

Parallel zu den Umgestaltungen der äußeren Erscheinung erfolgt eine Reihe biochemischer Veränderungen, die unter anderem eng mit der Umstellung vom Wasserleben auf das Landleben zusammenhängen. Es hat sich in der letzten Zeit herausgestellt, daß von diesem Zeitpunkt an neu aufgetretene Proteine nachweisbar sind. So wird in dieser Periode vor allem auch die Gewebe-Inkompatibilität festgelegt. Daher bedeutet die Metamorphose für die erzeugten Parabiosen oder Chimären zwischen verschiedenen Arten ein besonders kritisches Stadium, in der die auftretende Intoleranz die Überlebenschancen der Tiere entscheidend herabsetzt. Von den biochemischen Veränderungen werden die folgenden näher besprochen:

- die Abänderung der Exkretion;
- die Zusammensetzung des Blutes;
- die Sehfarbstoffe;
- die Rückbildung des Schwanzes.

3.8.1. Abänderung der Exkretion

Alle im Süßwasser lebenden Tiere scheiden Ammoniak als einfaches Stoffwechselendprodukt aus. Da es sich beim Ammoniak um eine toxische Substanz handelt, wird er in einer großen Wassermenge verdünnt. Der dabei entstehende Urin wird sofort nach seiner Bildung aus dem Körper entfernt. Man bezeichnet diese Tiere – und das gilt besonders für die Süßwasserfische – als *ammonotel.* Dagegen scheiden Landlebewesen und Salzwasserfische Harnstoff aus, der in der Leber aus Ammoniak gebildet wird. Für diese Tiere hat man daher den Ausdruck *ureotel* geprägt.

Das Exkretionsprodukt der Kaulquappen ist Ammoniak, während es bei den ausgewachsenen Anuren Harnstoff ist. Der Wechsel vom ammonotelen zum ureotelen Organismus vollzieht sich in der Metamorphose. Eine vorzeitige Änderung des Exkretionsmodus kann durch Thyroxin-Injektionen verursacht werden. Die Voraussetzung oder Begleiterscheinung einer jeden Änderung im Stoffwechselgeschehen sind vorbereitende Veränderungen auf dem enzymatischen Sektor. Die Bildung von Harnstoff aus Ammoniak in der Leber erfordert die Mithilfe von vier Enzymen: der Carbamylphosphat-synthetase, der Ornithin-transcarbamylase, der Arginin-synthetase und der Arginase. Die Aktivität dieser Enzyme steigert sich bei den Kaulquappen im Verlauf der Metamorphose in erheblichem Umfang. In geringen Mengen können sie schon vor dem Eintritt der Metamorphose vorhanden sein, aber sie erreichen noch nicht die volle Wirksamkeit, um den Harnstoff-Zyklus in Gang zu bringen. Es sieht zudem so aus, als würde die Carbamylphosphat-synthetase erst mit dem Beginn der Metamorphose gebildet.

Da schließlich das Thyroxin die Synthese verschiedener Enzyme in beträchtlichem Maß zu beschleunigen vermag, kann man die Entstehung eines neuen Enzyms möglicherweise auch auf seinen Einfluß zurückführen.

3.8.2. Zusammensetzung des Blutes

Zum Zeitpunkt der Metamorphose taucht das Problem auf, wie an der Luft der normale Wassergehalt der Gewebe beibehalten werden kann. Beim adulten Tier ist er mit Hilfe der Haut und des Exkretionssystems gesichert.Die Blutflüssigkeit bewahrt aufgrund der Osmoregulation ein konstantes Volumen. Sie beruht auf den Fähigkeiten der Plasmaproteine und vor allem des Serumalbumins. Im Kaulquappenblut existiert noch kein Serumalbumin, das erst beim adulten Tier auftritt. Man kann seine Bildung aber schon bei der Kaulquappe anregen, wenn man Schilddrüsenhormon verabreicht. Eine weitere Proteinveränderung betrifft das Hämoglobin des ausgewachsenen Frosches verglichen mit dem der Kaulquappe; so ist z.B. der BOHR-Effekt nur im Froschblut ausgeprägt. Das Blut besitzt während der Larvalperiode ein großes Sauerstoffbindungsvermögen, dagegen überwiegt nach der Metamorphose die Fähigkeit zu einer leichten Abgabe des Sauerstoffs an die Gewebe.

Einem derartigen funktionellen Unterschied entspricht auch eine Strukturänderung. Das Hämoglobin ist ein Proteid und setzt sich zusammen aus einer Proteinkomponente, dem Globin, und einer prosthetischen Gruppe, dem Häm. Bei Vergleich der Absorptionsspektren von Oxyhämoglobin der Kaulquappe und des Frosches stellt man fest, daß die prosthetische Gruppe in beiden Fällen dieselbe geblieben ist; der Unterschied betrifft nur den Proteinanteil. Die elektrophoretische Auftrennung auf Stärkegel ergab für das Hämoglobin der Kaulquappe von *Rana catesbeiana* drei verschiedene Banden, während sich beim erwachsenen Tier vier Banden erkennen lassen. Im Verlauf der Metamorphose besitzt die Kaulquappe ein Gemisch aus Larven- und Frosch-Hämoglobin. In einer eingehenden Analyse kann gezeigt werden, daß in der Metamorphose Veränderungen an den wesentlichsten Aminosäuren des Hämoglobins auftreten. So findet eine vermehrte Herstellung von Histidin, Arginin und Lysin statt, während sich der Anteil an Asparagin- und Glutaminsäure verringert.

3.8.3. Sehfarbstoffe

Der Sehfarbstoff der marinen Fische und der landbewohnenden Vertebraten ist das Rhodopsin. Es entsteht aus einer Verbindung von Vitamin A-Aldehyd oder Retinin 1 mit einem Protein, dem Opsin. Süßwasserfische besitzen dagegen Porphyropsin als Sehfarbstoff, das sich aus der Aldehydform des Vitamins A2 – dem Retinin 2 – und dem Opsin zusammensetzt. Bestimmte Fischarten, die im Verlauf ihres Lebenszyklus einen Milieuwechsel vornehmen, wie z.B. die Aale und Lachse, verfügen gleichzeitig über Rhodopsin und Porphyropsin.

Daraus ergibt sich, daß die Metamorphose der Amphibien eine Verschiebung in den Sehpigmenten mit sich bringen wird. Tatsächlich dominiert bei den Kaulquappen von *Rana catesbeiana* das Porphyropsin, dessen prozentualer Anteil im Verlauf der Metamorphose abnimmt in dem Maße, wie der des Rhodopsins zunimmt. Der Krallenfrosch *Xenopus* geht nach der Metamorphose nicht zum Landleben über; bei ihm besteht eine Mischung beider Pigmente, jedoch herrscht das Porphyropsin vor. Eine Ausnahme bilden *Rana temporaria* und *R. esculenta,* bei denen sowohl die Kaulquappe wie auch der ausgewachsene Frosch nur Rhodopsin besitzen.

Die Implantation eines mit Thyroxin getränkten Agarblöckchens in den Glaskörper eines Auges von *Rana catesbeiana* bewirkt in diesem Auge eine Zunahme von Vitamin A 1 als Ausgangsprodukt für Rhodopsin. Dagegen erfolgt kein Zuwachs an Vitamin A 1, wenn ein entsprechender Agarblock in die Bauchhöhle implantiert wird. Es handelt sich hier um eine spezifische Einwirkung des Thyroxins, und die beobachtete Stoffwechselumstellung vollzieht sich ohne die Mitwirkung irgendeines Organes. Vitamin A 2, ein Baustein des Porphyropsins, ist ein typisches Element in der Kaulquappenretina und in anderen Organen nicht anzutreffen. Im Gegensatz dazu ist Vitamin A 1 in allen Gewebegruppen vorhanden, und zwar sowohl in der Larve wie auch beim adulten Tier. Das Thyroxin bewirkt den Verlust eines für den Vitamin A 2-Stoffwechsel benötigten Enzyms, so daß seine Biosynthese im Verlauf der Metamorphose gestoppt wird. Es wird dann durch Vitamin A 1 ersetzt, das aus den Geweben in der Umgebung der Augenregion geliefert wird.

3.8.4. Rückbildung des Schwanzes

Die Rückbildung des Schwanzes ist wohl das bedeutendste Ereignis bei der Metamorphose der Anuren. In allen experimentell herbeigeführten Metamorphosen dient die Schwanzrückbildung als Maß für den Stand der Umbildungen.

Ein direkter Zusammenhang der Hormonwirkung mit der Resorption des Schwanzes konnte durch die Einpflanzung von Thyroxin-getränkten Blöckchen bewiesen werden. Um diesen Effekt zu erklären, nimmt man an, daß die Bildung gewisser Metaboliten wie der Milchsäure durch Schilddrüsenhormon angeregt werden kann. Die Enzymaktivität der Proteasen und Hydrolasen wird nämlich im sauren Milieu entscheidend begünstigt. In der Tat bewirken Injektionen von Milch- oder Buttersäure eine Atrophie des Schwanzes, und die Autolyse beginnt im Umkreis des Einstiches. Die Aktivität proteolytischer Enzyme zeigt sich in einem Anstieg des prozentualen Anteils an Aminosäuren und Peptiden im Bereich der Einstichstelle. Kennzeichnend für die Metamorphose – und zwar sowohl für die unter natürlichen Bedingungen stattfindende wie für die experimentell herbeigeführte – ist eine Zunahme an sauren Proteasen um das Neunfache, an ß-Glucuronidase um das Zwanzigfache und an Kathepsin um das Dreißigfache. Allerdings treten diese Werte bei der Metamorphose nur in der Schwanzregion auf; in den übrigen Geweben der Kaulquappen erhöht sich ihr Anteil nicht. Die spezifische Wirkung des Thyroxins auf den Schwanz läßt die Vermutung zu, daß in seinen Geweben sämtliche Faktoren konzentriert enthalten sind, die schließlich den Abbau auslösen. Elektronenmikroskopische Studien haben gezeigt, daß in den Zellen der Schwanzregion die als Lysosomen bezeichneten Cytoplasmastrukturen gehäuft auftreten. Sie sind angefüllt mit hydrolytischen Enzymen, zu denen Kathepsin, saure Phosphatase, β-Glucuronidase, Ribonuclease und Desoxyribonuclease zählen.

In der Phase der Umbildung ist die Zunahme dieser Enzyme im Schwanz beträchtlich. Man hat versucht, diese Vorgänge damit zu erklären, daß die Freisetzung nach Einwirkung eines bestimmten Hormons durch Auflösung der Lysosomen-Membran erfolgt. Für diese Deutungsmöglichkeit gibt es bisher aber noch keinen direkten Beweis.

3.9. Schlußbetrachtung

Die Metamorphose schließt alle Umbildungen ein, die sich vor dem Übertritt zum Landleben vollziehen. Sie setzt schon lange vor dem Milieuwechsel des Tieres ein und wird selbst bei zahlreichen Amphibien durchgeführt, die das aquatische Leben niemals aufgeben. Die Existenz neotener Tiere beweist, daß diese spezielle Entwicklung für das Weiterbestehen der Art nicht ungedingt erforderlich ist.

Der Milieuwechsel ist allerdings die Regel. Daher sind einige Umbildungen unumgänglich; sie betreffen die Atmungsorgane, den Wechsel vom ammonotelen zum ureotelen Exkretionsmodus, die Vermehrung des Serum-Albumins und die Änderungen in den spezifischen Eigenschaften des Hämoglobins. Dagegen haben andere Veränderungen, wie die Rückbildung des Schwanzes oder die Verschiebung in den Sehfarbstoffen, nicht den Charakter einer absoluten Notwendigkeit für das Überleben des Tieres.

Man kann die Vorgänge der Metamorphose auf eine Umstellung im enzymatischen Bereich zurückführen, der im Organismus unter dem Einfluß des Thyroxins vor sich geht. Wie aber soll man sich die unterschiedliche Beeinflussung der Kaulquappengewebe durch Thyroxin erklären?

Am Beispiel der Insekten ließ sich zeigen, daß durch die Injektion des Häutungshormons Ecdyson in die Larven von *Chironomus* die chromosomale Aktivität verändert wird. Aufgrund dieses Ergebnisses hat man versucht, die komplexen Erscheinungen der Metamorphose auf eine hormonale Einwirkung im Bereich der Erbsubstanz des betreffenden Tieres zurückzuführen. Die Metamorphose würde so eine Reaktion des genetischen Apparates auf eine hormonale Tätigkeit darstellen. Ein weiteres Mal werden biologische Fragestellungen auf die biochemische Ebene übertragen, wo die Ausdifferenzierung der Zellen im Zusammenhang mit der Genaktivität untersucht wird.

4. Analyse der Gastrulation

Der bisher geschilderte Entwicklungsgang des Froscheis beruht auf einfachen Beobachtungen sichtbarer morphologischer Merkmale. Eine Vielzahl sehr feiner Entwicklungsschritte, vor allem im Zusammenhang mit der Gastrulation, hat sich allerdings recht lange einer Untersuchung entzogen. Die seit dem Ende der Furchung recht kontinuierlich verlaufende Keimesentwicklung wandelt sich nun, indem durch eine relative Verschiebung einzelner Zellagen ein Komplex von genau ineinandergefügten und sich überlagernden Keimblättern ausgebildet wird. Nach der Entstehung der drei Keimblätter beginnen sich die Organanlagen des Embryos zu differenzieren.

Das Ergebnis der Gastrulation, die als ein entscheidendes Stadium der Ontogenese angesehen werden kann, ist die Abtrennung der Keimblätter: Ektoderm, Mesoderm und Entoderm. Sie entstehen im Anschluß an die verwickelten Gastrulationsbewegungen, deren Untersuchung erst durch die Verwendung von Farbmarken ermöglicht wurde.

4.1. Verwendung von Farbmarken

4.1.1. Untersuchungstechnik

Untersuchungen mit farbigen Markierungen wurden zuerst von VOGT (1925) durchgeführt; sie beruhen auf einer lokalen Anfärbung des Keimes mit Vitalfarbstoffen wie Neutralrot und Nilblausulfat. Der Farbstoff dringt in die Zellen des Keimes ein und ist über mehrere Tage haltbar. So ist es möglich, die Markierungen von Mesoderm oder Entoderm später im Innern des Embryos wiederzufinden. In dieser Weise kennzeichnet man ein Keimblatt oder ein Organ hinsichtlich seiner mutmaßlichen Lage auf der Blastula oder der frühen Gastrula. Überträgt man nachträglich sämtliche markierten Bezirke auf ein Blastula-Modell, dann erhält man einen Plan über die prospektive Bedeutung einzelner Keimteile.

Das Anbringen der Farbmarken bereitet keine großen Schwierigkeiten. Das von seiner Hüllschicht befreite Ei wird in einem mit Wasser gefüllten Schälchen in eine

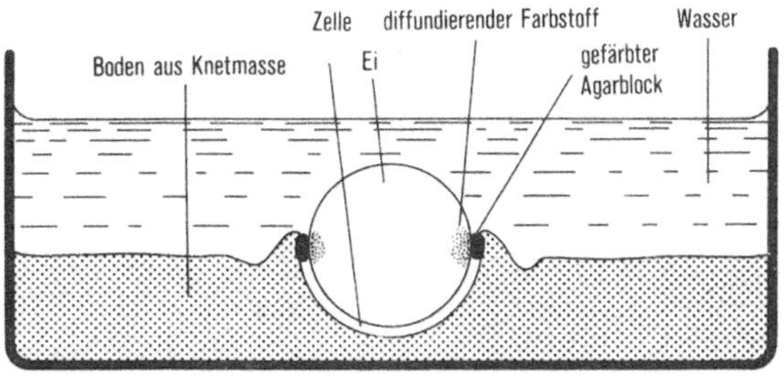

Bild 14
Anbringen von Farbmarken auf einem Amphibienei.

kleine Zelle gebracht, die dort am Boden aus Paraffin oder Knetmasse gebildet wurde. Mit dem Farbstoff werden kleine Agarstückchen in der Größenordnung der zu markierenden Flächen getränkt. Diese passend zugeschnittenen Blöckchen werden dann zwischen Ei und Knetmasse festgeklemmt. Innerhalb von 10 bis 15 min ist der Farbstoff in die örtlich begrenzte Kontaktfläche mit dem Ei diffundiert. Um die Beobachtung übersichtlicher zu gestalten, kann man einfach verschieden gefärbte Marken für die Kennzeichnung verwenden.

4.1.2. Entwurf präsumptiver Anlagenbezirke

In Anlehnung an diese Beobachtungen lassen sich die Bezirke künftiger Organanlagen umreißen; aus ihnen wird das Schicksal einzelner Partien der Blastula im Verlauf der Normogenese ersichtlich. Damit ist aber nicht gesagt, daß die Blastula mosaikartig aus einzelnen bereits in einer Richtung festgelegten Feldern zusammengesetzt ist, sondern nur, daß im Fall einer sich ungestört vollziehenden Entwicklung derartig markierte Regionen im folgenden einem bestimmten Keimblatt oder Organ entsprechen werden.

In der Darstellung der präsumptiven Anlagenbezirke bei einer Blastula von *Triturus* sind die drei Keimblätter auf der Oberfläche angedeutet (Bild 15). Mit einer Linie wird grob ein unterer Abschnitt vom Keim abgetrennt, der das Ausgangsmaterial für Mesoderm und Entoderm enthält. Alle Bereiche unterhalb dieser Linie oder Invaginationsgrenze werden sämtlich in das Innere des Keimes verlagert. Alles Material oberhalb dieser Linie bedeckt am Ende der Gastrulation den Keim, es entspricht dem Ektoderm (epidermales Ektoderm und Neuro-Ektoderm). Den unteren Eipol nimmt das Entoderm ein. In dieses Keimblatt dringt gleich zu Beginn seiner Entstehung die dorsale Urmundlippe vor. Das Mesoderm beschränkt sich auf einen marginalen Gürtel; seine verschiedenen Abschnitte sind äußerst schwierig abzugrenzen. Das den primären Stützstab des Embryos bildende Chordamaterial überstreicht einen ausgedehnten Bereich in Form einer Ankerschaufel. Darunter befinden sich die Rumpfsomiten oder das dorsale Mesoderm, die von 1 bis 10 durchnumeriert werden können. Direkt unterhalb des Chordamaterials

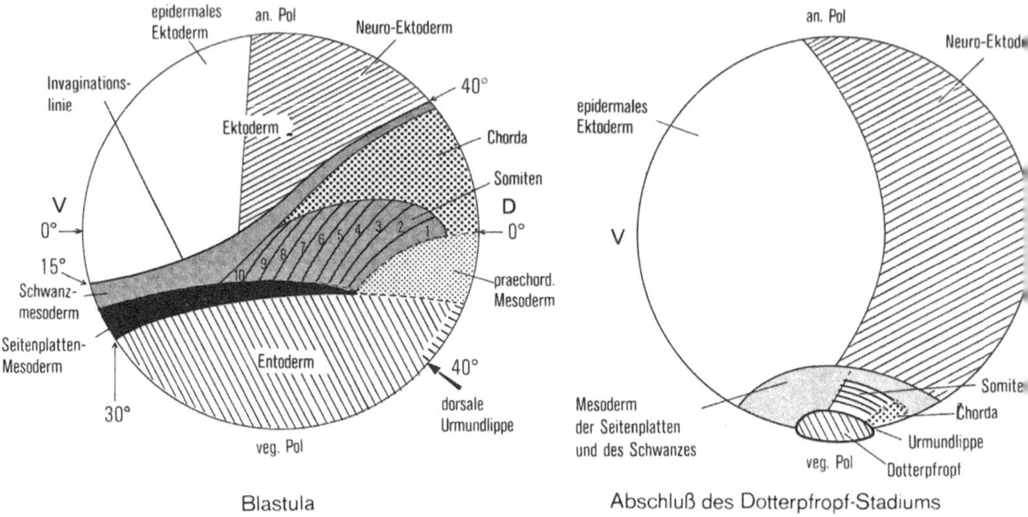

Bild 15. Bezirke künftiger Organanlagen bei Urodelen am Ende der Furchung und im Stadium des fast völlig eingestülpten Dotterpfropfes. Seitenansicht, die Dorsalseite des späteren Embryos liegt rechts und die Ventralseite links. Vgl. mit Bild 20 A und C.

und infolgedessen über der künftigen, dorsalen Urmundlippe entsteht die prächordale Platte oder das prächordale Mesoderm, das im Verlauf der Organogenese noch eine große Bedeutung erlangt. Ein schmaler Mesodermstreifen unterhalb der Somiten entspricht den späteren Seitenplatten oder dem ventralen Mesoderm. Schließlich kennzeichnet ein weiterer, sehr kleiner Mesodermbereich unter der Invaginationsgrenze die Anlage des caudalen Mesoderms.

Diese Darstellung präsumptiver Organanlagen bezieht sich auf eine *Triturus*-Blastula vor dem Einsetzen der Gastrulation. Wenn eine gesonderte Anfärbung des grauen Halbmondes vor der Furchung möglich war, kann man jetzt verfolgen, wie diese Region unterhalb der Invaginationsgrenze den gesamten Bereich der Chorda-Anlage einnimmt und sogar auf das prächordale Mesoderm und die Somiten übergreift. Das oben wiedergegebene Schema entspricht einer Seitenansicht des Keimes; ein Schnitt durch die Abbildungsebene träfe auf die bilaterale Symmetrie-Ebene. Da es sich um ein heterolecithales Ei handelt, befindet sich das Blastocoel exzentrisch zum vegetativen Pol verlagert (Bild 20 A). Die Dorsalseite ist identisch mit dem Chordabezirk, der aber noch unter dem Material für das Nervensystem liegt.

Ein Entwurf der künftigen Anlagenbezirke bei einer Anuren-Blastula ergäbe ein ähnliches Bild, nur ist hier die Bildung des Chorda-Mesoderms schwerer faßbar.

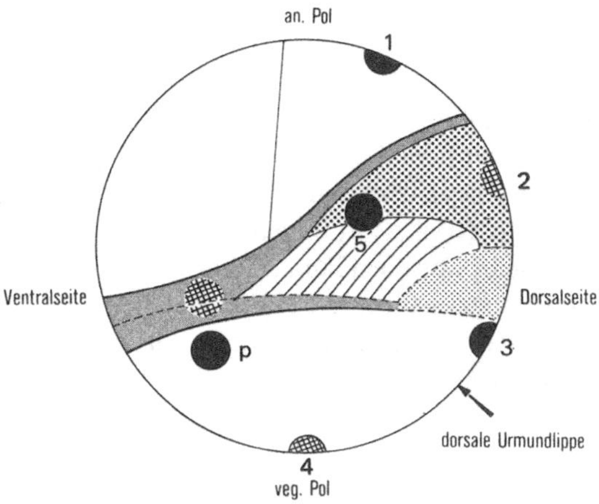

Bild 16
Lage der Marken auf den präsumptiven Bezirken einer *Triturus*-Blastula in Seitenansicht; sie gestatten, die Gastrulationsbewegungen zu verfolgen. Die Marken 1, 2, 3 und 4 liegen in der bilateralen Symmetrie-Ebene.

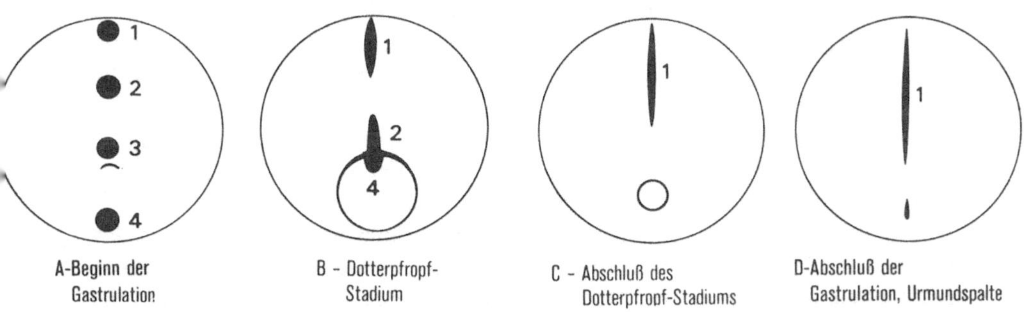

Bild 17. Invaginations- und Streckungsbewegung. Im Verlauf der bilateralen Symmetrie-Ebene sind dorsal Marken auf einem *Triturus*-Keim angebracht worden. Die Gastrulation hat bereits am Ende des Blastula-Stadiums eingesetzt, wie auch auf Bild 16 zu erkennen ist.

Dagegen kann man bei den Anuren bereits am Ende des Blastula-Stadiums die Anlagen der späteren Linse, den Bildungsort der Retina im Augenbläschen und die Kiemenspalten markieren.

4.2. Entwicklung markierter Bezirke

Bei einer sehr frühen *Triturus*-Blastula setzen wir dorsal vier Marken im Verlauf der bilateralen Symmetrie-Ebene auf die folgenden, künftigen Anlagenbezirke (Bild 16 und 17 A):

– Punkt Nr. 1 auf die Neural-Region;
– Punkt Nr. 2 auf die Chorda-Region;

– Punkt Nr. 3 direkt über die dorsale Urmundlippe;
  er dient als Orientierungsmarke für das Ei;
– Punkt Nr. 4 am vegetativen Pol.

Einige Stunden später, wenn die dorsale Urmundlippe eine U-förmige Gestalt angenommen hat, verschwindet Punkt Nr. 3. Mit dem Auftreten des Dotterpfropfes sind die Punkte Nr. 2 und 4 ineinander gelaufen und teilweise von der dorsalen Urmundlippe verschluckt worden (Bild 17 B). Indem sich der Dotterpfropf fast vollständig zurückzieht, bleibt nur noch Punkt Nr. 1 oberflächlich sichtbar (Bild 17 C). Er ist in den vorangegangenen Stadien etwas in die Länge gezogen worden und erstreckt sich nach dem abgeschlossenen Rückzug des Dotterpfropfes über einen weiten Raum (Bild 17 D).

4.3. Gastrulationsbewegungen

4.3.1. Invagination

Im Bereich der dorsalen Urmundlippe stülpt sich der Keim handschuhfingerförmig ein. Im Verlauf dieser Invagination entsteht mit dem Urdarm ein neuer Hohlraum. Die Invagination beginnt dorsal und schreitet von der Seite her nach ventral fort. Diese Bewegung äußert sich vornehmlich an den Urmundlippen und betrifft das gesamte Mesoderm und Entoderm. Mit der Fortsetzung des Einstülpungsvorganges senken sich zunächst das Entoderm und dann die prächordale Platte ein. Dieser Bezirk entspricht den dorsalen und lateralen Pharynxwandungen. Schließlich stülpt sich die Chorda selbst ein und begründet die Vorwölbung des Urdarmes. Die Wandung des Urdarmes besteht aus dem entodermalen Dottermaterial, das regelrecht in das Blastocoel einzuströmen scheint, in Wirklichkeit aber wie das Material der Dorsalseite eingestülpt wird. Für einen kurzen Augenblick nur wird dies durch die Nähe der Punkte Nr. 2 und 4 kenntlich (Bild 17 B).

Die Invagination ist auch verantwortlich für die Entstehung des Urmundes, mit dem eine Verbindung zwischen Urdarmhöhle und dem Außenmedium geschaffen wird. Diese Geschehnisse betreffen das gesamte Material unterhalb der Invaginationsgrenze, also das Chorda-Mesoderm und das Entoderm. An dieser Stelle sei noch erwähnt, daß eine auf den animalen Pol gesetzte Markierung ihren Platz nicht verändert.

4.3.2. Involution (Einrollung)

Die als Einrollung gekennzeichnete Bewegung geht zuweilen in die der Einstülpung über. Die Involution betrifft einzig das Chorda-Mesoderm, das sich um die Urmundlippen dreht und schließlich wieder in das Innere des Keimes versetzt wird. Es handelt sich um eine echte Einrollung, die von außen nach innen fortschreitet – vergleichbar einem aufzurollenden Teppich. Mit dem sich einstülpenden

Entoderm geschieht nichts weiter, als daß es förmlich in das Blastocoel versinkt bzw. einströmt. Das innere Keimblatt hat nicht die Tendenz sich einzurollen, sondern gelangt auf eine mehr passive Weise in das Innere des Keimes. Die Invagination des Entoderms bringt eine zunehmende Reduktion des Blastocoels mit sich, das am Schluß der Gastrulation nicht mehr nachzuweisen ist.

4.3.3. Streckung oder Dehnung

Bevor das Material der gesamten Randzone die Urmundlippen erreicht hat, erfährt es eine Dehnung. Dieser Vorgang wird teilweise sichtbar durch den sich in die Länge ziehenden und dann einstülpenden Punkt Nr. 2. In der oberen Region hat sich auch Punkt Nr. 1, der zu Beginn der Gastrulation streng lokalisiert blieb, mit dem Verschwinden des Dotterpfropfes beachtlich gestreckt (Bild 17).

Die Streckung betrifft Ektoderm und Mesoderm gleichermaßen, und sie ist sowohl in den Medianen wie auch an den Seiten gut zu beobachten. Die Punkte Nr. 3 und 4 sind nur zu einem geringen Teil von dieser Dehnung betroffen.

4.3.4. Konvergenz

Den Ausgangspunkt für die Verfolgung dieser Bewegung bildet eine erneute Markierung: Auf beiden Seiten des Punktes Nr. 2 wird je eine Markierung Nr. 5 angebracht (Bild 18). Die beiden Punkte befinden sich in der Randzone der Chorda direkt unter den Somiten (Bild 16). Sie werden in Richtung auf die lateralen Urmundlippen in die Länge gezogen, stülpen sich in ihrem Bereich ein und fließen im Innern in der Medianebene zusammen, wo sie das achsiale Mesoderm gestalten (Bild 18). Die präsumptive Chorda-Anlage ist auf der Blastula sehr ausgedehnt, während die eigentliche Chorda als medio-dorsale Achse im Embryo nur wenig Raum beansprucht. Die Konvergenz-Bewegung erreicht ein Zusammenschieben der künftigen Chorda-Elemente, deren mediane und dorsale Ausbreitung stark eingeschränkt wird.

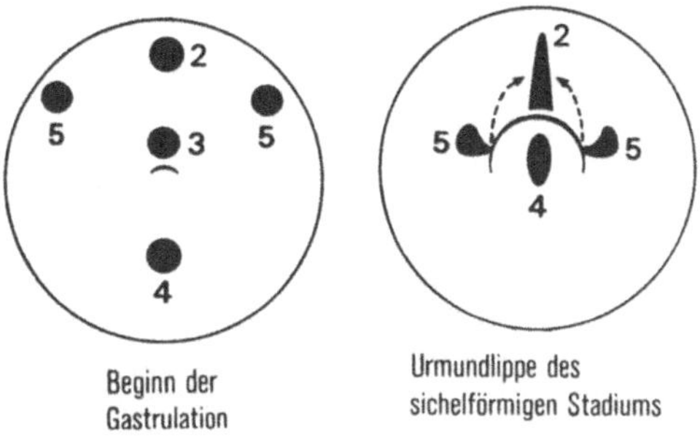

Bild 18

Konvergenzbewegung; auf den Bezirk von Chorda und Somiten sind mit Nr. 5 bezeichnete Markierungen gesetzt worden.

Die Konvergenz betrifft gleichfalls das Material der Somiten, das ähnlich wie die Chorda-Elemente oberflächlich zu den lateralen Lippen zusammenfließt und dann noch ein zweites Mal im Innern zu beiden Seiten der Chorda. Auch das caudale Mesoderm, das auf der Blastula nur als Band ausgebildet ist, bewegt sich konvergierend zu den Urmundlippen. Es bleibt zum Schluß der Gastrulation auf einen schmalen Bereich um die Urmundspalte beschränkt. In diesem Stadium sind die Gastrulationsbewegungen noch nicht vollständig abgeschlossen; sie werden im Fall des caudalen Mesoderms noch über einen gewissen Abschnitt der Neurulation fortgeführt.

4.3.5. Divergenz

In gleicher Weise fließt auch das Mesoderm der Seitenplatten – allerdings nur oberflächlich – bei den Urmundlippen zusammen. Wenn es einmal eingestülpt ist, dient es zum Ausfüllen des durch die Konvergenz von Chorda- und Somitenmaterial freigebliebenen Raumes. Die Seitenplatten legen sich keilförmig zwischen Ektoderm und Entoderm. Obwohl ihr Bereich auf der Blastula sehr begrenzt war, bilden sie am Schluß der Gastrulation inwendig eine Duplikatur fast des gesamten Ektoderms, und von dort geht die bedeutende Bewegung der Divergenz aus.

Die mit der Divergenz verbundenen Bewegungen lassen sich gleichfalls durch Markierungen sichtbar machen. Sie werden nebeneinander auf die Blastula gesetzt; die eine Sorte im Bereich der Seitenplatten wird mit „m“ gekennzeichnet und die andere Sorte auf dem Entoderm mit „p“ (Bild 16 und 19). Die Marken „p” und „m” vereinigen sich sehr bald und stülpen sich gemeinsam im Bereich der lateralen Lippen ein. Dabei gelangt das Material von „p” kaum bis zu den seitlichen Wandungen des Urdarmes, während die mit „m“ bezeichneten Teile unter dem Ektoderm auseinanderfließen. Folglich werden die anfänglich markierten Bereiche stark aufgeteilt, und die Region der Seitenplatten ist stark zersplittert. Die Invagination der Marken „m“ und „p“ erfolgt scheinbar unabhängig.

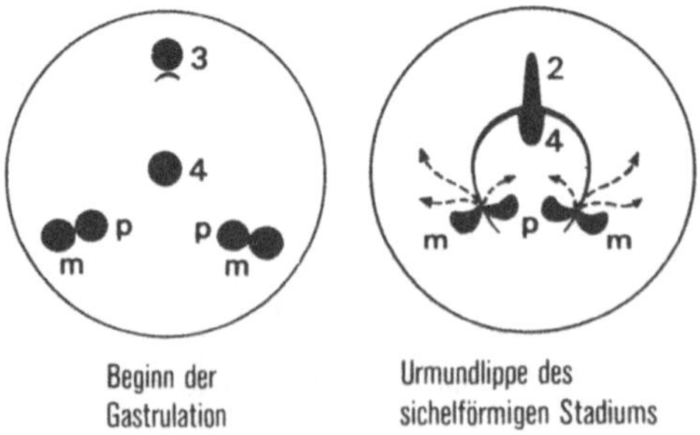

Bild 19
Divergenzbewegung; auf den Bezirk der Seitenplatten sind mit „m“ und auf den Bezirk des Entoderms mit „p“ bezeichnete Markierungen gesetzt worden.

Durch die lateralen und ventralen Urmundlippen wird eine Halbierung des Keimes hervorgerufen derart, daß Mesoderm und Entoderm künftig vollkommen getrennt bleiben außer in der Umgebung des Pharynx.

4.3.6. Epibolie

Die Umwachsungsbewegung ist eine Folge von Invagination und Streckung. Die obere Hemisphäre der Blastula wird allein vom Ektoderm eingenommen, und es stellt das einzige an der Außenseite des Embryos liegende Keimblatt dar, von dem zum Ende der Gastrulation das Chorda-Mesoderm und das Entoderm bedeckt werden. Während alle vorhergehenden Bewegungen eine dominierende Richtung erkennen lassen, strahlt die Epibolie in alle Richtungen aus.

4.4. Ergebnisse der Gastrulation

Die Gastrulation der Amphibien ist durch sechs verschiedene Bewegungen einzelner Zellagen gekennzeichnet, die etwa gleichzeitig ablaufen und die Keimblätter folgendermaßen betreffen:

- **Invagination des Chorda-Mesoderms und des Entoderms;**
- **Involution des Chorda-Mesoderms;**
- **Streckung von Ektoderm und Chorda-Mesoderm;**
- **Konvergenz von Chorda und Somiten sowohl an der Oberfläche wie auch im Innern; Konvergenz der Seitenplatten nur oberflächlich;**
- **Divergenz der eingestülpten Seitenplatten;**
- **Epibolie des Ektoderms.**

Die Urmundlippen sind weniger fixierte als vielmehr empirisch zu bestimmende Orte, in deren Bereich die Invagination von Chorda-Mesoderm und Entoderm erfolgt. Nach Beendigung der Gastrulation besteht der Keim aus drei ineinandergefügten Keimblättern (Bild 20 D). An der Außenseite wird der Keim vom Ektoderm umhüllt. Eingesenkt in dieses äußere Keimblatt befindet sich die Anlage des Nervensystems, die sich verdickt und zur Neuralplatte wird. Im Innern ist im entodermalen Dottermaterial die Urdarmhöhle entstanden, die über die Urmundspalte mit dem Außenmedium kommuniziert. Die primäre Darmhöhle, die im Bereich des späteren Pharynx einen großen Raum beansprucht, ist noch nicht völlig geschlossen. Die aufgebogenen Lateralwände lassen unterhalb der Chorda einen breiten Streifen frei. Zwischen beiden Keimblättern trifft man auf das Chorda-Mesoderm; die Abspaltung des Mesoderms mit der Chorda findet im Verlauf der Neurulation statt. Das Chorda-Mesoderm bildet im hinteren Abschnitt der künftigen Rumpfregion des Keimes eine durchgehende Manschette um das Entoderm. Im vorderen Teil – gegenüber der Urmundspalte – ist die Divergenz der Seitenplatten noch nicht abgeschlossen; Ektoderm und Entoderm grenzen dort noch aneinander. Die Seitenplatten treffen später an der Bauchseite zusammen, und aus dieser Verbindung geht der Herzbeutel des Embryos hervor.

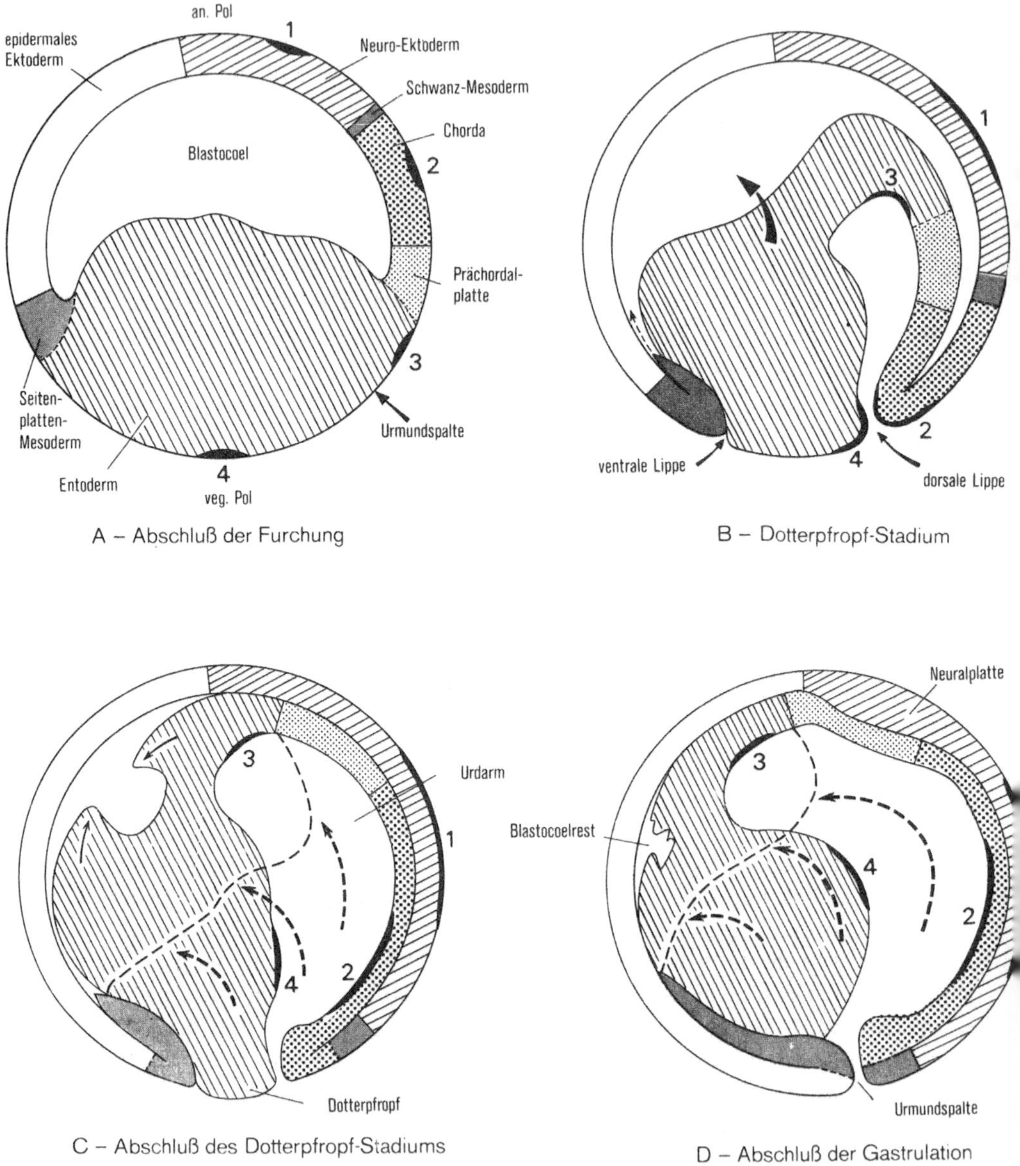

Bild 20. Gastrulationsbewegungen bei den Amphibien. Die Schnitte sind übereinstimmend mit Bild 17 durch die bilaterale Symmetrie-Ebene gelegt. Die Divergenz des Seitenplatten-Mesoderms wird in den Schemata C und D durch die gestrichelt eingezeichneten Pfeile angedeutet.

5. Organogenese

5.1. Entwicklung der Keimblätter im Verlauf der Neurulation

5.1.1. Ektoderm

Das Ektoderm bildet nach der Gastrulation die äußere Umhüllung des Keimes. Es teilt sich durch die induzierende Wirkung des darunterliegenden Chorda-Mesoderms in zwei Elemente auf: das epidermale Ektoderm und das Neuro-Ektoderm.

Inzwischen wächst der Keim zusehends in die Länge; seine leicht verdickte Dorsalregion wird von der *Neural-* oder *Medullarplatte* gebildet, die noch als Eintiefung im äußeren Keimblatt bestehen bleibt. Die Grundanordnung der Keimblätter ändert sich nach Beendigung der Gastrulation nicht mehr (Bild 21 I). Die Randzonen der inzwischen stark verdickten Neuralplatte wölben sich als Medullarwülste heraus, die sich besonders im vorderen Abschnitt deutlich nachweisen lassen, sich aber mit Annäherung an die Urmundspalte immer mehr verwischen. Der äußerste Saum der Medullarwülste wird auch als *Neuralleiste* bezeichnet. Die emporgewölbten Neuralwülste neigen sich auf der Oberfläche des Keimes einander zu, und gleichzeitig scheint die Neuralplatte einzusinken (Bild 21 II). Am Ende der Neurulation verschmelzen die Medullarwülste schließlich miteinander. Dabei entsteht das Neuralrohr, an dem lateral die Neuralleisten vorspringen. Sie stellen insgesamt das Neuro-Ektoderm dar, das sich am Ende des Neurula-Stadiums von der äußeren Umhüllung – dem epidermalen Ektoderm – löst. Das präsumptive epidermale Ektoderm beschränkt sich auf das antero-ventrale Viertel der Blastula, so daß die Epibolie oder Umwachsungsbewegung dieser Zellage als beachtliche Leistung erscheint.

Der Verschluß des *Neuralrohres* beginnt etwa in der Mitte der Dorsalseite und läuft von dort gleichmäßig nach vorn und hinten weiter. Die Neuralplatte ist im vorderen Abschnitt am umfangreichsten und schließt sich dort auch zuletzt. Daraus entsteht das *Gehirnbläschen,* das sich nach hinten im *Rückenmark* fortsetzt. Die Verschmelzung der Medullarwülste endet bei den Anuren unterhalb der Urmundspalte, so daß über einen gewissen Zeitraum hin eine Verbindung des Neuralrohres mit dem Urdarm im sogenannten *Canalis neurentericus* besteht (Bild 22 I).

5.1.2. Mesoderm

Nach dem Verschwinden des Dotterpfropfes bildet das Chorda-Mesoderm einen zusammenhängenden Mantel und ist im Bereich des Urmundes mit den beiden anderen Keimblättern verwachsen. Es ist zum Vorderende hin weit geöffnet und stützt die Urdarmwölbung in ihrer medio-dorsalen Region (Bild 21 I).

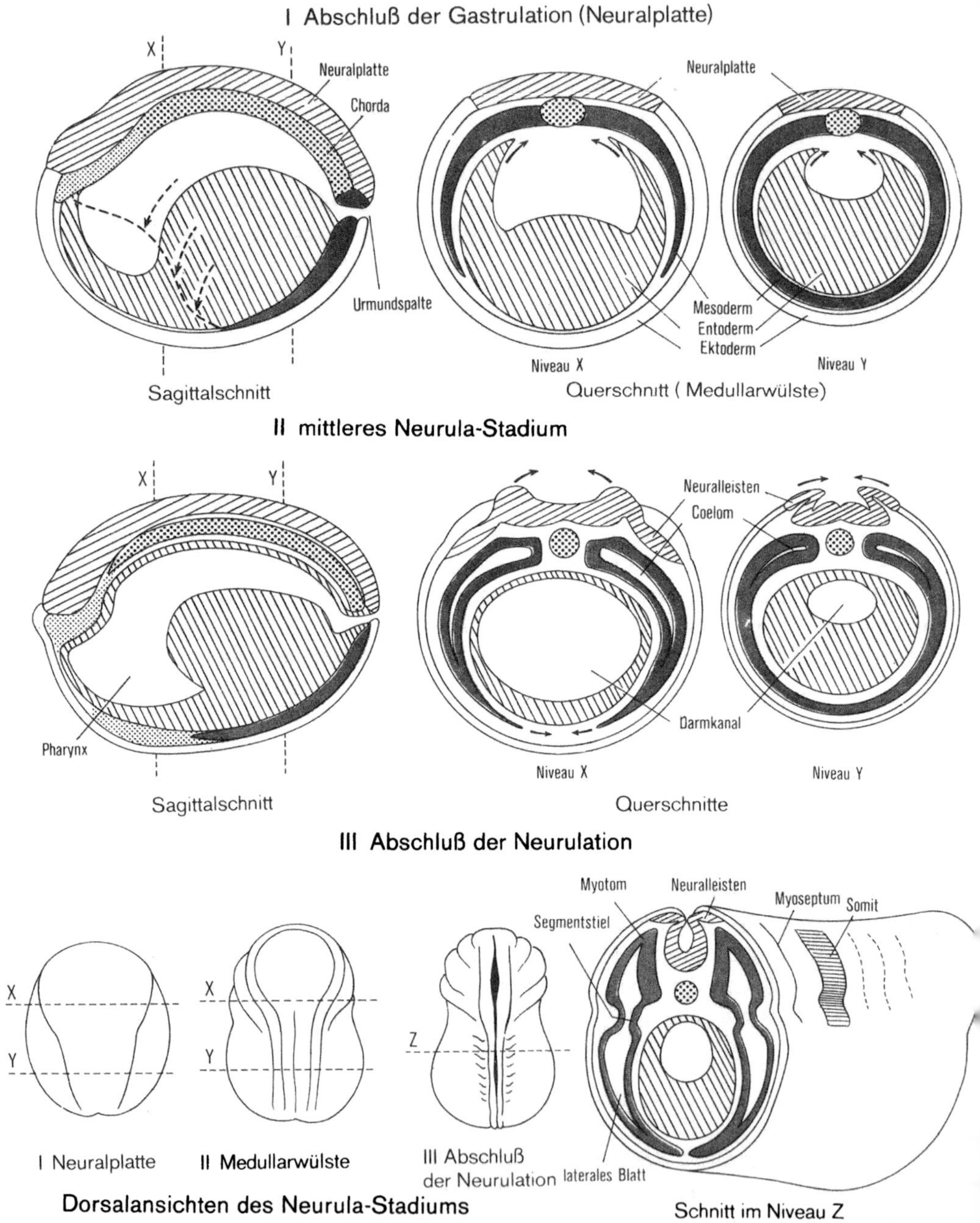
I Abschluß der Gastrulation (Neuralplatte)
X
Y
Neuralplatte
Chorda
Urmundspalte
Neuralplatte
Mesoderm
Entoderm
Ektoderm
Niveau X
Niveau Y
Sagittalschnitt
Querschnitt (Medullarwülste)
II mittleres Neurula-Stadium
X
Y
Neuralleisten
Coelom
Darmkanal
Pharynx
Niveau X
Niveau Y
Sagittalschnitt
Querschnitte
III Abschluß der Neurulation
Myotom
Neuralleisten
Myoseptum
Somit
Segmentstiel
X
Y
X
Y
Z
I Neuralplatte
II Medullarwülste
III Abschluß der Neurulation
laterales Blatt
Dorsalansichten des Neurula-Stadiums
Schnitt im Niveau Z

Das Chordamaterial wird sehr bald zu einer medio-dorsal verlaufenden Rückensaite gestaltet (Bild 21 II). Das während der Invaginationsbewegung dieser Bildung vorangehende prächordale Mesoderm löst sich nun auf. Das Mesoderm der Seitenplatten dehnt sich weiter vor allem in Richtung zur Ventralseite hin aus. Nach Abgliederung der Chorda findet sich der dorsale Mesodermrest zu einer soliden Masse zusammen, die anschließend zur Bildung eines *Coelom*raumes auseinanderweicht. Am Ende der Neurulation, wenn die Anlage des Neuralrohres praktisch abgeschlossen ist, trennt sich das Mesoderm in regelmäßig hintereinanderliegenden Taschen oder Ursegmenten – den *Somiten* – ab. Dies betrifft aber nur den dorsalen Teil des Mesoderms, der ventrale Teil bleibt einheitlich und wird zu den Seitenplatten, die rings um den Verdauungskanal angeordnet sind (Bild 21 III).

Die Abgliederung des Mesoderms als metamere Anlage beginnt cranial und setzt sich nach hinten zur Schwanzregion fort, die noch nicht ausdifferenziert ist. Eine echte Metamerie ist aber in der Kopfregion nicht mehr erkennbar. Sie muß im Zusammenhang mit einer Metamerie des prächordalen Mesoderms in dieser Region gesehen werden, die ebenfalls verwischt worden ist. Zwischen den Seitenplatten und der oberen Partie des Mesoderms besteht eine Einschnürung im sogenannten *Segmentstiel* oder (Gono-) *Nephrotom*, dem Beginn des künftigen Urogenitaltraktes. Die obere Partie, die gelegentlich als Somit im eigentlichen Sinne angesehen wird, stellt das *Myotom* dar (Bild 21 III).

Zum Ausgang des Neurula-Stadiums ist das Mesoderm in regelmäßige, dorsal angelegte Pakete, eben die Somiten, aufgeteilt. In der oberen Hälfte, dem Myotom, bestehen keine Coelomräume mehr. Die untere, eingeengte Hälfte wird vom Segmentstiel gestellt. Die Scheidewand zwischen den einzelnen Somiten wird *Myoseptum* genannt. Es besteht eine direkte Verbindung zwischen den Somiten und den nicht segmentierten Seitenplatten, deren Coelomräume auf jeder Seite des Darmkanals in gleichem Umfang angelegt sind. Sie entsprechen der eigentlichen Coelom- oder *Leibeshöhle* des Tieres.

Bild 21. Entwicklung der Keimblätter während der Neurulation beim Frosch. I. Beendigung der Gastrulation bzw. Anfang der Neuralplatte; der Sagittalschnitt weicht nur wenig von Bild 20 D ab. II. Mittleres Neurula-Stadium, die Medullarwülste beginnen sich herauszuwölben. III. Abschluß der Neurulation, die Medullarwülste haben sich einander genähert, sind aber noch nicht verwachsen. Diese drei Neurula-Stadien sind noch einmal in der Aufsicht auf die Dorsalseite wiedergegeben; mit den Linien X, Y und Z, die auch in den Sagittalschnitten eingezeichnet sind, wird auf das Niveau der Querschnitte hingewiesen.

5.1.3. Entoderm

Der Urdarm besitzt am Schluß der Gastrulation eine dorsale Öffnung (Bild 21 I). Sein während der Neurulation erfolgender Verschluß wird durch die medio-dorsale Annäherung von zwei Entodermwülsten gewährleistet. Der weitlumige vordere Bereich entspricht dem künftigen Pharynx (Bild 21 II). Bei den Anuren schnüren die miteinander verschmelzenden Entodermwülste etwas mesodermales Material ab, das für sich isoliert liegt und die *Hypochorda* bildet. Sie verschwindet im Verlauf der weiteren Entwicklung wieder; über ihre Bedeutung ist nichts bekannt.

5.2. Entwicklung der Keimblätter nach der Neurulation

5.2.1. Ektoderm

Der vordere, erweiterte Teil des Neuralrohres ist mit dem Gehirn identisch. Nach und nach treten drei Einschnürungen auf, die zur Bildung der ersten drei Gehirnabschnitte führen (Bild 22 II); es sind dies von vorn nach hinten: Das *Prosencephalon*, das *Mesencephalon* und das *Rhombencephalon*. Aus dem vorderen Abschnitt des Prosencephalons wird später das *Telencephalon*. Es erlangt bei den Amphibien noch keine große Bedeutung, doch erfährt es bei den höheren Vertebraten eine beachtliche Weiterentwicklung zu den Großhirnhemisphären. Die ursprünglich einzige Kammer des Telencephalons teilt sich in die beiden ersten *Ventrikel* des Gehirns. Auf das Telencephalon folgt das *Diencephalon*, an dem sich seitlich die Augenbläschen mit den Anlagen für die Netzhäute ausstülpen. Die geräumige Kammer des Diencephalons bildet den dritten Hirnventrikel; die Basis des Zwischenhirns besteht aus dem Hypothalamus. Aus den hinteren und ventralen Partien des Diencephalons leitet sich der Hypophysenhinterlappen, die sogenannte Neurohypophyse, ab.

Das Mesencephalon oder Mittelhirn mit seinen kompakten Wänden enthält das Sehzentrum der niederen Vertebraten und die Vierhügelregion (Corpora quadrigemina) der Säugetiere. Der relativ große Ventrikel des Mittelhirnes heißt *Aquaeductus sylvii.*

Der vordere Abschnitt des Rhombencephalons wird zum *Metencephalon* oder Kleinhirn. Der hintere Abschnitt, das *Myelencephalon*, ist der eigentliche Gehirnstamm. Das Lumen des Nachhirns ergibt den vierten Hirnventrikel, der sich als *Zentralkanal* im Bereich des Rückenmarkes fortsetzt. Das Rückenmark stellt den sich an das Gehirn anschließenden Teil des ursprünglichen Neuralrohres dar. Sein Anfang fällt mit dem Auftreten des Zentralkanales zusammen.

Die Neuralleisten haben sich zwar an der Verschiebung der Medullarwülste beteiligt, aber sie wirken nicht an der weiteren Ausgestaltung des Neuralrohres mit. Sie trennen sich schon frühzeitig als zwei laterale Zellstreifen von ihm ab,

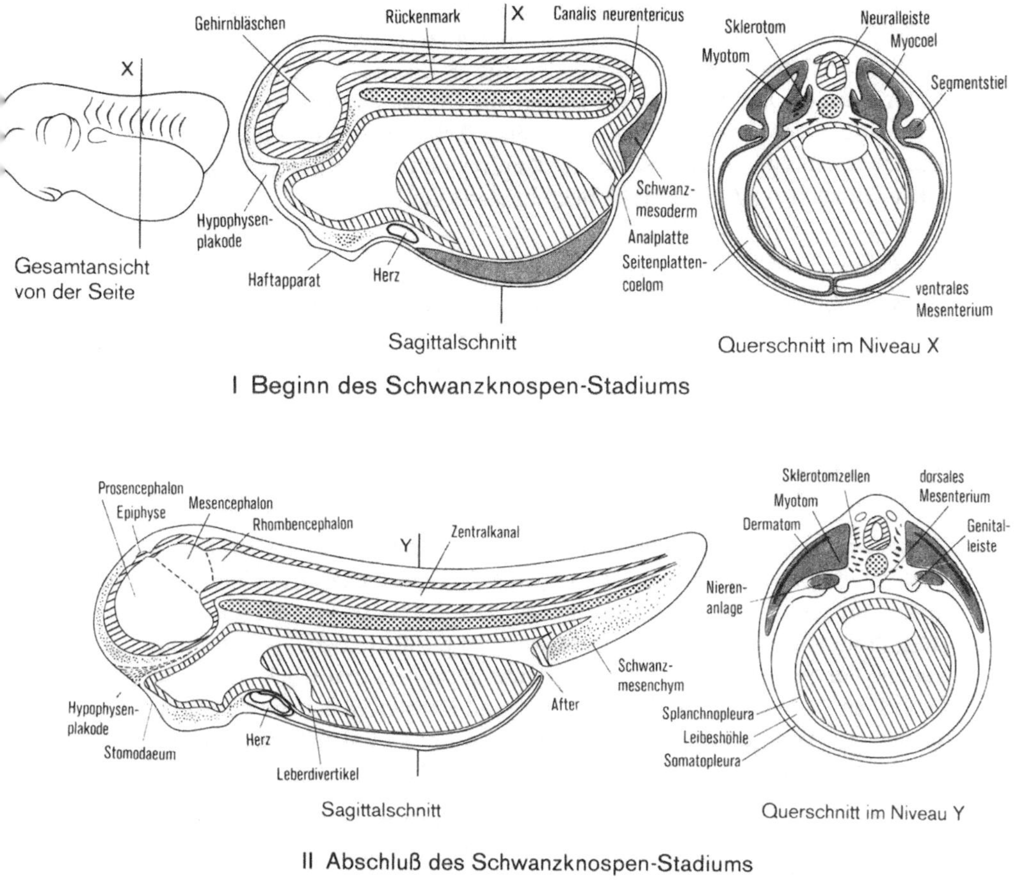

Bild 22. Entwicklung der Keimblätter während des Schwanzknospen-Stadiums beim Frosch. I. Beginn des Schwanzknospen-Stadiums. II. Abschluß des Schwanzknospen-Stadiums wie es zum Schlüpftermin vorliegt; die Larve mißt etwa 6 mm.

die in gleicher Weise wie das dorsale Mesoderm metamer gegliedert werden. In der Kopfregion erfolgt die Abtrennung noch vor dem endgültigen Verschluß der Gehirnblase. Sie bilden hier das Ausgangsmaterial für eine Reihe von Gehirnganglien und für das knorpelige Kopfskelett. In der Verlängerung des Kopfes nach hinten geht dieser Vorgang erst nach dem vollständigen Verschluß des Neuralrohres vor sich. Aus den Neuralleisten entstehen in dieser Region die *Spinalganglien*, die Ganglien des Sympathicus sowie die Pigmentzellen oder *Chromatophoren* bei den niederen Wirbeltieren.

Die Epidermis der Larve stammt vom epidermalen Ektoderm ab. Durch Verdickungen in der Kopfregion heben sich die *sensorischen Plakoden* hervor, die sich während des Schwanzknospen-Stadiums abteilen. Sie verlagern sich nach innen, wo sie das Material für die Riechgruben, die Linsen, die Ohrblasen, für den Vorder- und Zwischenlappen der Hypophyse sowie für einen Teil der Gehirnganglien abgeben. Zusammen mit den Neuralleisten der Kopfregion beteiligen sich die sensorischen Plakoden auch am Aufbau des Visceralskeletts der Larve.

5.2.2. Mesoderm

Das vom übrigen Mesoderm abgetrennte prächordale Mesoderm geht im Mesenchym auf, von dem ein Teil des Skeletts und des Kopfmesoderms gebildet werden. Nachdem die Ausgestaltung der Somiten abgeschlossen ist, geben sie in den Bereichen, die der Chorda und dem Neuralrohr am nächsten liegen, eine Reihe von Zellen ab, die in ihrer Gesamtheit als *Sklerotom* bezeichnet werden. Es enthält das Ausgangsmaterial für das Achsenskelett oder die Wirbelsäule, von der die Chorda allmählich verdrängt wird und die auch das Neuralrohr umschließt (Bild 22 I).

Die metamere Gliederung der Myotome bleibt erhalten, aber sie verlieren die Verbindung mit dem Segmentstiel. Das *Myocoel* ist inzwischen ausgefüllt worden. Die Innenseite der Myotome wird zu einer soliden Zellmasse, von der die quergestreifte Muskulatur ausgeht. Ein Strang zieht von dort zur Bauchseite, wo er für die Entstehung der quergestreiften ventralen Muskulatur verantwortlich ist. Ein schmaler Bereich an der Außenseite der Myotome wird *Dermatom* genannt; aus ihm gehen die inneren Häute und die Nebennieren hervor. Es gibt gleichzeitig vereinzelte, zu Mesenchym werdende Zellelemente ab (Bild 22 II).

Der Segmentstiel ist nun endgültig vom Myotom abgetrennt, behält aber die Verbindung mit der Seitenplatte derselben Seite bei. Die Metamerie verwischt sich langsam, doch bleibt der Zusammenhalt von Seitenplatten und Segmentstiel weiter bestehen. Im Bereich des Segmentstieles entsteht der Urogenitaltrakt. Kurz vor dem Schlüpftermin kann man in dieser Region bereits den WOLFFschen Gang, das Nierenblastem und die Genitalleiste erkennen.

Die auf beiden Seiten des Darmkanals liegenden Seitenplatten vereinigen sich nun ventral; dabei bleibt zunächst das ventrale Mesenterium bestehen, das aber nur im Bereich der Leber persistiert. Auf diese Weise wird eine Verbindung der sich vergrößernden Coelomräume in den Seitenplatten beider Seiten geschaffen, wodurch die Leibeshöhle des Tieres entsteht (Bild 22 II).

Vom inneren Blatt der Seitenplatten oder *Splanchnopleura* = viscerales Blatt gehen die glatte Muskulatur des Myocards, des Endocards und der Gefäßendothelien aus. Die Anlage der Blutzellen im sogenannten *Angioblastem* (Blutinseln) liegt ebenfalls in der Splanchnopleura begründet. Das äußere Blatt der Seitenplatten trägt die Bezeichnung

Somatopleura = parietales Blatt. Von ihm wird die Muskulatur des Visceralschädels und des Pericards sowie der Kiemenderivate zusammen mit ihrem Skelett und ihrer Muskulatur geliefert.

5.2.3. Entoderm

Vom Entoderm leiten sich die verschiedenen Teile des Darmkanals mit seinen Anhangsdrüsen wie Leber und Pankreas ab; diese Drüsen beginnen als kleine Darmdivertikel. Auch die Lungen sind entodermalen Ursprungs. Aus einer hinter dem Pharynx gelegenen, medio-ventralen Knospe entsteht die Anlage der Trachea. Das Material ihres äußersten Endes vermehrt sich erheblich im Innern des Mesenchyms, auf das auch ein großer Teil des Lungengewebes zurückgeht. Vom Entoderm stammt nur das innere Epithel der Lungen ab, das Lungenstroma wie auch die Wände der Trachea leiten sich vom Mesoderm her. Ähnliches gilt für den Aufbau des Darmkanals, dessen glatte Muskulatur vom umgebenden Mesenchym gebildet wird.

Es ist noch zu erwähnen, daß die Thyreoidea im vorderen Bereich des Pharynx in Form einer kleinen Ausstülpung entsteht, die ihre Verbindung mit dem Entoderm sehr schnell verliert.

Die Mundöffnung ist eine Neubildung; sie bricht im Bereich einer ektodermalen Eintiefung – dem *Stomodaeum* – durch. Unter dieser Stelle fehlt die mesodermale Zwischenschicht, und es folgt direkt das Entoderm.

5.3. Schlußbetrachtung zur Entwicklung der Keimblätter

In einer tabellarischen Übersicht ist die Weiterentwicklung der drei nach der Gastrulation aufgetretenen Keimblätter mit Gültigkeit für alle Vertebraten zusammengestellt. Während des Neurula-Stadiums erfolgt die Unterteilung des Ektoderms in das epidermale Ektoderm und das Neuro-Ektoderm. Aus dem Chorda-Mesoderm gehen einerseits die Chorda und andererseits die Somiten und die Seitenplatten hervor. Die Organogenese beginnt mit dem Schwanzknospen-Stadium und dauert noch während der Larvalperiode an. Sie führt zur Ausgestaltung verschiedener Organe, die hier summarisch aufgeführt sind.

Die geschilderte Differenzierung der drei Keimblätter bezieht sich auf den somatischen Teil der Larve. Aber auch der Bereich mit den Keimzellen oder kurz das *Keimlager* entsteht schon frühzeitig. Und obwohl es in eines der Keimblätter eingefügt ist, nimmt es schon bald eine gesonderte Entwicklung, die sich in der Entstehung der *Urkeimzellen* ausdrückt. Die Differenzierung dieser Keimzellen in Spermien und Eizellen erfolgt ganz zum Schluß.

Es sind bereits alle anderen Organe der Larve fertig entwickelt und funktionsfähig, wenn die geschlechtliche Ausdifferenzierung einsetzt.

Tabellarische Übersicht der Keimblattentwicklung bei den Vertebraten

Blastula	Gastrula	Neurula	Schwanzknospen-Stadium	Organogenese
SOMA	Ektoderm	epidermales Ektoderm	Epidermis	Epidermis, Hautanhangsorgane
			sensorische Plakoden	Adenohypophyse, Riechgruben Linsen, Augenblasen, Ganglien.
		Neuro-Ektoderm	Neuralleisten	Ganglien, Chromatophoren
			Gehirn: Prosencephalon	Telencephalon, Diencephalon
			Gehirn: Mesencephalon	Mesencephalon
			Gehirn: Rhombencephalon	Metencephalon, Myelencephalon.
			Rückenmark	Rückenmark
	Chorda-Mesoderm	Mesoderm des Achsenskeletts	prächordale Platte	Kopf-Mesoderm
			Chorda	Chorda
		SOMIT: Skleromyotom	Sklerotom	Achsenskelett
			Myotom	quergestreifte Muskulatur, Nebennieren
			Dermatom	innere Häute (Peritoneum usw).
		SOMIT: Segmentstiel	Segmentstiel	Urogengenitaltrakt
		Seitenplatten	Somatopleura	Visceralmuskulatur Pericard
			Splanchnopleura	glatte Muskulatur, Myocard, Endocard, Gefäßendothelien
	Entoderm	Entoderm	Atmungsorgane	Kiemensplaten, Lungen
			Verdauungstrakt	Darmkanal und Anhangsdrüsen
Keimlager		Urkeimzellen		Vermehrung von Gonocyten in der undiffe-renzierten Gonade: Oogenese oder Spermiogenese

III. Entwicklung der Vögel

1. Determination der Bilateralsymmetrie

Das Vogelei ist extrem telolecithal. Im Gelbei ist die gewaltige Masse des Reservematerials angereichert. Folglich kann die Furchung nur partiell und discoidal sein, d.h. sie beschränkt sich auf einen kleinen Bereich, die *Keimscheibe (Cicatricula)*, die im oberen Teil des Dotters gelegen ist. Der Embryo wächst also auf der Oberfläche dieser Dottermasse. Die Entwicklung weist eine zusätzliche Komplikation durch das Auftreten von embryonalen Anhangsgebilden auf, die erforderlich werden, damit sich der Embryo in einem geschlossenen System ausbilden kann.

Mehr noch als bei den Amphibien ist die Entwicklung der Vögel durch eine bemerkenswerte Homogenität gekennzeichnet. Wir beziehen uns hier auf das typische Beispiel des Hühnchens. Die einzelnen Stadien werden durch Zeitangaben und das Auftreten charakteristischer morphologischer Merkmale festgelegt.

1.1. Die von-BAERsche Regel

Die Experimente von ANCEL und VINTEMBERGER zeigten die Bedeutung des Spermiums für die Symmetrisation des Amphibieneis, die allerdings noch von verschiedenen Faktoren überdeckt werden kann. Auch beim Vogelei taucht die Frage auf, ob eine Symmetrie gegebenenfalls schon frühzeitig erkennbar ist. Dabei muß man aber bedenken, daß sich schon die Entwicklung des Embryos auf dem Gelbei nicht in jeder beliebigen Position vollzieht. Die cephalo-caudale Achse wie überhaupt die Orientierung des Keimes unterliegen der von-BAERschen Regel:

- wenn bei einem Ei das stumpfe Ende, also dasjenige mit der Luftkammer, nach links weist, dann steht die cephalo-caudale Achse des Embryos senkrecht auf der Achse stumpfes Ende-spitzes Ende des Eis, und außerdem zeigt der Kopf nach vorn, d.h. vom Betrachter weg.

Diese Regel trifft zu 85 % beim Huhn und mit nahezu 100 % bei der Taube zu.

Die Achse des Embryos und somit seine bilaterale Symmetrie-Ebene scheinen daher im Ei festgelegt zu sein. Wie aber lassen sich dieses Phänomen und auch die Ausnahmen erklären? Die Untersuchungen CLAVERTs (1960) erbrachten den eindeutigen Beweis einer Symmetrisation des Vogeleis ganz am Anfang der Entwicklung.

1.2. Rotation des Eis im Ovidukt

Das Ei verweilt beim Huhn etwa 24 Stunden im linken Eileiter. Zum Zeitpunkt des Legens hat die Entwicklung bereits begonnen, und die Furchung ist praktisch abgeschlossen. Von den Wänden des Eileiters wird eine leichte Rotationsbewegung auf das Ei übertragen, die stets in der gleichen Richtung um die Hauptachse erfolgt. Diese Rotation wird in den aufgewundenen Chalazen (Hagelschnüre) deutlich, einer Art gedrehter Schleimmasse von faseriger Struktur, die vom flüssigen Eiweiß abgesondert wurde. Bei dem am häufigsten auftretenden Windungstyp, der normalen Windung, beobachtet man auf der Seite des stumpfen Endes eine rechtsgewundene Chalaza und am spitzen Ende eine linksgewundene. In den eingehenden Studien über die Eientwicklung bei Huhn, Taube, Gans und Pute hat sich eine enge Beziehung herausgestellt zwischen der gewöhnlichen Orientierung nach der von-BAERschen Regel und der normalen Windung der Chalazen: dexiotrop für das stumpfe Ende und laeotrop für das spitze Ende. Darüber hinaus läßt sich in den seltenen Fällen, wo die Chalazen eine inverse Windung zeigen, auch eine inverse Lage – hinsichtlich der von-BAERschen Regel – des Embryos beobachten: wenn das Ei entsprechend zum Wortlaut der Regel mit dem stumpfen Ende nach links ausgerichtet wird, dann weist der Kopf des Embryos zum Betrachter.

Aus dieser ersten Beobachtung kann man folgern, daß zwischen der Rotation des Eis im Ovidukt und der Orientierung des Embryos eine direkte Beziehung besteht. Diese Beziehung erscheint noch deutlicher mit dem Hinweis, daß die Rotation des Eis im Ovidukt stets im Sinn der Kopf-Schwanz-Achse des Embryos erfolgt (Bild 23).

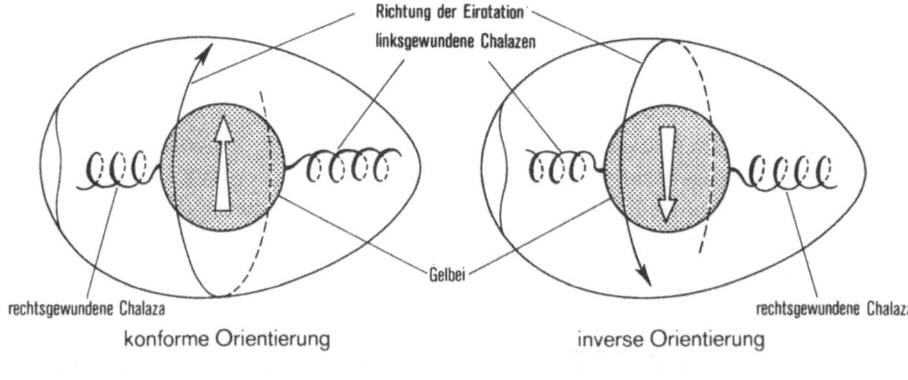

Bild 23. Symmetrisation beim Vogelei. Beziehung zwischen Chalazen-Windung und der Orientierung des Embryos in Zusammenhang mit der BAERschen Regel. Der Kopf des Embryos entspricht der Pfeilspitze auf dem Gelbei, seine Körperachse steht senkrecht auf der Eiachse. Die Rotation des Eis im Ovidukt, die sich in der Chalazen-Windung ausprägt, erfolgt in der Kopf-Schwanz-Richtung des Embryos. (nach CLAVERT, 1959).

1.3. Ausrichtung des Eis im Ovidukt

Die Lage des Eis im Ovidukt ist in der Regel so festgelegt, daß es mit dem spitzen Ende nach vorn, also zur Kloake, zeigt; das trifft beim Huhn zu 90% zu. Nur in 10 % aller Fälle ist das Ei mit dem stumpfen Ende zur Kloake gerichtet. Da die Rotation, die im Eileiter auf das Ei übertragen wird, stets gleichsinnig erfolgt, erscheint es einleuchtend, wenn die Chalazen-Windung in den 90 %, wo das spitze Ende nach vorn weist, den Normaltyp darstellt. In den übrigen 10 %, wo das stumpfe Ende nach vorn gerichtet ist, tritt die inverse Windung auf. Die Lage des Eis im Ovidukt kann sehr leicht bei einer Durchleuchtung des Tieres festgestellt werden.

CLAVERT gelangte daraufhin zu folgendem Ergebnis:

- wenn bei einem Ei das spitze Ende vorn bleibt, dann zeigen die Chalazen eine conforme Windung, und auch die Orientierung des Embryo ist conform hinsichtlich der von-BAERschen Regel;
- wenn bei einem Ei das stumpfe Ende vorn bleibt, zeigen die Chalazen eine inverse Windung, und die Orientierung des Embryos hinsichtlich der von-BAERschen Regel ist gleichfalls invers (Bild 24).

Diese Schlußfolgerung gestattet es, die Verhältnisse bei jenen Embryonen, die sich entgegen der von-BAERschen Regel entwickeln, leicht zu interpretieren; diese Embryonen gehören zu jenen Eiern, bei denen im Eileiter das stumpfe Ende zur Kloake gerichtet war.

Der Beweis für den Einfluß, den die Ausrichtung des Eis im Ovidukt auf die Orientierung des Embryos ausübt, ist leicht erbracht. Bei der Taube ist die Orientierung in 99 % der Fälle conform, mit anderen Worten, das Ei wird fast immer mit dem spitzen Ende voraus gelegt. Es besteht die Möglichkeit, das Ei im Ovidukt der Taube zu wenden, so daß nun das stumpfe Ende zur Kloake weist. Mit Sicherheit wird damit die Orientierung des Embryos invers, unter der Bedingung allerdings, daß diese Manipulation noch früh genug vor der Eiablage erfolgt.

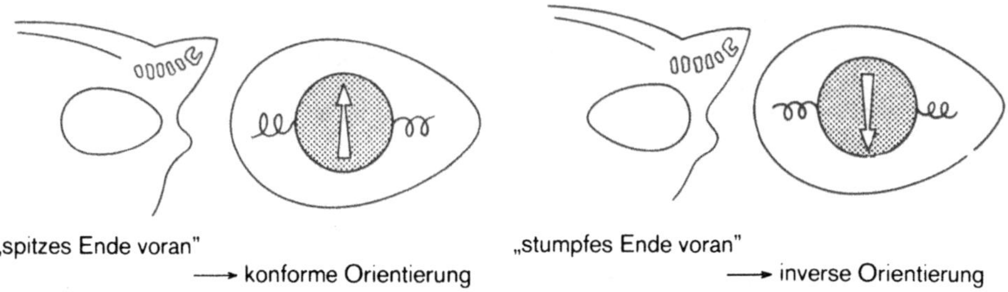

Bild 24. Symmetrisation beim Vogelei. Beziehung zwischen der Ausrichtung des Eis im Ovidukt und der Orientierung des Embryos in Zusammenhang mit der BAERschen Regel. (nach CLAVERT, 1960).

1.4. Die dominierende Orientierungsrichtung

Die Körperachse des Embryos muß nicht unbedingt senkrecht auf der Hauptachse des Eis stehen. Bei einer beliebigen Art und sogar bei einem beliebigen Individuum kann die cephalo-caudale Körperachse mehr oder weniger geneigt zur Achse stumpfes Ende-spitzes Ende sein. Es besteht für jede Art eine dominierende Orientierungsrichtung. Seitliche Durchleuchtung ergab, daß die Ei-Hauptachse im Ovidukt keine Veränderungen mehr erfährt, wenn das Tier kurz vor oder schon im Begriff des Eierlegens ist. Jedoch kann diese Achse, auch wenn sie oftmals horizontal liegt, mehr oder weniger schief sein.

Es gelang CLAVERT zu zeigen, daß bei Eiern, die im Ovidukt eine horizontale Achse besitzen, die entstehenden Embryonen eine auf dieser Achse senkrecht stehende Symmetrie-Ebene erkennen lassen (Bild 25 B). Die Symmetrie-Ebene verlagert sich in der gleichen Richtung wie die schräge Hauptachse des Eis, jedoch mit einer geringeren Amplitude; anders ausgedrückt, es verlagert sich der Kopf des Embryos im Sinn der schräggestellten Achse stumpfes Ende-spitzes Ende (Bild 25 A und C). Mit der Ausrichtung des Eis im Ovidukt wird gleichzeitig die Grundorientierung des Embryos angegeben: Entweder ist der Kopf vom Betrachter aus gesehen nach vorn oder nach hinten gerichtet. Die Neigung des Eis schließlich entscheidet über die genaue Lage der Symmetrie-Ebene bezüglich der Horizontalen.

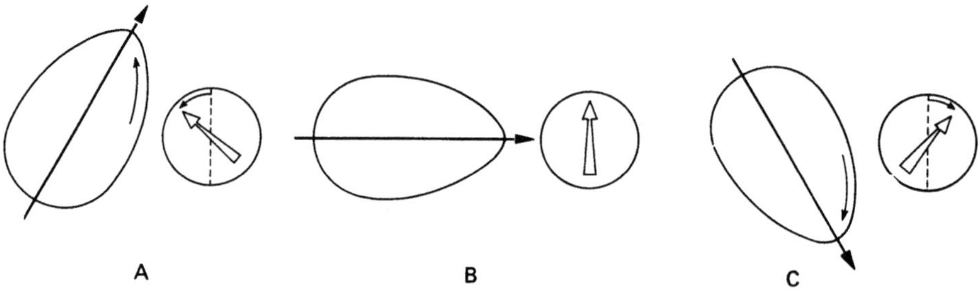

Bild 25. Symmetrisation beim Vogelei. Beziehung zwischen der Neigung der Eiachse und der konformen Orientierung nach der BAERschen Regel, wenn das spitze Ende nach vorn gerichtet ist. A und C, die Körperachse des Embryos ist in derselben Richtung geneigt wie die Eiachse. B, bei horizontaler Eiachse liegt der Embryo senkrecht dazu. (nach CLAVERT, 1960).

1.5. Zeitpunkt der Symmetrisation

Bei den Amphibien wird die Bilateralsymmetrie schon sehr früh nach der Befruchtung erreicht, noch bevor die Furchung einsetzt. Bei den Vögeln wird die Furchung während der Passage durch den Eileiter durchgeführt. Wie oben schon erwähnt, wird durch eine Umkehrung des Eis, wenn sie früh genug erfolgt ist, die Orientierung des Embryos invers. Ein zu spät angesetztes Wenden bewirkt nämlich keine Veränderung in der Orientierung mehr. Es muß infolgedessen eine kritische Periode angenommen werden, vor deren Einsetzen die inverse Orientierung durch ein Wenden erreicht werden kann, nachträglich jedoch ohne Wirkung bleibt. Mit Hilfe von Versuchen konnte man den Zeitpunkt, in dem sich die Symmetrisation einstellt, mit ziemlicher Genauigkeit einkreisen, indem eine derartige Lageveränderung des Eis zu verschiedenen Zeiten vorgenommen wurde.

Bei der Taube ist der mutmaßliche Legetermin fast bis auf die Stunde genau bekannt, und für den Aufenthalt des Eis im Eileiter rechnet man 36 - 38 Stunden. Das folgende Experiment gestattet, die kritische Periode näher zu definieren (Bild 26):

- wenn das Wenden des Eis 14 Stunden oder mehr vor dem Legetermin erfolgt, ist stets mit einer inversen Orientierung des Embryos zu rechnen;
- wenn das Wenden des Eis 11 Stunden und weniger vor dem Legetermin erfolgt ändert sich die Orientierung nicht mehr;
- wenn das Wenden des Eis im Zeitraum zwischen 14 und 11 Stunden vor dem mutmaßlichen Legetermin erfolgt, wird teils noch eine Inversion erreicht, teils zeigt sich keine Wirkung mehr.

Bei der Taube ist also die kritische Periode, während der sich die Bilateralsymmetrie irreversibel festlegt, auf den Zeitabschnitt von 14 - 11 Stunden vor dem Legetermin begrenzt.

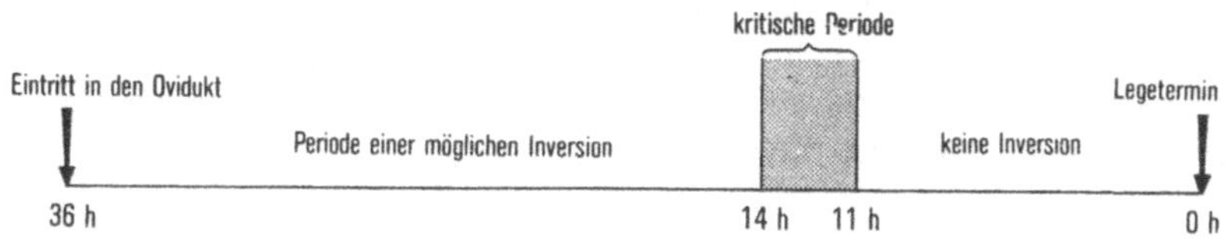

Bild 26. Determination der kritischen Periode für das Auftreten der bilateralen Symmetrie bei der Taube.

Im Falle des Huhns verbleibt das Ei etwa 24 Stunden im Eileiter; die kritische Periode liegt hier zwischen 8 und 6 Stunden vor dem Legetermin.

Die kritische Periode bei Taube und Huhn liegt also etwa am Übergang zum letzten Drittel der Oviduktpassage. Damit ist jedoch nicht gesagt, daß die kritische Periode zwei Stunden umfaßt; sie ist mit Sicherheit sehr viel kürzer, denn man stützt sich für ihre Berechnung auf den mutmaßlichen Legetermin. Da man die Ablage des Eis nur annähernd auf eine Stunde genau angeben kann, läßt sich auch die kritische Periode nicht präzise festlegen. Ihre theoretische Dauer liegt etwa in der gleichen Größenordnung, die man für die Schwankung des Legetermins ansetzen muß. Die eigentliche kritische Periode kann daher nur von sehr kurzer Dauer sein.

Nachdem CLAVERT künstlich eine abweichende Ausrichtung des Eis in Verbindung mit allen möglichen Neigungswinkeln herbeiführen konnte, gelangte er zu folgendem Schluß: „Die Lage des Eis und die Neigung seiner Hauptachse bestimmen während der kritischen Phase die Symmetrie-Ebene des Embryos".

Es erhebt sich nun die Frage, ob eine Beziehung der kritischen Phase zu irgendwelchen morphologischen Veränderungen am Ei besteht. Kann man sie möglicherweise an bestimmten Strukturelementen erkennen, in denen sich die erlangte Bilateralsymmetrie ausdrückt, wie z.B. im grauen Halbmond bei den Amphibien, mit dem sich die Rückenseite des Keimes hervorhebt?

Im Verlauf der Furchungsteilungen kann man um das Ei die Entstehung der sogenannten *Area pellucida* verfolgen. CLAVERT nimmt an, daß die Bildung der *Area pellucida*, die sehr rasch, etwa sieben Stunden vor dem Legetermin, erfolgt, eng mit der bilateralsymmetrischen Substanzverteilung zusammenhängt. Zudem erscheint die *Area pellucida* im Blastoderm häufig exzentrisch in eine Zone verlagert, die später dem hinteren Körperabschnitt des Embryos entspricht. Von dort breitet sich die *Area pellucida* in Richtung der Kopfanlage aus. Somit scheint die Annahme berechtigt, daß mit der Bildung der *Area pellucida* die cephalo-caudale Achse des späteren Embryos sowie die bilaterale Symmetrie-Ebene festgelegt werden. Das Auftreten der *Area pellucida* würde damit für die Weiterentwicklung der Vogeleier eine ähnliche Bedeutung haben, wie das Auftreten des grauen Halbmondes bei den Amphibien. Mit diesem Zeitpunkt ist eine irreversible Entwicklungsstufe erreicht worden. Eine Vergleichsmöglichkeit besteht jedoch nur im äußerlich sichtbaren Geschehen. Im übrigen gibt es keine Gemeinsamkeit zwischen dem grauen Halbmond der Amphibien, der einem Teil des Chorda-Mesoderms entspricht, und der *Area pellucida* der Vögel, die am Ursprung des gesamten Embryos steht.

1.6. Schlußbetrachtung

Das Amphibienei erwirbt seine Symmetrisation noch vor der Furchung; bei den Vögeln sind die Furchungsteilungen schon fortgeschritten, wenn sich die Bilateralsymmetrie einstellt.

Von dem Augenblick an, wo die Symmetrie-Ebene festgelegt ist, erscheint der Ablauf der Organogenese ein für alle Mal vorgezeichnet. Die einzelnen Partien des Eis sind bereits für einen bestimmten Entwicklungsgang ausersehen, der bei der Normogenese keine Abänderungen mehr erfährt. Interessant wäre es, an dieser Stelle der Frage nachzugehen, ob auf dem biochemischen Sektor irgendwelche Verschiebungen erfaßbar sind.

Die Zeitbestimmung der Symmetrisation gewinnt in der Unterscheidung von zwei Eigruppen eine besondere Bedeutung:

- Eier mit frühzeitiger Symmetrisation treten auf bei Amphibien, Stören, Ascidien und *Branchiostoma*. Es sind heterolecithale oder oligolecithale Eier, die eine totale Furchung zeigen;

– Eier mit einer verzögerten Symmetrisation findet man bei den Sauropsiden. Es handelt sich hier um telolecithale Eier mit einer partiellen Furchung.

Die Symmetrisation ist aber sowohl in der einen wie in der anderen Gruppe das Ergebnis einer für das Ei typischen Bewegung, mit der die Symmetrie-Ebene festgelegt wird, die aber zusätzlich unter dem Einfluß gewisser Faktoren schon vorgegeben ist oder experimentell aufgezwungen werden kann. Es handelt sich hierbei um exogene Faktoren, die dem Ei die Lage der bilateralen Symmetrie-Ebene vorschreiben. Zu Beginn sind alle Quadranten des Keimes noch gleichwertig, und es existiert auch keine prädeterminierte Ebene. Das Ei besitzt anfänglich nur seine achsiale Symmetrie, die in der Polaritäts-Achse zwischen dem animalen und dem vegetativen Pol besteht.

2. Morphologische Merkmale der Entwicklung

2.1. Furchung

2.1.1. Primäre Blastula

Der erste Richtungskörper wird kurz nach der Ovulation ausgestoßen. Die zweite Reifungsteilung kommt auf der Metaphase-Stufe zum Stillstand. Die Oocyte, also das Gelbei in seiner Gesamtheit, gelangt nun auf den Wimperntrichter des *Ostium tubae* und wird von ihm umschlossen. Die Befruchtung erfolgt innerhalb der nächsten 15 min in diesem Bereich; auch der zweite Richtungskörper ist nun ausgestoßen. Es dringen mehrere Spermatozoen in die Eizelle ein, die Befruchtung wird jedoch nur von einem einzigen vorgenommen. Beim Huhn schneidet die erste Furchungsteilung rund 5 Stunden nach der Befruchtung ein. Das Ei nähert sich merklich dem Isthmus, wo auch die Schalenhaut ausgebildet wird. Die Keimscheibe hat einen Durchmesser von etwa 3 mm, wenn sie sich zweiteilt. Die erste Teilungsfurche verwischt sich im Außenbereich, dort wo auch die Grenze zwischen Cytoplasma und Dottermaterial undeutlich wird.

Etwa 20 min später erfolgt die zweite Furchung, die senkrecht zur ersten angelegt ist. Man kann beide Teilungsebenen als meridional verlaufend ansehen, obwohl sie nur einen sehr kleinen Teil der Eizelle betreffen.

Die dritte Furchung vollzieht sich in zwei gleichermaßen vertikal angelegten Ebenen, die senkrecht auf der zweiten Furche stehen, aber parallel zur ersten verlaufen. Das nun aus 8 Blastomeren bestehende Ei ist mittlerweile im Endabschnitt des Oviduktes angelangt. Mit dem Beginn dieses Stadiums können Ungleichmäßigkeiten in den Furchungsteilungen auftreten. Es kann z.B. eine der beiden Ebenen vom dritten Furchungsschritt schon etwas früher ausgebildet sein, so daß man erst ein 6-Zellen-Stadium und dann ein 8-Zellen-Stadium erhält.

Mit der vierten Furchungsteilung, die wieder entlang der vertikalen Ebenen einschneidet, nehmen die Unregelmäßigkeiten zu. Die Furchungsebenen sind so angelegt, daß sie 8 zentrale und 8 periphere Blastomeren abteilen, wobei die Grenze zur Reservesubstanz unscharf bleibt. Die Blastomeren besitzen nur oberflächlich Zellgrenzen, und bei den zentralen Blastomeren besteht keine Abgrenzung gegen das tiefer gelegene Material (Bild 27).

Die folgenden Teilungen schneiden gleichfalls in der Vertikalebene ein; die Furchen verlaufen teils radiär, teils senkrecht zu den ersten. Die Anzahl zentraler Blastomeren mit einer deutlichen peripheren Begrenzung erhöht sich rasch. Um diese herum gruppieren sich Blastomeren, denen die periphere Begrenzung fehlt und die nur über eine strahlenförmige Grenzzone verfügen. Die Keimscheibe, die man von jetzt an auch als *Blastoderm* bezeichnet, umfaßt alle zentralen und marginalen Zellen. Zwischen dem 32- und dem 64-Zellen-Stadium läßt sich ein neuer Teilungstyp beobachten. Es treten jetzt keine Mitosen mehr auf, sondern es erfolgen im Innern latitudinale Teilungen im Cytoplasma, die zur Ausbildung einer unteren Begrenzung einzelner Blastomeren führen, die damit durch eine allerdings zunächst noch unsichtbare Spalte vom Dottermaterial abgehoben werden.

Im Verlauf der letzten Furchungsteilungen kommt die Gruppe der zentralen Blastomeren direkt über dem sich vergrößernden Spaltraum zu liegen. Im Zentrum bilden sich unterdessen mehrere Zellschichten aus. Über die Randzone von Zellelementen mit einer deutlichen unteren Abgrenzung hinaus wird die Anzahl zentraler Blastomeren durch vertikale Teilungen noch vermehrt. Die peripheren Blastomeren nähern sich der äußeren Begrenzung des Blastoderms. Durch horizontale Teilungen werden die Randzellen in gut abgegrenzte Schichten einer oberen Region sowie in Zellelemente ohne Abgrenzung zum darunterliegenden Dotter aufgeteilt. Auf diese Weise wird auf der Randfläche des Blastoderms ein nach innen gekehrtes, marginales Syncytium erzeugt.

Der ursprüngliche Spaltraum im Zentrum des Blastoderms wird nun immer auffallender und entwickelt sich zur primären Furchungshöhle, auch *primäres Blastocoel* oder Subgerminalhöhle genannt. Von dem Moment an, wo die Furchungshöhle erkennbar wird, weist das Blastoderm nach außen zwei Regionen vor: Die *Area pellucida* und die *Area opaca.* Die *Area pellucida* entspricht dem zentralen Teil des Blastoderms; sie ruht auf der Subgerminalhöhle und ist hell durchscheinend. Wir hatten bereits erwähnt, daß die Ausbildung der *Area pellucida* mit der bilateralsymmetrischen Substanzverteilung einhergeht. Die *Area opaca* entsteht aus den Schichten peripherer Blastomeren und umfaßt drei Abschnitte (Bild 27 II):

– die direkt an der Peripherie liegenden Blastomeren der Deckschicht; diese Zellen teilen sich sehr intensiv auf dem Dotter, ohne allerdings mit ihm zu verwachsen;
– eine weitere Zone von Blastomeren, die Verbindungszone, deren tieferliegende Zellschicht keine Abgrenzung zum Dotter besitzt; sie bildet ein „Dotter-Syncytium";
– eine innere Zone am Übergang zwischen *Area opaca* und *Area pellucida*, die gelegentlich als *Keimwall* bezeichnet wird; ihre Zellen gehen aus den Blastomeren der Verbindungszone hervor, doch bilden sie Zellgrenzen aus.

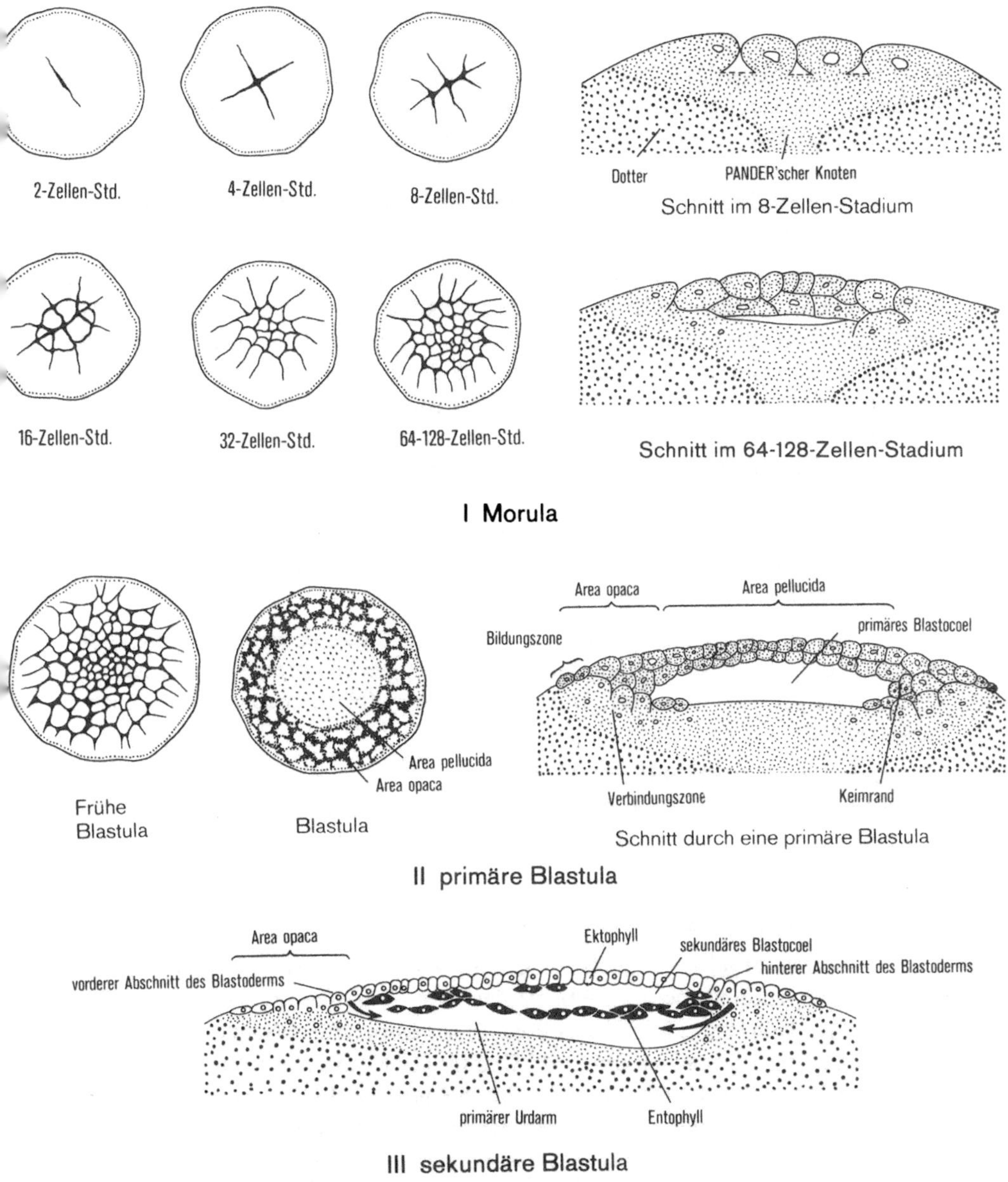

Bild 27. Furchung beim Hühnerei. I. Morula, es wird nur die Region der Keimscheibe in der Aufsicht und im Querschnitt berücksichtigt. II. Primäre Blastula mit Area pellucida, die von der Area opaca umhüllt wird. III. Schnitt durch die sekundäre Blastula oder das Blastoderm zum Zeitpunkt der Eiablage; die Pfeile weisen auf die mögliche Bildung des Entophylls durch Einrollung in der Area pellucida hin.

2.1.2. Sekundäre Blastula

Kurz vor der Ablage des Eis bildet sich das Blastoderm im Bereich der *Area pellucida* in einen zweischichtigen Keim um, den man auch sekundäre Blastula nennt (Bild 27 III). Die Zellage an der Oberfläche wird zum *Ektophyll* (Exoderm), die Zellage im Innern zum *Entophyll* (Enteroderm). Diese beiden Begriffe haben eine mehr allgemeine Bedeutung, und sie besagen nichts über das endgültige Schicksal der beiden Zellschichten.

Der Entstehungsmodus des Entophylls ist noch immer umstritten. Nach PASTEELS (1945) geht die Entophyllplatte durch Delamination aus der *Area pellucida* hervor und teilt sich in eine oberflächliche und in eine tieferliegende Schicht. Diese Beobachtungen stammen vom Entenei, an dem sich diese Frage leichter klären läßt, da die Entophyllbildung hier erst nach 9stündiger Bebrütungsdauer abgeschlossen ist, während dieser Vorgang beim Huhn zum Legetermin schon beendet ist. Dagegen nehmen LUTZ und PATTERSON an, daß die Entstehung des Entophylls auf einer Involution und Invagination der gesamten Umgebung der *Area pellucida* beruht; dabei würde es sich um eine sehr frühzeitige Gastrulationsbewegung handeln. Die Einrollung soll vom hinteren Teil der *Area pellucida* ausgehen und sich von dort um das ganze Blastocoel fortsetzen.

Auf welche Art das Entophyll auch immer entstehen mag, es verbleibt nicht lange an seinem ursprünglichen Bildungsort – dem künftigen Hinterende des Keimes –, sondern verlagert sich nach vorn. Durch die Entophyllplatte wird das Blastocoel zweigeteilt:

- in den *Urdarm* direkt über dem Gelbei;
- und in das *sekundäre* Blastocoel zwischen Entophyll und Ektophyll; es stellt ein Äquivalent zum Blastocoel der Amphibienblastula dar.

2.2. Gastrulation, Bildung des Primitivstreifens

Wenn das Hühnerei gelegt ist, muß es zunächst noch eine Zeitlang bebrütet werden, damit die Entwicklung abgeschlossen werden kann. Die Bebrütungsdauer umfaßt bei einer Temperatur von 37,5 °C 21 Tage. Das Temperaturoptimum für die Entwicklung liegt im allgemeinen um 2–4 °C unter der Körpertemperatur des ausgewachsenen Tieres. Bei 40 °C erfolgt die Entwicklung des Hühnereis doppelt so schnell wie bei 35 °C, aber sie wird nicht lange genug fortgesetzt. Der „physiologische Nullpunkt" für sich entwickelnde Hühnereier liegt bei 28 °C. Die Eier können etwa zwei Wochen bei 10 °C aufbewahrt werden, ohne daß sie ihre Entwicklungsfähigkeit einbüßen; diese wird allerdings nach einer allzulangen Aufbewahrung ungewiß. Die Gastrulation beginnt schon in den ersten Stunden der Bebrütung; sie wird kenntlich in einer Zone dichtgedrängter Zellelemente im hinteren Teil der *Area pellucida.* Nach 6–7stündiger Bebrütung wird dieser Bereich zusehends in caudo-cephaler Richtung in die Länge gezogen, reicht aber noch nicht über die Mitte der *Area pellucida* hinaus. Das Blastoderm verliert seinen kreisrunden Umriß und wird mehr länglich-oval. Nach 10–12 stündiger Bebrütung hat sich der verdickte Bereich weiter verlängert und stellt den Anfang des *Primitivstreifens* dar.

Der Primitivstreifen erhält seine endgültige Gestalt nach etwa 16stündiger Bebrütung. In dem verdichteten Material erscheint eine oberflächliche Furche, die in ihrem vorderen Teil mit einem kompakten Abschnitt, dem *HENSENschen Knoten*, abschließt. In der Zwischenzeit wächst das gesamte Blastoderm – vornehmlich im hinteren Teil – in die Länge.

Nach 18stündiger Bebrütung erreicht der Primitivstreifen seine maximale Länge von 1,9 mm. Er stellt, wie wir weiter unten noch deutlicher sehen werden, ein Äquivalent zur Urmundspalte bei den Amphibien dar. Die Gastrulation kann zu diesem Zeitpunkt als beendet angesehen werden. Es haben sich die drei Keimblätter gebildet, und nun setzt die Neurulation ein. Eine leichte Verdickung, die vor dem HENSENschen Knoten durchscheint, zeigt den Kopffortsatz an und entspricht der künftigen Chorda. Eine noch vor der *Area pellucida* gelegene, hell glänzende Zone wird als *Pro-Amnion* bezeichnet und leitet sich vom Mesoderm ab.

2.3. Entstehung der Körpergrundgestalt

Nach 20stündiger Bebrütung erscheint eine weitere, oberflächliche Verdickung noch vor dem Kopffortsatz; sie wird zur Neural- oder Medullarplatte, die sich zu einer Kopffalte aufbiegt. Das Blastoderm nimmt unterdessen an Länge zu, während sich der Primitivstreifen allmählich rückbildet (Bild 28).

Eine wichtige Stufe in der Organogenese des Embryos ist nach 24stündiger Bebrütung erreicht. Die Kopffalte bildet einen deutlichen Vorsprung auf dem Blastoderm und zeigt ein rasches Wachstum. Die Neuralfalten oder Medullarwülste, die bereits nach 21–22stündiger Bebrütungsdauer erkennbar werden, wölben sich hervor und wachsen im Bereich des späteren Mittelhirns aufeinander zu. Die allgemeine Transparenz ermöglicht es, die Entstehung eines fingerförmigen Gebildes zu verfolgen, das als Anlage des Vorderdarmes anzusehen ist. Die Neuralfalten laufen nach hinten zu aus und lassen das Gebiet frei, in dem das Auftreten der ersten Somiten beobachtet werden kann. Nach 24 Stunden entdeckt man vier Somitenpaare vor dem Primitivstreifen. Das Alter des Embryos läßt sich relativ leicht ermitteln, wenn man bedenkt, daß nach 20 Stunden Bebrütungszeit pro Stunde ein Somitenpaar gebildet wird. Der Primitivstreifen geht noch weiter zurück, und die Grenze zwischen *Area pellucida* und *Area opaca* wird zunehmend undeutlicher.

Anhand der äußerlich sichtbaren morphologischen Veränderungen nach 24stündiger Bebrütungsdauer ist es möglich, die Herausbildung der Körpergrundgestalt beim Embryo zu verfolgen. Die Verschmelzung der Medullarwülste beginnt nach 26 Stun-

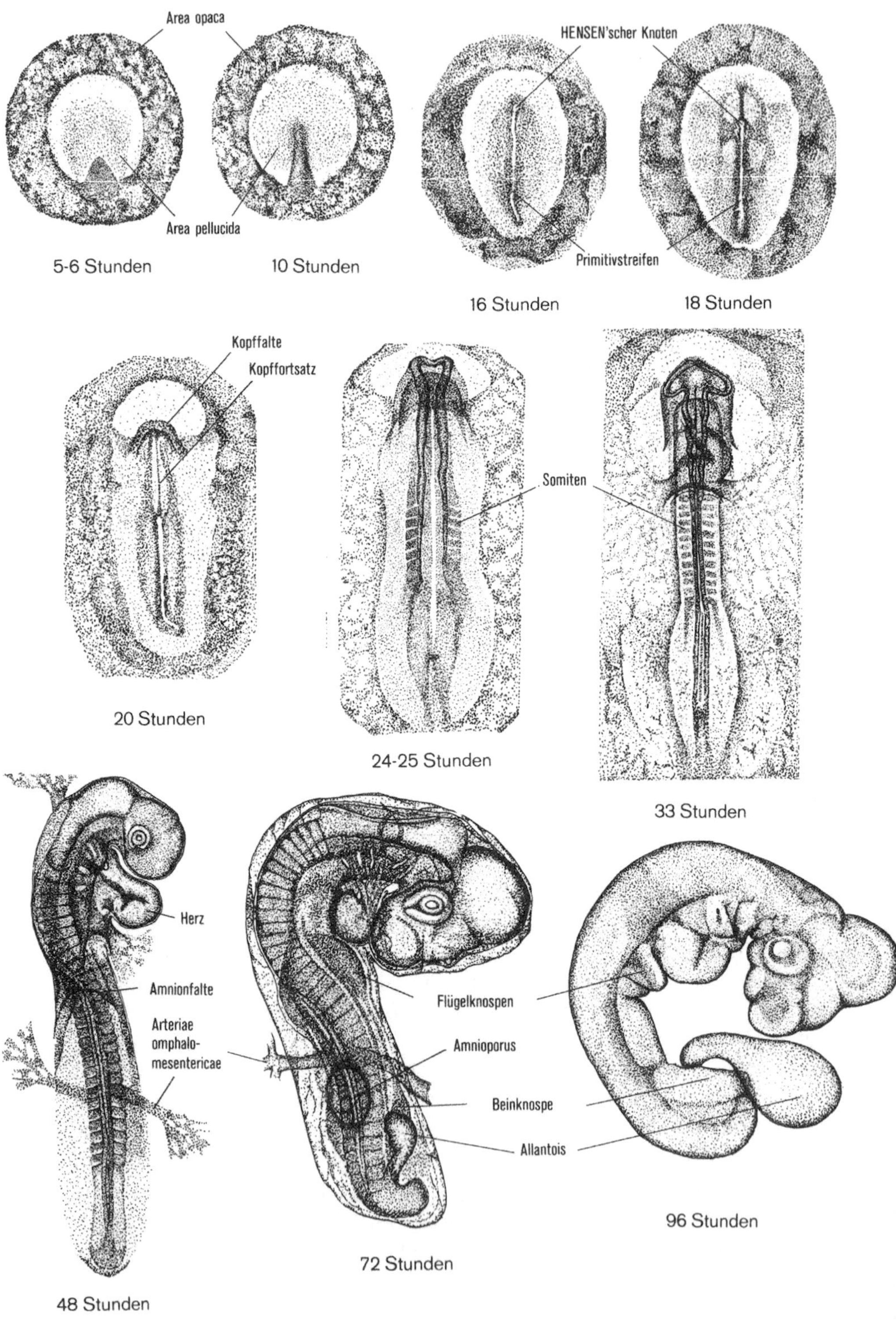
Area opaca
Area pellucida
5-6 Stunden
10 Stunden
HENSEN'scher Knoten
Primitivstreifen
16 Stunden
18 Stunden
Kopffalte
Kopffortsatz
20 Stunden
Somiten
24-25 Stunden
33 Stunden
Herz
Amnionfalte
Arteriae
omphalo-
mesentericae
48 Stunden
Flügelknospen
Amnioporus
Beinknospe
Allantois
72 Stunden
96 Stunden

den und erreicht innerhalb weniger Stunden die vorderen und auch die hinteren Partien des Gehirns. Im *vorderen Neuroporus* bleibt noch bis zur 30.–33. Stunde eine Öffnung des Gehirns bestehen. Auch das Rückenmark bleibt in seinem Endabschnitt – dem Bereich des *hinteren Neuroporus* – zunächst noch offen und schließt sich erst nach 43 Stunden. Der sich immer mehr zurückbildende Primitivstreifen wird von dem Endabschnitt der Neuralfalten umfaßt; diese Zone entspricht dem *Sinus rhomboidalis*, der nach 33 Stunden noch gut sichtbar ist.

Nach 50 Stunden ist der Primitivstreifen praktisch verschwunden. An seiner Stelle entsteht die Kloakalplatte, die im Alter von vier Tagen durchbricht. Die Kopfregion erfährt zu Beginn der Entwicklung eine beachtliche Ausdehnung, die in keinem Verhältnis zum übrigen Körper steht. Nach 25–33 Stunden differenziert sich das Herz, das sich zur rechten Körperseite hinüberneigt; die ersten Herzschläge sind nach 37 Stunden wahrnehmbar. Zur selben Zeit wie das Herz bilden sich in der extraembryonalen Region Blutgefäße heraus. Bevor das Herz seine volle Funktionsfähigkeit erreicht, kommt das Blut aus dem Dottersack durch die zwei großen *Venae omphalomesentericae* an, in denen die Dottervenen gesammelt werden. Das embryonale Blut geht durch die *Arteriae omphalomesentericae* ab, die sich in Dotterarterien aufzweigen und in der Tiefe eine Duplikatur des Venensystems schaffen.

Die symmetrische Anlage des Embryos wird nach 33 Stunden immer undeutlicher. In zunehmendem Maße hebt er sich von der Dottermasse ab. Bedingt durch die Entwicklung in einem eingeengten Raum und die unter ihm befindliche Masse des Gelbeis, führt der Embryo eine Torsion und eine Flexion durch. Die Drehung beginnt bei etwa 37 Stunden im Bereich des hinteren Hirnabschnittes und erstreckt sich bald auf den gesamten Embryo, der mit seiner linken Seite auf dem Gelbei liegt. Zur selben Zeit erfolgt eine Flexion oder allgemeine Krümmung, zunächst in der Kopfregion und dann auch im Kopf-Schwanz-Bereich. Nach 4tägiger Bebrütungsdauer schließlich ist die Torsion beendet, und die Krümmung erscheint abgeschlossen, wenn der Kopf des Embryos, der wie gesagt mit seiner linken Seite auf dem Gelbei ruht, in Richtung der Schwanzregion eingebogen wird. Im Dotterstiel besteht eine Verbindung zwischen Dottersack und Embryo; er geht von der mittleren Ventralregion aus.

Bild 28. Die ersten Entwicklungsstadien des Hühnchens während der ersten Bebrütungstage. Das Stadium von 96 Stunden ist nach Entfernung des Amnions dargestellt.

Wenn die Körpergrundgestalt des Embryos allmählich hervortritt, entstehen auch die embryonalen Anhangsgebilde. Nach 33 Stunden biegt sich vor dem Kopf eine Doppelfalte auf, die sich dann nach hinten fortsetzt und den Embryo einhüllt. Es geht daraus die *Amnionhöhle* hervor, deren Ausbildung nach 4tägiger Bebrütungsdauer abgeschlossen ist. Das gesamte Gelbei wird vom Entoderm umhüllt und zusätzlich durch eine mesodermale Schicht verdoppelt. Man spricht nun vom *Dottersack,* auf dem der Embryo liegt. Nach 60 Stunden erscheint als Entodermausstülpung das dritte Anhangsgebilde, die *Allantois.* Im Alter von vier Tagen stellt die Allantois noch nicht viel mehr als eine auf der rechten Seite des Embryos vorspringende Tasche dar, die sich jedoch in der Folgezeit stark vergrößert und die Amnionhöhle mit dem Embryo wie auch den Dottersack vollständig bedeckt.

In der folgenden Tabelle werden die wichtigsten morphologischen Merkmale in der Reihenfolge ihres Erscheinens aufgeführt:

Eiablage	– Ende der Furchung
18 h	– Primitivstreifen vollständig ausgebildet, Kopffortsatz
20 h	– vordere Kopffalte
24 h	– 4 Somitenpaare, Aufwölbung der Medullarwülste
26 h	– beginnende Verschmelzung der Neuralfalten
33 h	– 12–13 Somitenpaare, Gehirnbildung abgeschlossen, vordere Amnionfalte, Herz ausdifferenziert, I. Aortenbogen
37 h	– Herzschläge, Beginn der Torsion
45 h	– I. und II. Aortenbogen
48 h	– 25–26 Somitenpaare, Rückbildung des Primitivstreifens beendet, hintere Amnionfalte
56 h	– erste Anlage der Extremitätenknospen, I., II., III. Aortenbogen
60 h	– Anlage der Allantois
72 h	– 37–39 Somitenpaare, Amnioporus, Allantois äußerlich sichtbar, I., II., III. und IV. Aortenbogen
96 h	– Amnionbildung abgeschlossen, Embryo liegt auf der linken Seite, Somiten vollzählig vorhanden, III., IV., V. und VI. Aortenbogen.

3. Analyse der Gastrulation

3.1. Entwurf präsumptiver Anlagenbezirke

Durch farbige Markierungen ist es wie bei den Amphibien möglich, einen Plan der Bezirke künftiger Organanlagen auf ein Modell der sekundären Vogelblastula zu übertragen (Bild 29).

Das Anbringen der Farbmarken gestaltet sich hier etwas komplizierter, und es ist auch nicht leicht, sie weiter zu beobachten. Auf das Blastoderm des gelegten Eis werden die Markierungen mit Kohlepartikeln, Ruß oder Chinatusche übertragen, bevor es in den Brutschrank gelegt wird. Um die Beobachtung zu erleichtern, kann man das Blastoderm vom Gelbei trennen und in einem geeigneten Kulturmedium weiterzüchten.

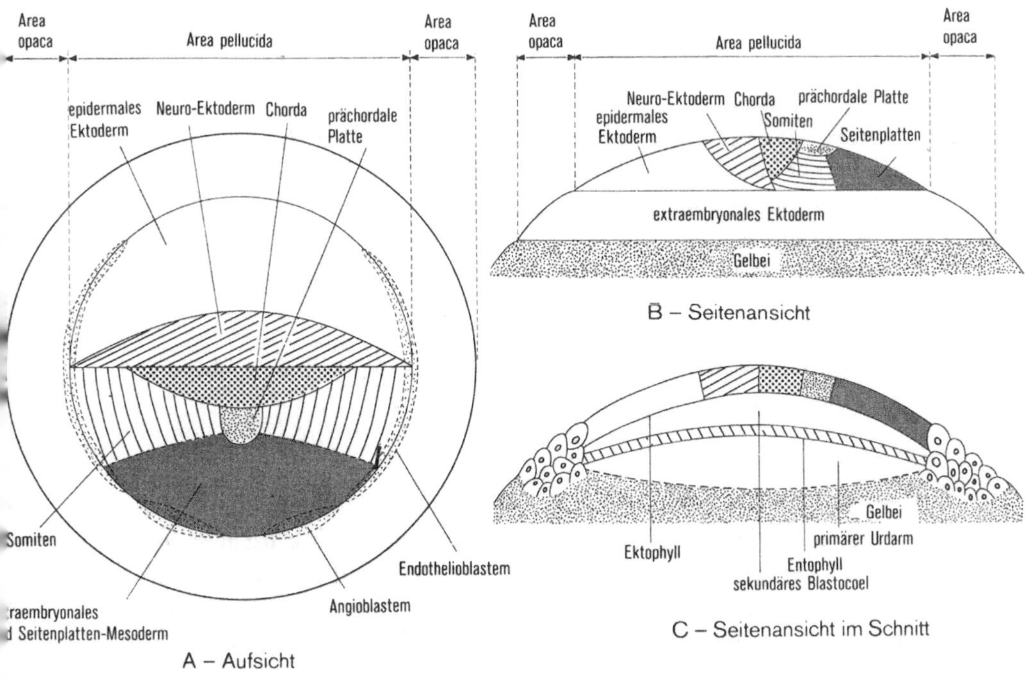

Bild 29. Plan der präsumptiven Anlagenbezirke auf dem Blastoderm des Hühnchens zum Zeitpunkt der Eiablage. A, Aufsicht, die Grenze zwischen den Somiten und den Seitenplatten ist fließend, Endothelioblastem und Angioblastem liegen in der Tiefe. B, Seitenansicht. C, Seitenansicht bei einem schematisierten Schnitt (abgeändert nach SPRATT, 1946).

Die hier besprochenen Untersuchungsergebnisse beziehen sich auf die Arbeiten von SPRATT (1946). Die Area pellucida spaltet sich in zwei gleichartige Partien: Die vordere Hälfte entspricht dem embryonalen Ektoderm, die hintere Hälfte stellt das Chorda-Mesoderm dar. Die am weitesten vorgeschobene Region des Ektoderms ergibt das epidermale Ektoderm, daran schließt sich das Neuro-Ektoderm an (Bild 29 A und B). Unter dem Neuro-Ektoderm ist der Chordabezirk weit ausgebreitet und setzt sich in der hier stark reduzierten prächordalen Platte fort. Seitlich schließt sich an das achsiale Mesoderm der Bereich der künftigen Somiten an; zusammen mit dem extraembryonalen Mesoderm nehmen die Seitenplatten die hintere Partie der *Area pellucida* ein. Unterhalb der *Area pellucida* geht in der Tiefe aus dem Entophyll der überwiegende Teil des Entoderms hervor (Bild 29 C).

Der eigentliche Embryo wird sich also von nun an allein aus der *Area pellucida* heraus entwickeln. Die *Area opaca* wird an der Oberfläche zum extraembryonalen Ektoderm, aus dem der ektodermale Anteil von Amnion und Serosa hervorgehen. Diese Embryonalanhänge erhalten dann noch eine Duplikatur durch eine Schicht des extraembryonalen Mesoderms. Im Innern befinden sich an der Grenze zwischen *Area pellucida* und *Area opaca* das *Angioblastem* und das *Endothelioblastem*, d.h. die Anlagen der Blutzellen und der Gefäßendothelien.

Die Gastrulationsbewegungen sind bei den Vögeln dieselben wie bei den Amphibien, doch erfolgen sie zeitlich voneinander getrennt. Die Gastrulation umfaßt in der Hauptsache vier Bewegungsvorgänge:

- eine *Konvergenz* des oberflächlich angeordneten Materials zur hinteren Region der *Area pellucida;*
- eine *Immigration* nach innen, wenn das Material in der hinteren Medianebene angelangt ist;
- eine allgemeine *Streckung;*
- eine bedeutungsvolle *Divergenz* der Seitenplatten und des extraembryonalen Mesoderms.

3.2. Stadien zwischen 0 und 16 Stunden Bebrütung

Die einzelnen Abschnitte der Gastrulation lassen sich am einfachsten in der unterschiedlichen Anordnung der Keimblätter darstellen. Auf den Bildern entspricht die linke Seite dem künftigen Bereich der *Area pellucida;* die rechte Seite zeigt die tiefergelegenen Keimblätter, nachdem das äußere Blatt abgehoben worden ist (Bild 30).

Mit der Verdickung, die nach 3 – 4stündiger Bebrütungsdauer in der *Area pellucida* erscheint, ist die Konvergenz des oberflächlichen Materials zur Mitte und nach hinten gekennzeichnet. Dann beginnt die Immigration des extraembryonalen Mesoderms und des Mesoderms der Seitenplatten in das Innere, wo es sich zwischen Ektophyll und Entophyll im sekundären Blastocoel ausdehnt. Es handelt sich dabei – vom Beginn der Bebrütungszeit her gesehen – um eine äußerst frühe Gastrulationsbewegung (Bild 30 A).

Nach 10 Stunden taucht das prächordale Material an der Oberfläche auf und schließt an die verdickte Zone an, die später zum Primitivstreifen wird. Unterdessen hat das Entophyll ungehindert die vordere Begrenzung der *Area pellucida* erreicht (Bild 30 B).

Nach einer Bebrütungszeit von 16 Stunden schiebt sich eine kurze Entwicklungspause ein. Der Primitivstreifen mit dem HENSENschen Knoten an seinem Anfang und der von ihm umhüllten Primitivrinne haben sich inzwischen herausgebildet (Bild 30 C). Das prächordale Mesoderm hat sich im Bereich des HENSENschen Knotens in die Tiefe verlagert; das Mesoderm der Somiten wird auf beiden Seiten des Primitivstreifens mitgeschleppt. Dieser kann in Zukunft als Äquivalent der lateralen Urmundlippen bei den Amphibien angesehen werden, die hier, ohne daß die Urdarmhöhlung dazwischentritt, eng miteinander verbunden sind. Die dorsale Urmundlippe entspricht dem HENSENschen Knoten, aus dessen Umgebung das prächordale Mesoderm schon abgewandert ist. Ebenso befinden sich das Mesoderm der Seitenplatten und das extraembryonale Mesoderm im Innern.

Ein Querschnitt in Höhe des Primitivstreifens (Bild 30 D) zeigt die Verhältnisse im Innern während der Verlagerungsbewegung; es handelt sich hier nicht wie bei den Amphibien um eine Invagination, sondern um eine Immigration.

3.3. Das Stadium nach 18 Stunden Bebrütung

Nach 18stündiger Bebrütung umfaßt die *Area pellucida* an der Oberfläche allein das Ektoderm. Das präsumptive Chordamaterial, das im Bereich des HENSENschen Knotens in der Medianebene zusammengeflossen war, hat sich in die Tiefe verlagert. Der vordere Abschnitt der Primitivrinne tieft sich leicht zur sogenannten Primitivgrube ein (Bild 30 E und F). In dieser Region befindet sich auch das Chordamaterial. Aus einem Teil seiner Zellelemente sproßt nach vorn ein feiner Zellstreifen, der zum *Kopffortsatz* wird. Das Chordamaterial, das sich bei den Amphibien im Bereich der dorsalen Urmundlippe einstülpte, unterlag genau den gleichen Entwicklungsprozessen. Aber bei ihnen fiel die Konvergenz mit der Invagination zusammen, und gleichzeitig erfolgte eine Streckung des eingestülpten Materials. Bei den Vögeln setzt zuerst die Konvergenz ein, sehr schnell schließt sich die Immigration an, und dann folgt nur noch die Streckung des Chordamaterials. Der Unterschied zwischen beiden Klassen liegt also nur in der zeitlichen Abfolge. Das Material der Somiten wandert im vorderen Abschnitt des Primitivstreifens ein, bleibt nur für kurze Zeit in der Tiefe und dehnt sich dann wie die Chorda nach vorn aus. Die Streckung kommt nach knapp 18 Stunden in Gang und ist nach 20 Stunden – zu einem Zeitpunkt, wo die ersten Somiten entstehen – schon sehr viel eindrucksvoller geworden. Die

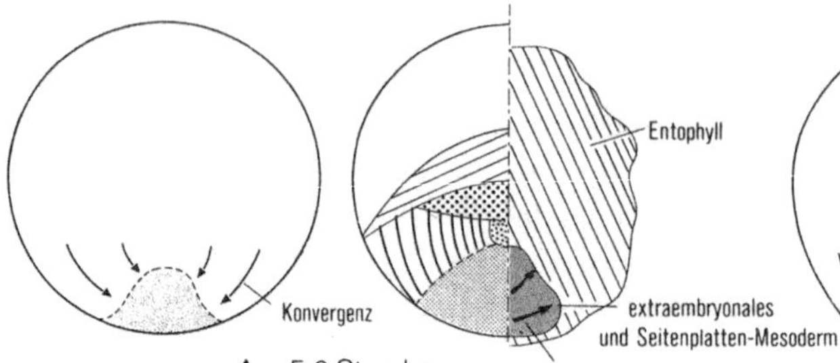

A – 5-6 Stunden

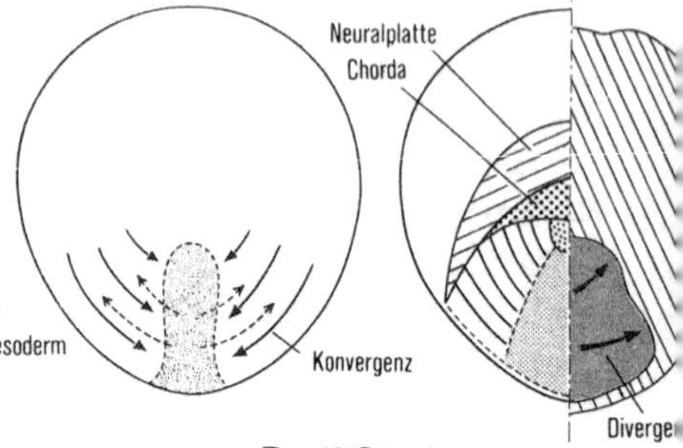

B – 10 Stunden

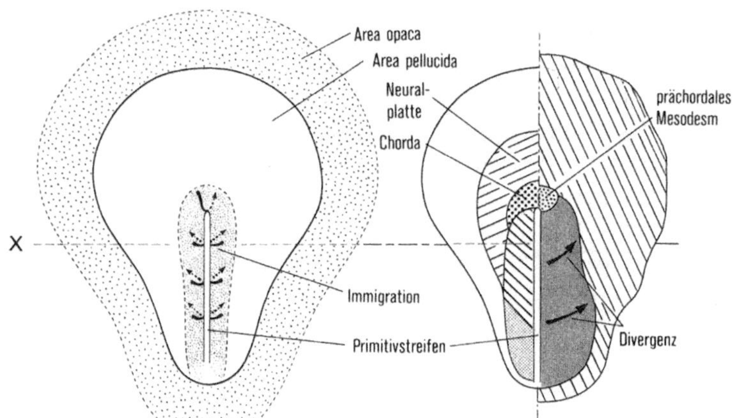

C – 16 Stunden

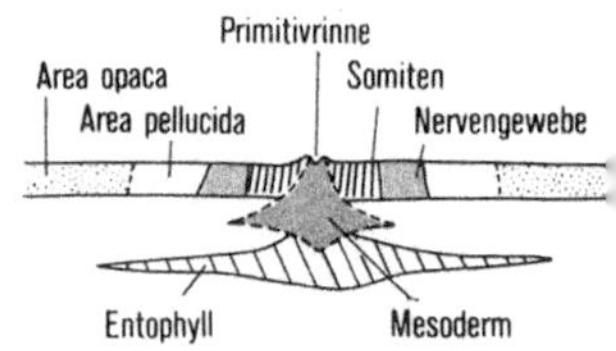

D – 16 Stunden
Querschnitt im Niveau X

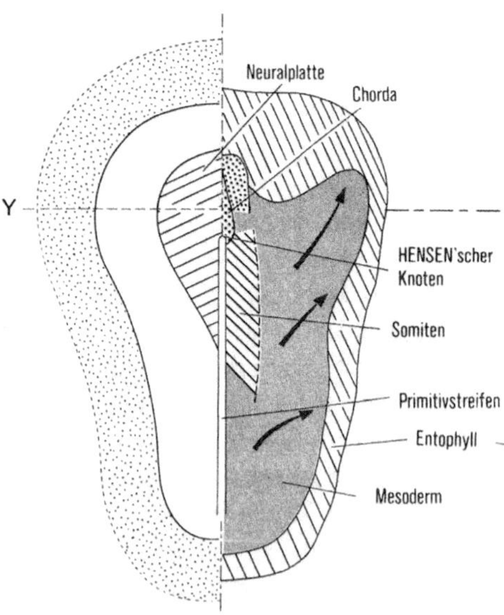

E – 18 Stunden

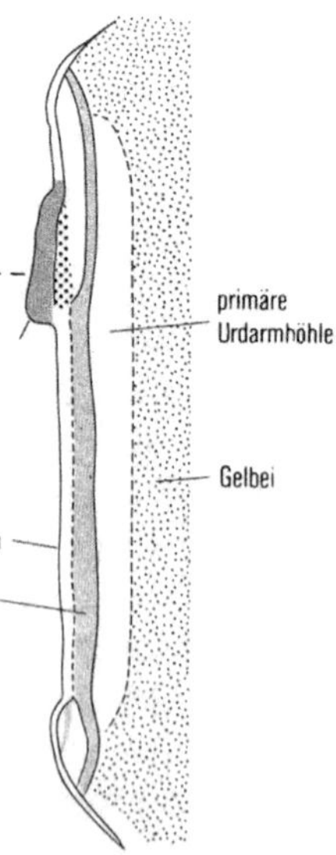

F – 18 Stunden
Sagittalschnitt

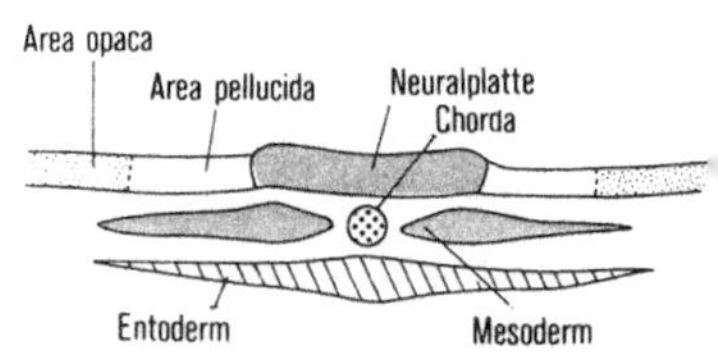

G – 18 Stunden
Querschnitt im Niveau Y

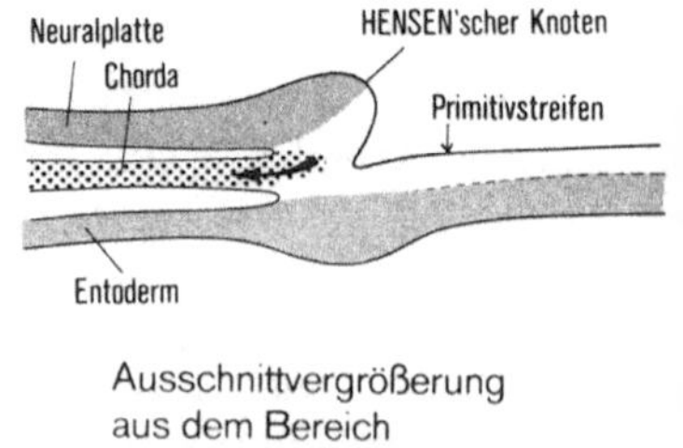

Ausschnittvergrößerung
aus dem Bereich
des HENSEN'schen Knotens

künftige Somitenregion zeigt bei den Vögeln mit denen der Amphibien vergleichbare Gastrulationsbewegungen, jedoch wie auch im Falle der Chorda mit einer zeitlichen Verschiebung. Der vordere Teil des Primitivstreifens entspricht eindeutig den lateralen Urmundlippen der Amphibien.

Das Material für das Mesoderm der Seitenplatten und für das extraembryonale Mesoderm ist schon frühzeitig in der hinteren Medianebene zusammengeflossen; die Anfänge der Immigration treten in den ersten Stunden der Bebrütung auf. Die Streckung und Divergenz dieser mesodermalen Bereiche ist beachtlich. Sie erreichen im Stadium nach 18 Stunden die hinteren und seitlichen Zonen der *Area opaca* und greifen sogar noch über sie hinaus. Das extraembryonale Mesoderm ist in Form einer Sichel ausgebildet und wird sich später am Aufbau der Anhangsorgane beteiligen; es trifft in diesem Stadium mit dem Angioblastem zusammen, dem Ausgangsmaterial für die Blutinseln. Nur im vorderen Teil bleibt eine schmale Zone vom Mesoderm unbedeckt, sie wird mit dem nicht ganz zutreffenden Ausdruck *Pro-Amnion* bezeichnet. Nach 18stündiger Bebrütung wird das Material der Achsenorgane gewissermaßen in der Medianebene zusammengedrückt und wandert dann in die Tiefe ein. An der Oberfläche persistiert allein das Neuro-Ektoderm, das sich bis vor den HENSENschen Knoten und beiderseits des Primitivstreifens im vorderen Teil ausdehnt. Der übrige Teil der *Area pellucida* entspricht dem epidermalen Ektoderm.

Das ursprüngliche Ektophyll umfaßt in seiner Gesamtheit das Ektoderm und das Mesoderm. Aus dem Entophyll entsteht der größte Teil des Entoderms. Es ist jedoch auch möglich, daß ein kleiner Entodermanteil vom Ektophyll abzuleiten ist. Denn in der Tat ist die Entodermplatte unmittelbar unter dem Primitivstreifen stets am mächtigsten angelegt. So ist es durchaus denkbar, daß sich Elemente des Ektophylls zum Entophyll fügen, wenn die Mesodermplatten vor ihrer Ausbreitung im sekundären Blastocoel in die Tiefe einwandern (Bild 30 H). Auf dem Plan der präsumptiven Anlagenbezirke nimmt man eine noch vor dem lateralen Mesoderm gelegene,

Bild 30. Gastrulation bei den Vögeln. A, Stadium nach 5–6 Stunden Bebrütungszeit; Übersichtsbild und Plan der präsumptiven Anlagenbezirke; die linke Hälfte des Blastoderms stellt die auf dem Ektophyll befindlichen präsumptiven Blätter dar, bei der rechten Seite wurde das Ektophyll abgehoben, B, Stadium nach 10 Stunden Bebrütungszeit; Übersichtsbild und Plan der Keimbezirke auf dem Ektophyll sowie Darstellung ohne Ektophyll. C, Stadium nach 16 Stunden; Übersichtsbild und Plan der Keimbezirke (mit und ohne Ektophyll). D, Schnitt im vorderen Abschnitt des Primitivstreifens. E, Plan der künftigen Anlagenbezirke nach 18 Stunden Bebrütungszeit, links sind die Bezirke auf dem Ektophyll aufgetragen, rechts ist das Ektophyll fortgelassen worden. G, Transversalschnitt vom Stadium nach 18 Stunden Bebrütungszeit aus dem Bereich vor den HENSENschen Knoten. H, Ausschnittvergrößerung aus dem Bereich des HENSENschen Knotens in einem Sagittalschnitt.

entodermale Zone an, die als erste mit der Immigration beginnt. Bei der Vogelblastula sind die Bezirke künftiger Organanlagen noch längst nicht mit der Präzision ermittelt wie bei den Amphibien.

Das Stadium von 18stündiger Bebrütung ist aus ontogenetischer Sicht in etwa mit dem Stadium des Urmundspaltes oder dem Rückgang des Dotterpfropfes vergleichbar. In beiden Fällen kann diese Entwicklungsstufe als *Prä-Neurula* bezeichnet werden. Es sind bereits an den drei nun vollständig ausgebildeten Keimblättern die sich entwickelnden, künftigen Organe erkennbar. Die sensorischen Plakoden ordnen sich im Einzugsbereich des Nervengewebes an. Im Inneren entsprechen zwei laterale Mesodermanlagen dem Ausgangsmaterial für die Herzregion. Man kann außerdem im Bereich des Entoderms die Ausstülpungen von Lunge und Leber entdecken. An der Grenze der *Area pellucida* zur *Area opaca* sind die *Urkeimzellen* in die Entodermplatte eingefügt.

4. Organogenese

4.1. Das Stadium nach 24 Stunden Bebrütung

4.1.1. Entwicklung der Keimblätter

Die Neuralfalten deuten sich im Verlauf von 20–21 Stunden Bebrütung an und beginnen im Bereich des Mittelhirns aufeinander zuzuwachsen (Bild 31 A). In der Region des späteren Prosencephalons bleibt das Gehirn noch unverschlossen. Auch in der Verlängerung nach hinten erhält die Neuralplatte bis zu den ersten Somiten noch keine Abdeckung (Bild 31 B). Das Vorderende des Embryos wölbt sich über dem Blastoderm empor, und die dabei entstehende Kopffalte verkeilt sich fingerförmig in der Entodermplatte. Der bereits ausgebildete Vorderdarm behält direkt über dem Gelbei seine große Öffnung auf dem Urdarm; die Begrenzung des Vorderdarms kann am Embryo in der Region der Kopffalte verfolgt werden.

Bild 31. Die charakteristischen Merkmale der Stadien nach 24 und 33 Stunden Bebrütungszeit beim Hühnchen, schematisiert. I. Stadium nach 24 Stunden. A. Übersichtsbild; B. Querschnitt im Niveau der Linie X, die durch das erste Somitenpaar geht; trennt man das Blastoderm von seiner Umgebung ab und biegt die freien Ventralränder zusammen, gelangt man zu Bild „C“, das sehr viel Ähnlichkeit mit einem Querschnitt durch die Rumpfregion einer fortgeschrittenen Amphibien-Neurula aufweist (vgl. Bild 21 „Abschluß der Neurulation“). II. Stadium nach 33 Stunden Bebrütungszeit, das Herz hat sich auf die rechte Seite gelegt, es sind 13 Somitenpaare vorhanden, und der Primitivstreifen hat sich fast vollständig zurückgebildet (verändert nach HUETTNER, 1959).

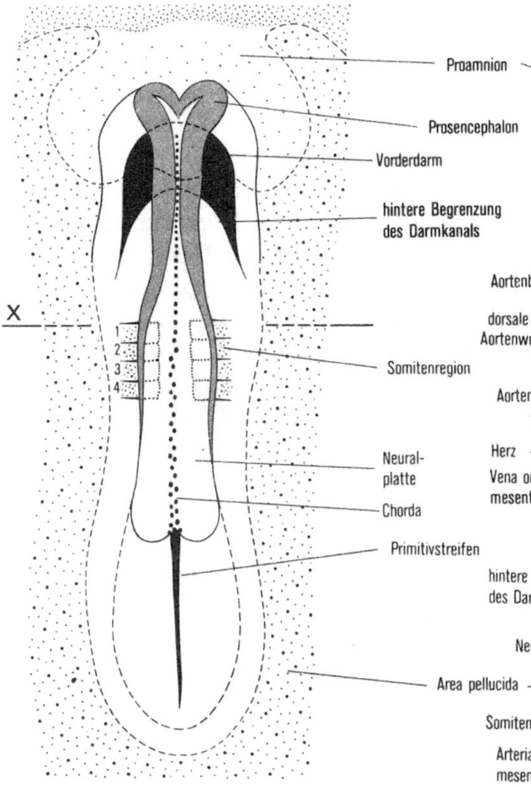

A – Gesamtansicht

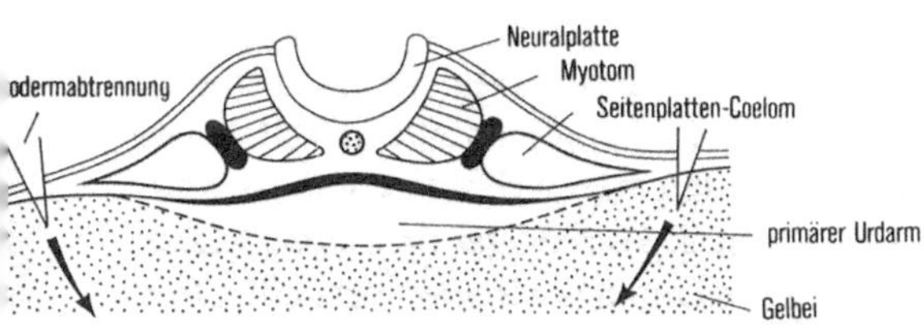

B – Schnitt im Niveau X

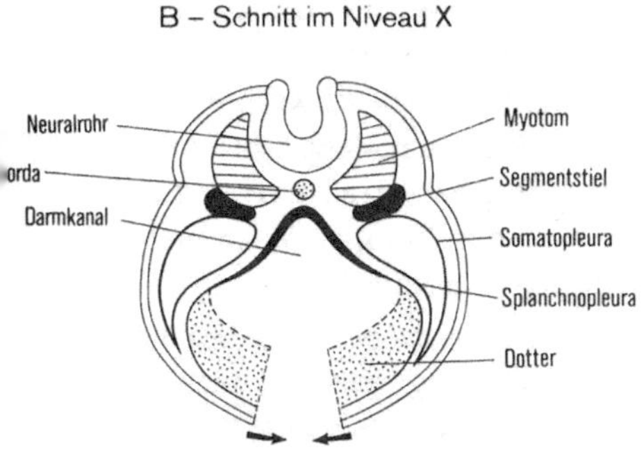

C – Blastoderm nach Abtrennung und Faltung

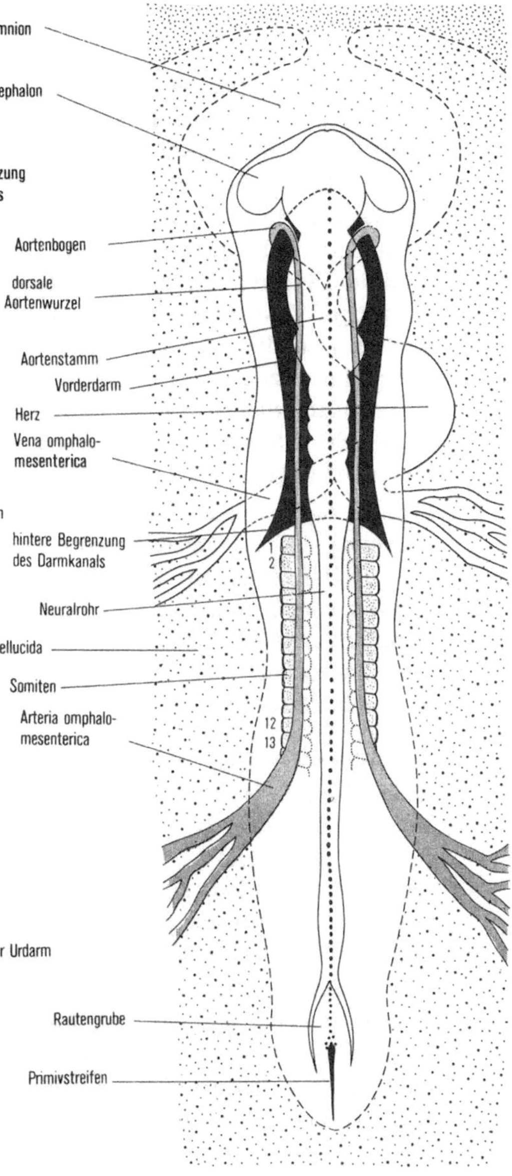

Gesamtansicht

II Stadium von 33 Stunden

I Stadium von 24 Stunden

Eine analoge Abspaltung vollzieht sich nach etwa 45 Stunden in der hinteren Region des Embryos, wo sie den Primitivstreifen ersetzt; diese Bildung entspricht dem Enddarm. Die Anlagen von Vorder- und Enddarm wachsen in der Mitte des Embryos aufeinander zu. Nach vier Tagen Bebrütung ist die Öffnung des Darmkanals über dem Gelbei schließlich bis auf den Dotterstiel reduziert worden. Das Mesoderm breitet sich weiter aus und erzeugt als mesodermale Platte eine Duplikatur des inneren und äußeren Blattes. Auf beiden Seiten der Chorda sind die Somiten in ihrer endgültigen Zahl ausgebildet. Sie weisen in ihrem unteren Teil, dem Segmentstiel, starke Rückbildungen auf, so daß sie sich praktisch ohne Übergang in den Seitenplatten fortsetzen, deren Zellen zur Bildung eines beachtlichen Coelomraumes auseinandergewichen sind. In der Randzone des Blastoderms sind die Seitenplatten noch nicht in Somatopleura und Splanchnopleura unterschieden; sie schieben sich im Entstehungsbereich der Blutinseln in die Area opaca ein.

Beim Betrachten eines Querschnittes durch die Somitenregion fällt die Übereinstimmung mit dem Organisationsschema der Amphibien im Neurula-Stadium auf (Bild 21 III). Man braucht sich bei den Vögeln nur vorzustellen, daß die große Dottermasse vom Entoderm der Amphibien-Neurula dargestellt wird. Wenn man sich zusätzlich das Gelbei noch völlig wegdenkt und die seitlichen Zonen des Blastoderms ventral zusammenführt, dann ergibt sich die entsprechende Grundanordnung der drei Keimblätter wie bei den Amphibien (Bild 31 C).

4.1.2. Entwicklung des Primitivstreifens

In dem Maße, wie sich das Blastoderm streckt, weicht der Primitivstreifen nicht bloß zurück, sondern er verkürzt sich auch. Trotzdem bewahrt er seine Form. In der Nähe des HENSENschen Knotens bildet er eine Proliferationszone, die im vorderen Teil fortlaufend Somiten- und Chordamaterial und im hinteren Teil das Material der Seitenplatten liefert. Der Primitivstreifen zeigt während seiner gesamten Existenzphase die gleiche Beschaffenheit wie nach 18stündiger Bebrütung, gleich welches Stadium man untersucht (Bild 30 E). Allerdings wird von ihm mit zunehmender Verkürzung immer mehr Material nach hinten abgegeben. Man hat den Primitivstreifen mit einem Kreidestück verglichen, in dem alle Elemente für eine kontinuierlich sichtbare Spur enthalten sind. Die Kreide auf der schwarzen Tafel stellt den sich aufbrauchenden Primitivstreifen dar, der in dem Maße schrumpft, wie ein Strich weiter ausgezogen wird. Die Kreide läßt ja beim Gleiten über die Tafel etwas von ihrer Substanz zurück; genauso weicht auch der Primitivstreifen und wird weniger, indem an seiner Stelle die Achsenorgane zurückbleiben.

Die Verkürzung des Primitivstreifens beruht in der Hauptsache auf dem durch die Streckung der Chorda ausgeübten Anstoß. Diese „Abnutzung" geht vor allem in der hinteren Hälfte am schnellsten vor sich, und dort ist die Verkürzung auch zuerst sichtbar. Nach 30stündiger Bebrütung ist der Primitivstreifen schon auf die Hälfte zusammengeschrumpft. Die Rückbildung ist nach 50 Stunden abgeschlossen, wenn alle Achsenorgane des Embryos angelegt sind.

4.2. Das Stadium nach 33 Stunden Bebrütung

4.2.1. Ektoderm

Von den Somiten sind inzwischen 13 Paare angelegt, und der Embryo zeigt nach wie vor einen symmetrischen Aufbau (Bild 31 II). Die endgültige Verschmelzung der Neuralfalten beginnt nach 27 Stunden im Bereich des Myelencephalons. In den darauffolgenden Stunden schreitet der Verschluß des Neuralrohres in gleicher Weise nach vorn und hinten weiter und bezieht auch den überwiegenden Teil des Somitenbereiches mit ein. Der Kopf hat sich etwas verlängert und wölbt sich über einer subcephalen Tasche heraus. Weiter vorn ist die Kopffalte des Amnions angedeutet. Nach 50 Stunden hat sich auch der vordere Gehirnabschnitt geschlossen. Für einige Stunden persistiert noch eine kleine Öffnung im vorderen Neuroporus, der in Gestalt einer winzigen Grube wahrnehmbar ist.

In der hinteren Region ist der Verschluß noch nicht erfolgt, da das Neuralrohr wie der Embryo insgesamt noch an Länge zunimmt. Der hintere Neuroporus schließt sich nach 44 Stunden. Die Neuralfalten weichen am Ende auseinander und umfassen einen leicht eingesenkten Bezirk, mit dem der Primitivstreifen abschließt. Vor dem Primitivstreifen laufen die Neuralfalten aus. Dieser als *Sinus rhomboidalis* bezeichnete Bezirk stellt oberflächlich den Abschluß des Neuralrohres dar und bildet im Innern die mesodermale Zone, aus der die Somiten und die Chorda hervorgehen. Wenn die Neuralfalten im Bereich des *Sinus rhomboidalis* miteinander verschmelzen, schließen sie den Primitivstreifen mit ein, der von nun an als verkümmerter *Canalis neurentericus* angesehen werden kann. Es bedarf nur noch einer Perforation, damit das Neuralrohr mit dem Urdarm in Verbindung treten kann.

Die Gliederung des Gehirns ist nach 33 Stunden schon erkennbar. Vor allem das Prosencephalon erlangt mit seinen seitlichen Ausstülpungen – dem Ausgangsmaterial der Augenbläschen – einen gewaltigen Umfang. Auch können bereits die ersten Gehirnganglien unterschieden werden.

4.2.2. Entoderm

Das abgespaltene Entoderm, das als Ausgangsmaterial für den Vorderdarm betrachtet wird, wächst nach hinten in den Bereich der ersten Somiten aus. Seine Länge beträgt zunächst nicht mehr als einen Millimeter. Hinter der Herzanlage befindet sich die Öffnung in die Urdarmhöhle.

4.2.3. Mesoderm

Wenn 12 oder 13 Somitenpaare deutlich ausgebildet sind, entstehen am Segmentstiel die ersten Nierenelemente. Im Bereich dieser ausdifferenzierten Somiten sind die Seitenplatten bereits in Somatopleura und Splanchnopleura gegliedert. In den Seitenplatten ist die Coelomhöhle gut entwickelt, dagegen treten in den Somiten praktisch nie Coelomräume auf.

Einen wichtigen Einschnitt stellt die Ausbildung des Herzens und der ersten Blutgefäße dar. Das Herz geht unterhalb des Darmkanales aus einer Verschmelzung von verdickten, visceralen Partien der Mesodermplatten hervor. Diese Verdickungen sind schon nach 24 Stunden nachzuweisen. Im Stadium nach 29 Stunden Bebrütung besteht die Herzanlage aus einem geraden Rohr, dessen kompakte Wände zum Epimyocard gehören. Das Rohr setzt sich nach vorn in die zwei *ventralen Aortenwurzeln* fort und nach hinten in zwei große Venenstämme, die *Venae omphalomesentericae.*

Von nun an kann sich das Herzrohr nicht mehr nach vorn und hinten ausdehnen, da es durch die zur selben Zeit entstehenden großen Blutgefäße behindert wird. Das Herz wird nach rechts abgebogen, und im Zuge dieser Biegung entstehen die *Herzkammern.* Die beiden *Venae omphalomesentericae* münden im *Sinus* bzw. dem *Atrium,* den späteren Vorhöfen. Vor den Ventrikeln liegt der Arterienstamm, der sich in die beiden ventralen Aortenwurzeln aufzweigt. Die ventralen Aortenwurzeln nähern sich seitlich den Wänden des Darmkanals und werden zum ersten Paar der Aortenbögen, das auch als *mandibularer Aortenbogen* oder *I. Aortenbogen* bezeichnet wird. Dorsalwärts biegen die Aortenwurzeln zu beiden Seiten des Darmes um. Sie bilden dort die dorsalen Aortenwurzeln, die sich in die *Arteriae omphalomesentericae* auflösen und dann im Stadium nach 33 Stunden am Ende der Somitenregion im Plexus der Blutinseln enden. Die dorsalen Aortenwurzeln beginnen nach 48stündiger Bebrütung mit der Verschmelzung zu einer einzigen, dorsalen Aorta. Ihre endgültige Anlage ist nach vier Tagen abgeschlossen. Im Plexus der Blutinseln an der Peripherie des Embryos – also in einem Bereich, der ursprünglich zur *Area opaca* zählte – haben die Differenzierungsvorgänge eingesetzt. Die Ausbildung der Inseln und Blutgefäße nimmt ihren Ausgang vom visceralen Mesoderm. Die Kapillaren anastomosieren nach ihrer Entstehung und fließen zu Dottervenen und -arterien zusammen, die sich an die *Venae* und *Arteriae omphalomesentericae* anschließen.

Die ersten Herzkontraktionen sind nach 37 Stunden nachweisbar, wenn die Blutgefäße, die unabhängig voneinander im Embryo und im extraembryonalen Raum entstehen, miteinander verbunden sind. Die aus dem extraembryonalen Raum hervorgehenden Elemente des Blutgefäßsystems werden in das Kreislaufsystem mit einbezogen, das sich nach und nach zwischen dem Embryo und den außerhalb der eigentlichen embryonalen Zone liegenden Bereichen ausbildet. Nach etwa 44 Stunden wird der Herzrhythmus regelmäßig.

5. Embryonalanhänge

5.1. Definition

Am Beginn seiner Entwicklung besitzt der Embryo noch keine scharfe Begrenzung. Ohne eine ausgeprägte Grenzlinie gehen der embryonale und der extraembryonale Raum ineinander über (Bild 28). Wenn die Körpergrundgestalt allmählich hervortritt, wird rund um den sich über dem Dotter heraushebenden Embryo Material aufgefaltet. Es erscheint zuerst eine vordere Falte, dann eine Falte in der Schwanzregion und schließlich noch laterale Falten. Mit der fortschreitenden Verwachsung dieser Gebilde wird der Embryo mehr und mehr vom Gelbei abgetrennt. Unterdessen hängen aber die Keimblätter im Bereich zwischen dem eigentlichen Embryo und den benachbarten Zonen noch aneinander. Mit der Ausdehnung der drei Keimblätter wird die Ausbildung der Embryonalanhänge festgelegt; zu ihnen gehören (Bild 32):

- der Dottersack;
- die Amnionhöhle;
- die Allantois.

Man erwähnt gelegentlich noch einen vierten Anhang, die *Serosa*, die aber in Wirklichkeit vom Amnion abzuleiten ist.

5.2. Dottersack

Als erster Embryonalanhang entsteht der Dottersack [1]), dessen Ableitung sich leicht nachvollziehen läßt. Der Darmkanal ist anfänglich nur durch das Entophyll abgegrenzt. Die Urdarmhöhle besteht zunächst nur in einer winzigen, kreisrunden Höhlung unter der *Area pellucida*, und die Wandung wird allein vom nichtzelligen Dotter gestellt. Die zunehmende Ausdehnung der entodermalen Platte zusammen mit ihrer Duplikatur durch das viscerale Mesodermblatt liefert auf der Dottermasse das Ausgangsmaterial für den Dottersack (Bild 32 A, B und C).

Die erste Anlage des Darmkanals besteht in einer Entodermabspaltung in Höhe der Kopfregion. Aus einer analogen Bildung in der Schwanzregion setzt sich der Enddarm zusammen. Zwischen beiden Abschnitten befindet sich der Mitteldarm mit einer großen Öffnung zum Gelbei. Durch die Faltenbildung um den Embryo wird der Mitteldarm nach und nach reduziert bis auf eine kleine Öffnung, die im Dotterstiel eine Verbindung zum Gelbei erhält. Entoderm und Mesoderm haben inzwischen gemeinsam das gesamte Dottermaterial umhüllt, so daß der Embryo schließlich nur noch durch den *Dotterstiel* mit dem Dottersack verbunden bleibt. Im visceralen Mesoderm, das die Duplikatur des Entoderms nach außen gebildet hat, haben sich Blutgefäße differenziert, die zu den *Venae* und *Arteriae omphalomesentericae* zusammenfließen und dem Verlauf des Dotterstieles folgen. Auf dem Gelbei bilden sich zur Vergrößerung der absorbierenden Oberfläche zusätzlich noch Falten aus. Der Dottersack mit seinen reich vaskularisierten Wänden muß als extraembryonales Ernährungsorgan angesehen werden. Von den Zellen des umhüllenden Entoderms werden Enzyme sezerniert, deren Aufgabe es ist, die Dotterschollen in eine leicht zu assimilierende, lösliche Form zu bringen.

---

[1]) Diese Bezeichnung ist dem Ausdruck Nabelsack vorzuziehen, der im Zusammenhang mit den Untersuchungen über die Anhangsorgane bei den Säugern zu Verwirrungen führen kann.

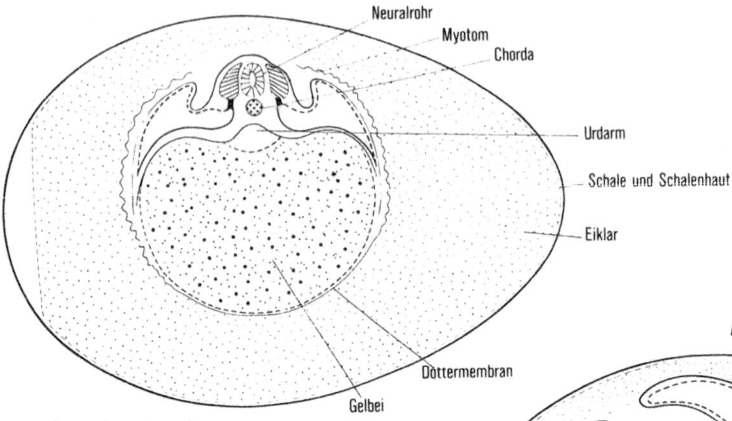

A – 48 Stunden alt

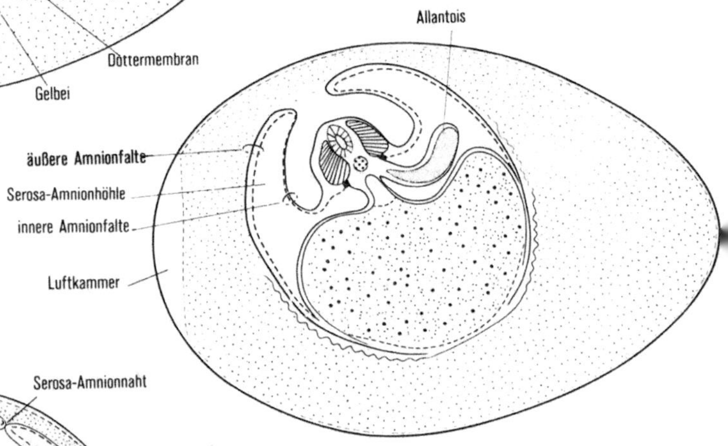

B – 72 Stunden alt

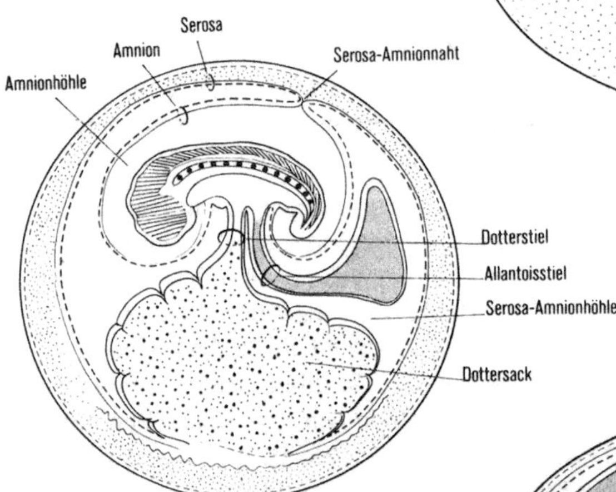

C – 4 Tage alt

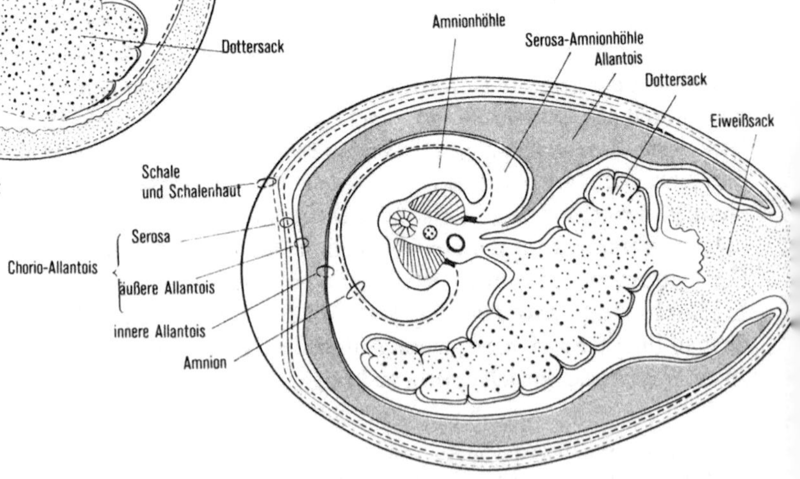

D – 14 Tage alt

Das Chorion, das den Dotter bei der Eiablage als dünne Membran umhüllt, zerreißt schon bald über dem Embryo und wird funktionslos. Von ihm bleibt nur ein gefälteltes Häutchen an der Basis des Dottersackes bestehen.

5.3. Amnion und Serosa

Unter dem Amnion versteht man eine Membran, die den gesamten Embryo wie einen Sack umgibt und ihn damit von der Umgebung abtrennt. Die sogenannte Amnionhöhle zwischen Amnion und Embryo ist mit Flüssigkeit gefüllt.

Die ersten Ansätze des Amnions zeigen sich nach 30–33stündiger Bebrütung in Form einer vor dem Kopf gelegenen, ektodermalen Falte. Diese sichelförmige Amnionfalte der Kopfregion breitet sich nach hinten aus und bedeckt den Embryo wie eine Kapuze. Nach 48 Stunden entsteht eine caudale Amnionfalte; beide wachsen aufeinander zu und verschmelzen. Nach 72 Stunden haben sich auch die seitlichen Zipfel der Amnionfalten vereinigt. Die Amnionhöhle ist jetzt bis auf die kleine Öffnung des *Amnioporus* vollständig geschlossen. Die endgültige Verbindung erfolgt nach 4 Tagen und bleibt als kleine Narbe in der Amnion-Serosa-Naht sichtbar (Bild 32 C).

Die Amnionfalten stammen vom Ektoderm und dem parietalen Blatt der Seitenplatten, die eine Duplikatur bilden. Nach Beendigung der Verschmelzung spricht man vom inneren Teil der Falte, der die Amnionhöhle begrenzt und den gesamten Embryo einhüllt, als dem Amnion. Die ektodermalen und mesodermalen Anteile des Amnions gehen unmittelbar in die entsprechenden Keimblätter des Embryos über. Der äußere Teil der Falte setzt sich ebenfalls aus Ektoderm und Splanchnopleura zusammen und bildet die *Serosa.* Die Serosa staut die Menge des Eiklars vor sich auf, das sich um das spitze Ende angesammelt hat und legt sich eng an die Schalenhaut an.

Bild 32. Ausbildung der Embryoalanhänge beim Hühnchen. A, nach 48 Stunden Bebrütungszeit, Querschnitt in der mittleren Dorsalregion. B, nach 72 Stunden Bebrütungszeit, Schnitt im selben Niveau wie oben; vorn ist die Allantoisausstülpung zu sehen; die Amnionfalten bedecken den Embryo fast vollständig. C, nach 4 Tagen Bebrütungszeit (Sagittalschnitt), die Symmetrieachse des Embryos steht senkrecht auf der Hauptachse des Eis, so daß man mit einem Sagittalschnitt des Embryos auch einen kreisförmigen Ausschnitt aus dem gesamten Ei erhält; die Amnionfalten sind über dem Embryo zusammengestoßen. D, nach 14 Tagen Bebrütungszeit, Querschnitt; der Embryo entwickelt sich unter dem stumpfen Ende, das Eiklar wird am spitzen Ende zusammengedrängt (verändert nach PATTEN, 1957).

Zwischen Serosa und Amnion befindet sich die *Serosa-Amnionhöhle* oder das *extraembryonale Coelom (=Exocoel).* Im Bereich der Seitenplatten besteht eine direkte Verbindung zwischen dem Exocoel und der Coelomhöhle des Embryos. Durch die Entwicklung des letzten Embryonalanhanges, der Allantois, wird das extraembryonale Coelom sehr schnell ausgefüllt. Da die Eier auf dem trockenen Land abgelegt werden, bestand die ursprüngliche Aufgabe von Amnion und Amnionhöhle darin, die Austrocknung des Embryos zu verhindern; dem Amnion kommt daher eine Schutzfunktion zu. Durch die Dehydratation des Eiweißes entsteht die Flüssigkeit zur Füllung der Amnionhöhle. Bis zum Ende der Bebrütungszeit ist die Amnionflüssigkeit vom Embryo völlig resorbiert worden. Wenn das Küken schlüpft, ist es trocken, da es den gesamten Wasservorrat des Eis für sein Wachstum aufgebraucht hat.

Aus den Zellen der Somatopleura, die zum Amnion gehören, differenzieren sich glatte Muskelfasern, die sich ohne Innervierung rhythmisch kontrahieren, um eine Bewegung in der Amnionhöhle zu gewährleisten (*Amnionschaukeln*). Auf diese Weise wird ein Haftenbleiben des Embryos vermieden, das zu einer Behinderung im Wachstum der Organe führen könnte. Die langsamen und rhythmischen Bewegungen setzen am fünften Tag ein, erreichen am achten Tag ihren Höhepunkt und vermindern sich in der Folgezeit wieder. Die ersten spontanen Bewegungen des Embryos treten also nach viertägiger Bebrütung auf.

5.4. Allantois

Die Allantois ist eine Ausstülpung des Darmes in seinem hinteren Abschnitt; ihre Bildung beginnt nach 60stündiger Bebrütung hinter dem Dotterstiel. Die Allantoisausstülpung kann man nach drei Tagen auf der rechten Seite des Embryos wahrnehmen. Ihr Wachstum geht schnell voran, und sie füllt bald die gesamte Serosa-Amnionhöhle aus. Der Allantoisstiel grenzt unmittelbar an den Dotterstiel. Durch das Wachstum der Entodermausstülpung wird ein viscerales Blatt der Seitenplatten gestaucht (Bild 32 B und C).

Die Allantois erreicht eine beachtliche Ausdehnung, indem sie das gesamte Amnion und den Dottersack überdeckt und das Eiklar am spitzen Ende zusammendrängt. Im Stadium nach 14 Tagen Bebrütung wird der Embryo, der sich nun mehr zum stumpfen Ende hin orientiert, sowohl vom Amnion wie auch von der Allantois umhüllt. Vom restlichen Eiweiß wird der *Eiweißsack* gebildet, der vom äußersten Ende der Allantois eingeschlossen wird (Bild 32 D). Um nach 14 Tagen Bebrütungszeit von der Seite des stumpfen Endes bis zum Embryo vorzudringen, müßte man die folgenden Bildungen durchqueren:

- die Schale;
- die Schalenhäute;
- die Serosa;
- die äußere Allantois;
- die innere Allantois;
- das Amnion.

Die Allantois erfüllt vier Aufgaben:

- die Splanchnopleura, als Duplikatur der entodermalen Allantoiswand ist reich vaskularisiert. Die äußere Allantoiswand legt sich dicht an die Serosa an; gemeinsam bilden die äußere Allantois und die Serosa die extrem reich vaskularisierte *Chorioallantois,* in deren Bereich sich der Gasaustausch vollzieht. Die Atmung ist also die Hauptfunktion der Allantois. Die Verschmelzung der Allantois mit der Serosa liegt bei den Säugern als *foetale Placenta* vor, die in enge Beziehung mit der Uterusschleimhaut tritt;
- der enge Kontakt der Chorioallantois mit der Schale gestattet die Absorption von Calzium-Salzen. Sie werden vom Embryo für den Aufbau seines Skeletts benötigt, und außerdem wird die Schale auf diese Weise zum Ende der Bebrütungszeit mehr und mehr zerbrechlich und erleichtert damit den Schlüpfvorgang;
- die Nähe der Allantois zum Eiweißsack ermöglicht eine Absorption des Eiweißes über den Allantoissack. Gegen die Mitte der Bebrütungszeit tritt der Eiweißsack in unmittelbare Beziehung zum Amnion und mündet darin ein. Auf diese Weise dringt nach wenigstens 10–12tägiger Bebrütung das Eiklar direkt in die Amnionhöhle, wo es durch den Embryo aufgenommen werden kann;
- schließlich gehört es zu den Aufgaben der Allantois, als Speicherorgan für die Exkretionsprodukte der Nieren zu dienen. Am Ende der Bebrütungszeit werden die trockenen Exkretionsrückstände zusammen mit der Allantois entfernt.

5.4. Weiteres Schicksal der Anhangsorgane zur Zeit des Schlüpfens

Nach 21tägiger Bebrütung schlüpft das Huhn aus dem Ei. Die Schale ist mittlerweile durch die Absorption von Mineralsalzen ziemlich dünn geworden und kann vom Küken mithilfe des Eizahnes – einer sehr widerstandsfähigen Bildung, die sich auf dem Oberschnabel entwickelt hat – leicht durchbrochen werden.

Amnion, Allantois und Serosa werden zur gleichen Zeit wie die Schale zurückgelassen, mit der sie verklebt bleiben. Das rötliche Netzwerk, das man an der Schaleninnenseite eines soeben geschlüpften Kükens sehen kann, sind die Überreste der vaskularisierten Allantois.

Vor dem Schlüpfen ist der gesamte Eiweißvorrat verbraucht worden. Der Wassergehalt des Eiweißes schwindet in den ersten Tagen der Bebrütung rasch. Das Wasser wird zunächst in der Amnionhöhle, dem Allantoissack und sogar dem Dottersack zurückgehalten, doch wird es im Verlauf der Entwicklung in zunehmendem Maß in den Embryo selbst eingebaut. In der zweiten Hälfte der Bebrütungszeit wird vornehmlich die Trockensubstanz des Eiklars absorbiert, die bis zum Schlüpftermin dann vollständig aufgebraucht ist.

Bei den einzelnen Arten enthält der Dottersack zum Zeitpunkt des Schlüpfens noch 1/3 bis 1/7 des Dotters. Beim Huhn wird 1/3 des Dotters für den Aufbau des Embryos selbst verbraucht, ein weiteres Drittel dient als Energielieferant, und das letzte Drittel ist am Ende der Bebrütungszeit noch nicht aufgebraucht. Nach 19 Tagen, also kurz vor dem Schlüpfen, verlagert sich der Dottersack in das Innere des Embryos und verbleibt im Bereich des Mitteldarmes. In den ersten zwei Tagen des selbständigen Lebens wird die im Dottersack noch enthaltene, restliche Reservesubstanz vom Küken aufgebraucht. Bekanntlich brauchen junge Küken sofort nach dem Schlüpfen noch keine Nahrung, da ihnen der restliche Dotter als Energiespender ausreicht.

IV. Entwicklung der Säugetiere

1. Einführung

Die Ausbildung des Säugereis steht in enger Beziehung zur Entwicklung des GRAAFschen Follikels. Die sich mitten zwischen den umhüllenden Follikelzellen befindende Oocyte wurde erst 1827 durch VON BAER als die eigentliche Eizelle erkannt. Die Eizelle enthält wenig Reservesubstanz; ihr Durchmesser liegt in der Größenordnung von Zehntelmillimetern. Die Bezeichnung alecithal ist für sie eigentlich zutreffender als oligolecithal; die Vorfahren der Säugetiere allerdings müssen dotterreiche Eier besessen haben.

Bei Untersuchungen über die Entwicklung kann man anfänglich eine totale Furchung beobachten, doch dann zeigt die Eizelle in der Folgezeit ähnliche Merkmale, wie sie für die Sauropsiden typisch sind. Es treten vor allem die gleichen embryonalen Anhangsorgane auf, deren Anlage hier aber – im Zusammenhang mit der Entwicklung im mütterlichen Organismus – in sehr spezieller Weise erfolgt: Es entsteht die Placenta, die den Stoffaustausch zwischen Mutter und Foetus gewährleistet, und sie leitet sich unmittelbar aus den bei den Vögeln beschriebenen Embryonalanhängen ab.

Bei den Säugetieren werden drei Unterklassen unterschieden, je nachdem ob sie eine Placenta besitzen oder nicht:

- die *Prototheria* oder *Monotremata* sind durch Schnabeltier (*Ornithorhynchus*) und Schnabeligel (*Echidna*) vertreten. Es sind recht primitive Säuger, die noch keine vollständige Homoiothermie besitzen; sie legen Eier, die ihrer Struktur nach und in ihrem Entwicklungsgang große Übereinstimmung mit den Sauropsideneiern besitzen;
- die *Metatheria* oder *Marsupialia* sind vivipar, aber sie haben nur eine kurze Trächtigkeitsdauer, und die Placenta ist noch wenig differenziert;
- die *Eutheria* oder echten *Placentalia*, bei denen die Viviparie am weitesten entwickelt wurde; das Junge unterscheidet sich bei der Geburt eigentlich nur durch die Größe vom Adultus.

Bei der Untersuchung des Entwicklungsablaufes kommen hier allein die Eutheria zur Sprache, die den am weitesten verbreiteten Typ der Säugetiere darstellen.

Bei den Sauropsiden und den Monotremen ist dem Umfang der embryonalen Anhangsgebilde durch die starre Schale eine Grenze gesetzt. Die physiologische Bedeutung dieser Anhangsorgane nimmt bei den Marsupialiern und erst recht bei den echten Placentaliern zu; ihre Größe wird hier nur von der Dehnungsfähigkeit des Uterus beschränkt.

2. Bildung der Blastocyste

2.1. Befruchtung

Mit dem Platzen des GRAAFschen Follikels (Follikelsprung) wird die Eizelle freigesetzt, die gerade den ersten Richtungskörper abgestoßen hat. Nach der Ovulation ist das Ei von den *Granulosa*-Zellen umgeben, die z.T. verschleimen; die Gesamtheit dieser Zellen bildet die *Corona radiata*, unter der sich im allgemeinen die ziemlich dicke *Zona pellucida* befindet. Die Eizelle wird im oberen Teil des *Ostium tubae* vom Wimpertrichter umfaßt. Bis in diesen Bereich gelangen die Spermatozoen, durchdringen die Hüllschichten des Eis und nehmen die Befruchtung vor (Bild 33 I). Beim Kaninchen vollzieht sich die Befruchtung in den zwei Stunden, die auf die Ovulation folgen. Kurze Zeit nach dem Spermieneintritt wird der zweite Richtungskörper abgegeben. Man kann beim Kaninchen beobachten, daß die Ovulation etwa 11 Stunden nach dem Deckakt (p.c.) eintritt. Zwei Stunden später wird dann der zweite Richtungskörper gebildet. 22 Stunden p.c. wandern die beiden Vorkerne aufeinander zu und verschmelzen, also rund 11 Stunden nach der Ovulation. Die erste Furchungsteilung vollzieht sich 24 Stunden p.c., also etwa 13 Stunden nach dem Follikelsprung.

2.2. Furchung

2.2.1. Primäre Blastula

Die dotterarme Eizelle zeigt eine totale Furchung, jedoch kann man gelegentlich schon nach dem ersten Teilungsschritt beobachten, daß eine Blastomere größer ist als die andere. In manchen Fällen sieht es so aus, als könnten bereits in diesem Stadium zwei Tendenzen voneinander geschieden werden. Beim Schwein entsteht z.B. der Embryo selbst aus der größeren Blastomere, während die kleinere sich zu einem Hilfsorgan, dem *Trophoblast*, entwickelt, über dessen Bedeutung weiter unten noch gesprochen wird.

Es ist recht schwierig zu ermitteln, ob die erste Teilungsebene meridional verläuft. Der animale Pol, der z.B. beim Seeigel an der Lage der beiden Richtungskörper erkennbar ist, kann bei den Säugern nicht herausgefunden werden. Die beiden Richtungskörper, die immer noch recht umfangreich sind, zeigen unter der *Zona pellucida* eine große Beweglichkeit; gelegentlich kann man sie zwischen den beiden ersten Blastomeren entdecken (Bild 33 II).

Bild 33. Furchung des Kanincheneis. I. Der Befruchtungsvorgang, die Zeitangaben rechnen p.c. II. Morula, die Furchung ist total. III. Primäre Blastula oder Blastocyste; die Blastocyste beginnt im Alter von 90 Stunden mit der Nidation. Der Trophoblast bildet bei der Blastocyste der Primaten ein zusammenhängendes Gebilde.

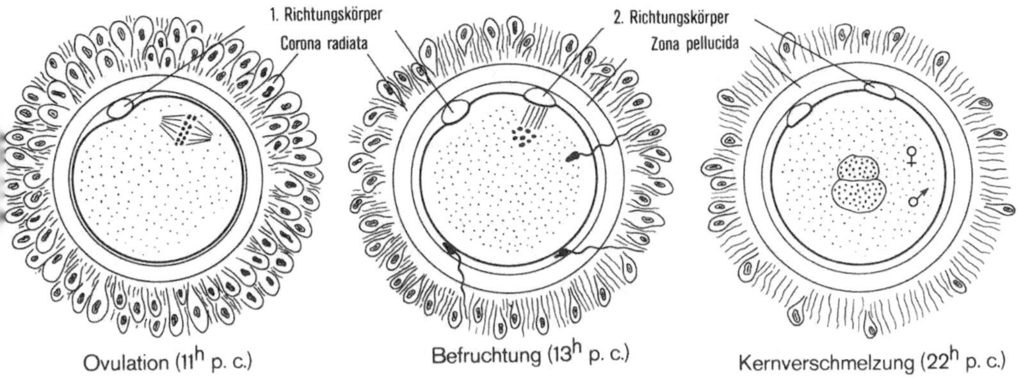

I-Befruchtungsvorgang

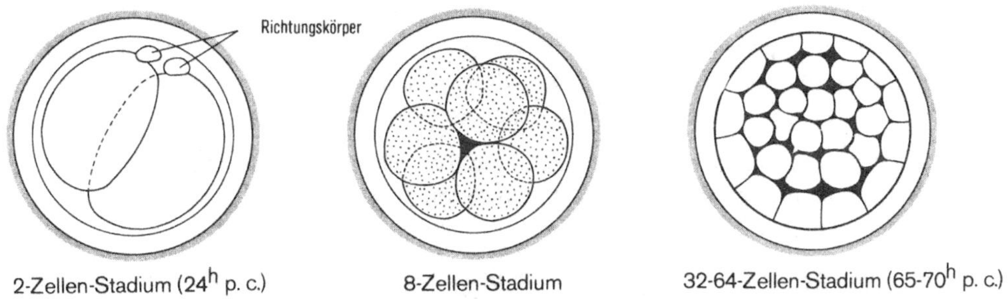

II – Morula

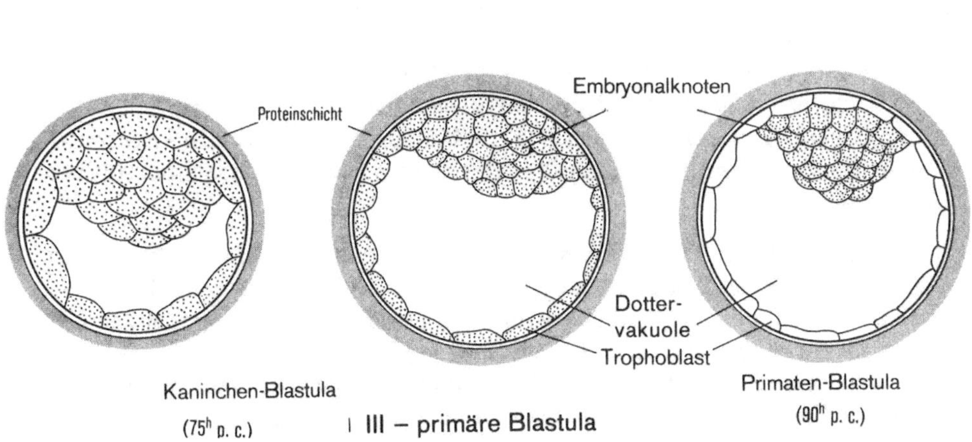

III – primäre Blastula

Die folgenden Furchungsteilungen verlaufen unregelmäßig. Die zweite Teilung betrifft zunächst nur die größere Blastomere. Ein derartig asynchroner Ablauf der Furchungsteilungen ist ein sehr seltener Fall. Die Blastomeren haben überdies schon nach den ersten Teilungen das Bestreben auseinanderzuweichen. So scheint es eine der Hauptfunktionen der *Zona pellucida* zu sein, den Zusammenhalt zwischen den ersten Blastomeren zu gewährleisten.

Im Verlauf des 16- oder 32-Zellen-Stadiums flachen sich die unteren Zellen der Morula ab. Zwischen oberen und unteren Blastomeren erfolgt eine Abspaltung, die sich in der Folgezeit zu einer Höhlung erweitert und als Äquivalent des primären Blastocoels bei den Vögeln betrachtet wird. Mit der Bezeichnung *Dottervakuole* wird diese Höhlung sehr treffend charakterisiert, da in ihr der Hinweis enthalten ist, daß sie an die Stelle des Dotters bei den Sauropsiden getreten ist. Tatsächlich entspricht die flüssigkeitsgefüllte Dottervakuole im fortgeschrittenen Stadium dem Dottersack der Vögel. Beim Kaninchenei tritt die Dottervakuole rund 70–75 Stunden nach dem Belegen in Erscheinung. Dabei flachen sich die Zellen sehr stark ab, die unterhalb der *Zona pellucida* ihre äußere Begrenzung bilden. Die *primäre Blastula*, die bei den Säugern als *Blastocyste* bezeichnet wird, erweitert ihren Umfang erheblich und nimmt unter der *Zona pellucida*, die ihrerseits über ein gewisses Dehnungsvermögen verfügt, den größtmöglichen Raum ein (Bild 33 III).

Die peripheren Blastomeren teilen sich erheblich schneller als die an der Oberseite befindlichen und bilden die als *Tropehektoderm, Trophoderm* oder *Trophoblast* gut umschriebene Zellschicht.

Die Furchung des Säugereis führt schließlich zu einer primären Blastula, in der zwei Zellgruppen von recht unterschiedlicher Bestimmung enthalten sind:
- der Trophoblast an der Peripherie bildet das Ausgangsmaterial für einen Teil der Embryonalanhänge und beteiligt sich im besonderen am Aufbau der Placenta;
- die Zellmasse unter dem Trophoblasten entspricht dem formativen Bereich des Embryos und wird *Embryonalknoten* oder *Embryoblast* genannt.

Die Wechselbeziehungen zwischen Embryonalknoten und Trophoblast sind recht verschiedenartig. In einigen Fällen, wie z.B. bei den Primaten und den Insektivoren, ist der Embryonalknoten deutlich abgesetzt und wird vom Trophoblasten vollständig umhüllt.

Im anderen Fall, der z.B. beim Schwein und beim Kaninchen verwirklicht wird, ist die Grenze zwischen beiden Zellgruppen recht schwierig zu ziehen; der Embryonalknoten stellt nur eine Verdickung inmitten des Trophoblasten dar, der dann oberhalb des eigentlich formativen Bereiches abgebaut wird. Die von der allmählich schrumpfenden *Zona pellucida* umgebene Blastocyste hat noch während ihrer Bildung den Eileiter passiert. Der aus der *Corona radiata* hervorgegangenen Mucoproteidschicht wird gelegentlich noch eine weitere als *Gloiolemma* bezeichnete Hüllschicht aus Eiweißsekreten vom Uterus hinzugefügt. Man kann diese Eiweißabscheidung als homologe Bildung zu der bei den Sauropsiden nach der Ovulation im Ovidukt auftretenden, recht beträchtlichen Sekretproduktion ansehen, was auch in der übereinstimmenden Namensgebung zum Ausdruck kommt.

2.2.2. Sekundäre Blastula

Der Embryonalknoten ist durchaus mit der *Area pellucida* der Vögel vergleichbar; er setzt sich aus zwei Elementen zusammen: Durch eine Abspaltung an der Basis wird das Entophyll im Innern abgetrennt; der obere Teil des Embryos entspricht dem Ektophyll. Nach der Herausbildung dieser beiden Elemente hat sich die primäre Blastula in die *sekundäre Blastula* entwickelt.

Die Entstehung des Entophylls ist hier noch schwieriger zu beobachten als bei den Vögeln. DALCQ hat sich nach seinen Untersuchungen an Ratte und Maus entschlossen, diese Bildung besonders hervorzuheben (Bild 34). Vom 8-Blastomeren-Stadium an, das bei der Ratte etwa 70 Stunden nach der Ovulation erreicht ist, wölbt sich ein flüssigkeitsgefüllter Hohlraum als Beginn der Dottervakuole zwischen den vier kleineren oberen und den vier größeren unteren Blastomeren. Die Gruppe der oberen Blastomeren teilt sich weiter und bildet das Ausgangsmaterial für nahezu den gesamten Embryo und stellt höchstwahrscheinlich das Ektophyll dar. Die zweite Blastomerengruppe setzt eine Zeitlang mit den Teilungsvorgängen aus und ordnet sich in einer Schicht an, von der alle anderen Blastomeren umhüllt werden. Im Verlauf des fünften Entwicklungstages ist das Stadium der primären Blastula erreicht. Einige Zellen lösen sich von der Hüllschicht und dringen in unmittelbarer

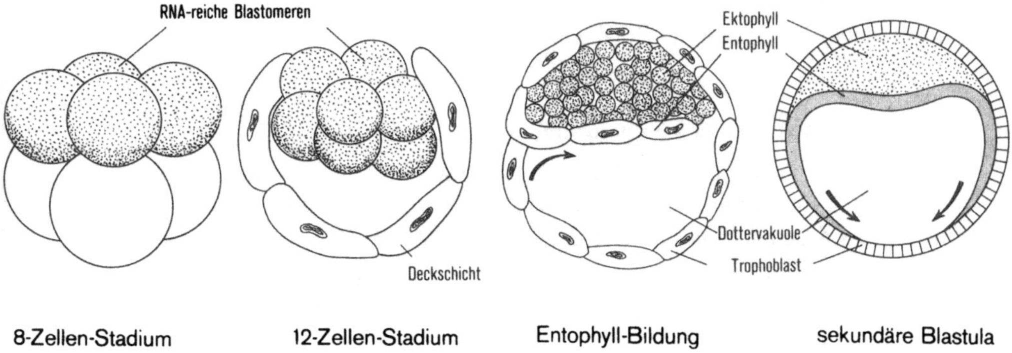

Bild 34. Die Entstehung des Entophylls bei den Säugetieren nach DALCQ. Die sekundäre Blastula ist stark schematisiert worden; der Embryonalknoten wird vom Trophoblast vollständig bedeckt und erhält innen eine Duplikatur des Entophylls.

Nähe der embryonalen Zellmasse in das Innere der Dottervakuole. Diese Zellen bilden das Ausgangsmaterial des Entophylls, das hier nicht aus einer Abspaltung vom Embryonalknoten entsteht. Wenn sich die Zellen des Entophylls von der Hüllschicht abgegliedert haben, ist diese zum eigentlichen Trophoblasten geworden. Die Annahme erscheint bestechend, daß sich die Immigration des Entophylls in einer festgelegten Richtung vollzieht, die der cephalo-caudalen Achse des Embryos wie bei den Vögeln entspricht. Der zukünftige Primitivstreifen müßte dann als Folge davon in Übereinstimmung mit dieser Achse angelegt werden. Leider ist der Beweis für diese Hypothese sehr schwer zu erbringen. Cytochemische Untersuchungen haben ergeben, daß die vier großen Blastomeren des 8-Zellen-Stadiums eine reiche, metachromatische Granulation aufweisen. Diese „Metagranula" werden sehr rasch zu Beginn der Entwicklung aufgebraucht. Sie stellen möglicherweise den Vorrat an Reservematerial beim Rattenei dar. Durch die Metachromasie kann das Vorhandensein von Mucopolysacchariden, die notwendig an die vegetativen Funktionen gebunden sind, und von Nährstoffen im Keim nachgewiesen werden. Die vier kleineren Blastomeren des 8-Zellen-Stadiums zeigen eine deutliche und beschleunigte Zunahme an Ribonucleinsäure. Es besteht kein Zweifel, daß diese Anreicherung von RNA mit recht intensiv ablaufenden morphogenetischen Prozessen einhergeht. Die frühzeitige Differenzierung in formative Blastomeren und Nährblastomeren beruht nicht allein auf histologisch faßbaren Unterschieden, sondern sie läßt sich sehr überzeugend mit cytochemischen Methoden demonstrieren. In den Eiern der Säuger bestehen schon zu einem frühen Zeitpunkt, wie auch bei der Mehrzahl der anderen Gruppen, Bereiche mit sogenanntem Bildungsplasma. Dagegen haben sie im Zusammenhang mit ihrer Entwicklung im mütterlichen Organismus ihren Vorrat an Reservematerial aufgegeben. Daraus erklärt sich die sehr bald erfolgende Bereitstellung eines Teils der Blastomeren für die Ernährung des Embryos, die auf Kosten der Mutter geschieht. Bei Ratte und Maus gliedert sich bereits im 8-Zellen-Stadium der Teil von Blastomeren ab, der am weiteren Aufbau des eigentlichen Embryos nicht beteiligt ist, um für die Ernährung zu sorgen.

2.3. Zeitliche Abfolge der Furchungsteilungen

Im Gegensatz zu allen anderen Metazoen läuft die Furchung des Säugereis sehr langsam ab. Beim Schwein ist das 2-Zellen-Stadium 4 Stunden nach der Ovulation erreicht, das 4-Zellen-Stadium nach 2 1/2 Tagen, das 16-Zellen-Stadium nach 3 1/2 Tagen und das Stadium der primären Blastula nach 4 Tagen.

Beim Menschen ist das 2-Zellen-Stadium etwa 36 Stunden nach der Befruchtung erreicht. Das 8–12-Zellen-Stadium, in dem schon Anfänge der Dottervakuole zu erkennen sind, kann nach 3 1/2 Tagen als abgeschlossen betrachtet werden. 58 Blastomeren umfaßt eine schätzungsweise 4 Tage alte Blastocyste; eine andere, die man wie die vorhergehende aus einem Uterus isolieren konnte, bestand aus 107

Blastomeren, und ihr Alter dürfte 4 1/2 Tage betragen haben. Wenn das Entophyll fertig ausgebildet oder seine Entwicklung vor dem Abschluß steht, dann ist die Blastocyste im allgemeinen im Uterus angelangt und nistet sich in einer Falte der hypertrophierten Uterusschleimhaut ein. Es folgt nun die Gastrulation, die mit den Vorgängen bei den Vögeln durchaus vergleichbar und durch das Auftreten des Primitivstreifens gekennzeichnet ist. Jedoch ist bei den Vögeln die Gastrulation schon lange beendet, wenn die Anlage des Amnions nach 33 Stunden Bebrütungszeit erscheint. Der Umriß des bereits 12–13 Somitenpaare besitzenden Embryos ist schon in großen Zügen erkennbar. Der Zeitpunkt für das Entstehen der Embryonalanhänge bildet den wesentlichen Unterschied zwischen Säugetieren und Vögeln. Er schließt bei den Säugetieren direkt an die Gastrulation an oder liegt sogar noch davor. Diese frühzeitige Anlage der Embryonalanhänge ist leicht zu verstehen, da das Ei keinerlei Reservesubstanz besitzt, so daß der Keim schon bald eine Nährstoffzufuhr von außen benötigt. Während sich die Ausbildung der Embryonalanhänge bei den Vögeln nach der Gastrulation und der Organogenese besprechen ließ, muß sie bei den Säugern im Anschluß an die sekundäre Blastula behandelt werden. Die Entstehung des Amnions oder *Amniogenese* läuft gleichzeitig mit der Ausbildung des Dottersackes ab. Etwa zur selben Zeit beginnt auch die Entwicklung der Allantois, die von der Bildung der Placenta oder *Placentation* nicht zu trennen ist.

3. Amniogenese

Die Blastocyste der Säuger erinnert stark an das Blastoderm der Vögel. Man kann durch Vergleiche und nach eingehender Prüfung einen recht ähnlichen Plan der Keimblattanordnung entwerfen, obwohl es mit den derzeitigen Methoden noch keine Möglichkeit gibt, farbige Markierungen auf dem Ei anzubringen. Auf den Schemata wird in einfacher Form die Lage der Keimblätter veranschaulicht, so daß man anhand dieser Darstellungen die Entstehung der Anhangsorgane und vor allem des Amnions besprechen kann (Bild 35).

Die Amniogenese ist bei den Säugetieren auf drei verschiedene Arten möglich:
- durch Faltenbildung;
- durch eine Hohlraumbildung;
- durch ektochoriale Cystenbildung.

3.1. Amniogenese durch Faltenbildung

Unter diesem Typ, der sich sehr leicht von den Sauropsiden ableiten läßt, finden sich die einfachsten Formen vereinigt. Eine Amniogenese durch Faltenbildung findet sich beim Kaninchen, bei allen Ungulaten, allen Carnivoren, bei einigen Insektivoren und den niedersten Primaten.

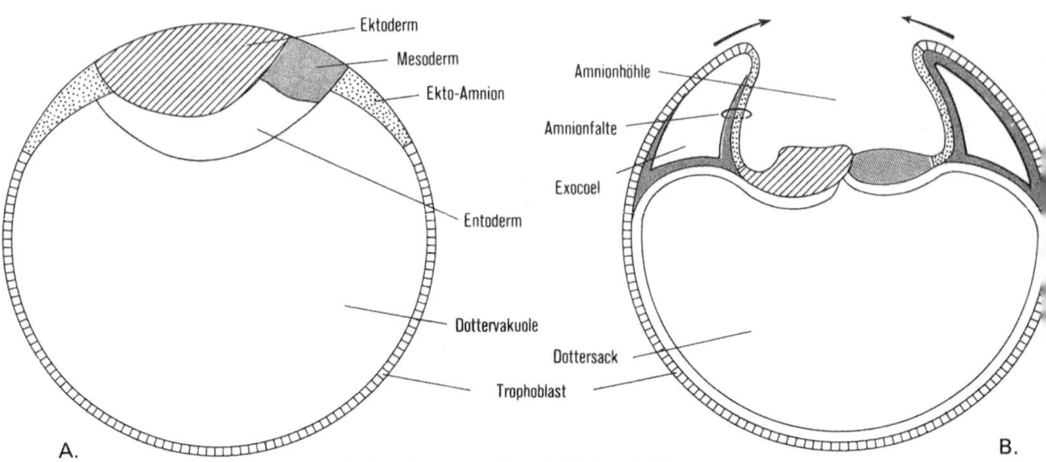

I-Amniogese durch Faltenbildung

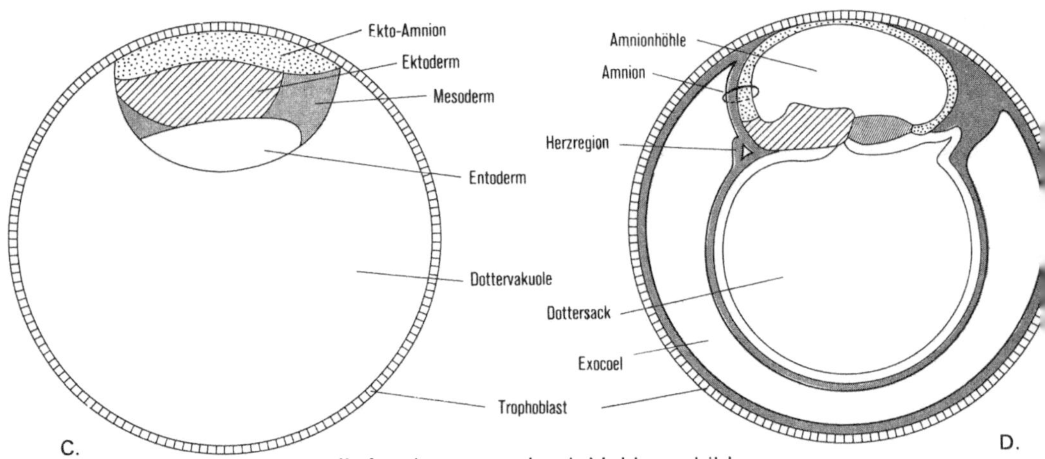

II-Amniogenese durch Hohlraumbildung

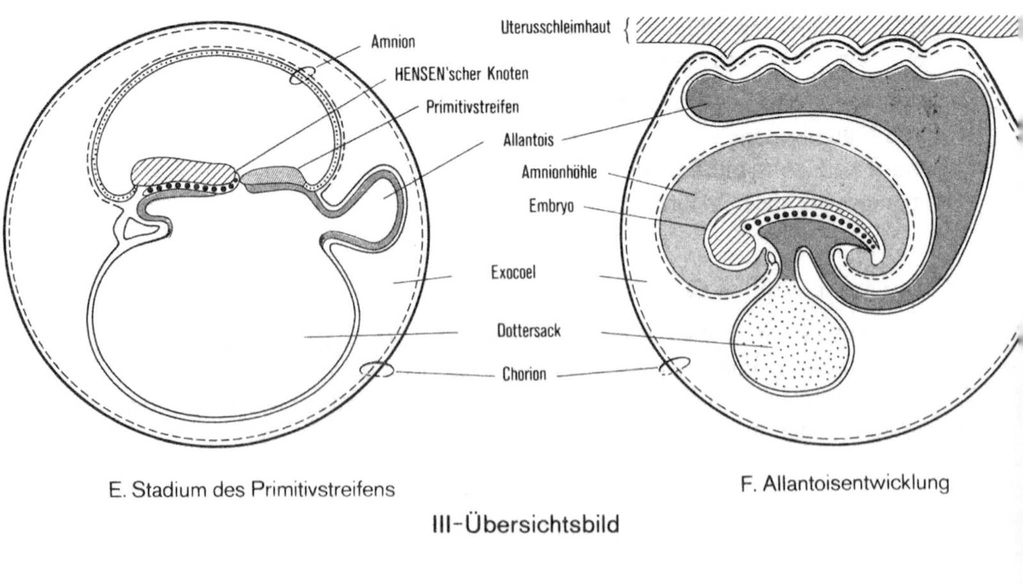

E. Stadium des Primitivstreifens

F. Allantoisentwicklung

III-Übersichtsbild

An der Oberfläche der Blastocyste taucht der Embryonalknoten auf. Die Zellen des Trophoblasten liegen unterhalb des Embryoblasten als abgestoßener Teil, wo sie sich zu einem Gebilde zusammenfinden, das gelegentlich als *RAUBERsche Deckschicht* bezeichnet wird. Die tieferliegenden Partien des Embryonalknotens werden vom Entoderm eingenommen oder, allgemeiner ausgedrückt, vom Entophyll. Die an der Oberfläche befindliche Partie umfaßt das Ektoderm sowie das Mesoderm und ist in den oberen Teil des Trophoblasten oder *Ekto-Amnions* eingefügt. Das Ekto-Amnion findet seine Fortsetzung im *Ekto-Chorion* und bildet mit dem eigentlichen Trophoblasten eine Einheit. Diese beiden Bildungen an der Außenseite stammen aber von Elementen der peripheren Zellschicht der ursprünglichen Blastocyste ab (Bild 35 A). Vom Ekto-Amnion und Ekto-Chorion gehen Falten aus, die aufeinander zuwachsen, während sich der Embryonalknoten in die Blastocyste einsenkt (Bild 35 B). Durch die Verwachsung der Falten wird eine Ammionhöhle wie bei den Vögeln gebildet. In die Falten schiebt sich das extraembryonale Mesoderm, und im Verlauf einer weiteren Abspaltung tritt auch das extraembryonale Coelom (Exocoel) in Erscheinung. Die Amnionfalten erhalten vom parietalen Mesodermblatt eine Duplikatur. Diese Duplikatur bleibt in der vorderen Amnionfalte zu Anfang noch unvollständig, und auch die Vaskularisation erfolgt später nur sehr zögernd. Beim Schwein ist das Amnion im 10-Somiten-Stadium endgültig verwachsen. Der Boden der Amnionhöhle wird vom sich entwickelnden Embryo eingenommen, bei dem schon der Primitivstreifen als Vorläufer des embryonalen Ektoderms zu erkennen ist. Die an der Oberfläche befindlichen Blätter des Embryos hängen mit dem Amnion zusammen.

Dieser Typ der Amnionentstehung muß als sehr ursprünglich angesehen werden. Wenn die Amniogenese durch Faltenbildung erfolgt, spricht man von einem *Plect-* oder *Faltamnion.*

3.2. Dottersack

Gleichzeitig mit der Anlage der Amnionfalten und gelegentlich auch schon früher geht vom Entophyll an der Basis des Embryonalknotens ein schmales Entodermblatt aus, das bald die gesamte Dottervakuole umhüllt. Die Innenwand des Tropho-

Bild 35. Amniogenese bei den Säugetieren. I. Amniogenese durch Faltenbildung. A, Plan der präsumptiven Keimblätter auf der Blastocyste; B, Bildung der Amnionfalten. II. Amniogenese durch Hohlraumbildung. C, Plan der präsumptiven Keimblätter auf der Blastocyste; D, sehr frühe Ausbildung der Amnionhöhle. III. Übersichtsbild der embryonalen Anhangsorgane. E, Stadium des Primitivstreifens in einem Sagittalschnitt dargestellt; F, weitere Entwicklung der Allantois; sie legt sich an das Chorion an und geht eine enge Verbindung mit den Krypten der Uterusschleimhaut ein. (A, B, C und D verändert nach WITSCHI).

blasten wird von Zellelementen aus den basalen Teilen des Embryonalknotens gebildet. Das nun entstandene, sackartige Gebilde ist völlig identisch mit dem Nabel- oder Dottersack der Vögel. Später schiebt sich zwischen Dottersack und Trophoblast das extraembryonale Mesoderm. Auf welche Weise auch immer die Amnionbildung erfolgt, stets wird der Dottersack bei den Säugetieren recht früh angelegt (Bild 35 B und D).

Die Bildung des Dottersackes kann im Fall der Monotremen, deren Eier dem Sauropsidentyp noch sehr nahe stehen, relativ leicht nachvollzogen werden. Bei dem übrigen Säugetieren jedoch, die ja kein Reservematerial mehr besitzen, wird durch seine Anlage eine Reihe von Fragen aufgeworfen. Der Dottersack ist bei den Marsupialiern grundsätzlich noch gut entwickelt, dagegen zeigt er bei den Eutheria Reduktionserscheinungen und ist schließlich beim Menschen sehr stark reduziert.

Der Dottersack stellt einen von Körperflüssigkeit erfüllten Beutel dar. Seine Anlage bietet ein überzeugendes Beispiel der phylogenetischen Zusammenhänge und beweist, daß die Säuger von Formen mit telolecithalen Eiern abstammen. Es ist weiterhin ein Beweis dafür, daß die Eier der rezenten Säuger das Dottermaterial sekundär verloren haben. Es ist durchaus wahrscheinlich, daß der Dottersack anfänglich eine Ernährungs- und möglicherweise auch Atmungsfunktion besaß. Es bildet sich nämlich zu Beginn immer ein sehr bedeutender Dotterkreislauf aus. Das Vorhandensein eines Dottersackes ist noch aus einem anderen Grund geradezu eine physiologische Notwendigkeit: Genau wie bei den Sauropsiden entstehen in seinem Bereich die ersten Elemente des Blutsystems. Von den Selachiern bis zu den Vögeln, mit Ausnahme der Teleostei, bilden sich die Blutinseln und die Blutgefäße zuerst an der Oberfläche des Dottersackes oder in unmittelbarer Nähe der Nahrungsreserven aus. Es ist daher nicht verwunderlich, bei den Säugetieren ähnliche Verhältnisse vorzufinden. Von den Dottervenen wird das zum Herzen führende Blut gesammelt. Später verliert der Dottersack diese erste Aufgabe und dient nur noch der Ausbildung der primären Blutelemente. Wenn er schließlich bis auf kleine Reste rückgebildet ist, entsteht das Blut in der Leberregion des Foetus.

3.3. Amniogenese durch Hohlraumbildung

Bei der Mehrzahl der Insektivoren, der Chiropteren und der Primaten wird der Embryonalknoten ständig vom Trophoblasten bedeckt (Bild 35 C). Der Embryoblast bleibt über längere Zeit kompakt. Später entstehen zwischen dem oberen Teil, der dem Ekto-Amnion entspricht, und den übrigen Zellelementen Vakuolen, die zusammenfließen. So bildet sich durch Delamination ein Spaltraum, der sich zur Amnionhöhle erweitert (Bild 35 D). Das Dach der Höhlung wird vom Ekto-Amnion begrenzt, während die eigentliche Embryonalregion vom Boden dargestellt wird. Wenn die Amniogenese durch Hohlraumbildung des Embryoblasten erfolgt, spricht man von einem *Schiz-* oder *Spaltamnion*.

Das Mesoderm ist hier in größerem Umfang mitbeteiligt als beim vorhergehenden Typ und fügt sich schon frühzeitig in den Trophoblasten ein. Im Zusammenhang mit dem frühen Zeitpunkt der Amniogenese, die beim Menschen noch vor dem Erscheinen des Primitivstreifens erfolgt, steht die weitgehende Reduzierung des Dottersackes, für die außerdem noch die Mächtigkeit des Mesoderms verantwortlich ist. Der Dottersack ist seit seiner ersten Anlage vom Exocoel umhüllt, und das Dottersack-Entoderm ist nicht an der Bildung der Innenwand des Trophoblasten beteiligt.

3.4. Amniogenese durch ektochoriale Cystenbildung

Bei den meisten Nagetieren, wie Ratte, Maus, Hamster und Meerschweinchen senkt sich der Embryonalknoten wie der Klöppel einer Glocke in die Dottervakuole ein, bleibt aber mit seiner oberen Partie mit dem Trophoblasten verhaftet. Dieser persistiert, verdickt sich und verwächst später mit der Placenta. Der wohl ausgebildete Dottersack legt sich eng an den übrigen Trophoblasten, der anschließend in diesem Bereich abgebaut wird. Die Anlage des Amnions ist hier ein recht komplexer Vorgang, aber sie kann auf die Bildung des Schizammions zurückgeführt werden, d.h. auf eine Delamination im Embryonalknoten.

3.5. Ergebnisse der Amniogenese

Das Amnion baut sich endgültig wie bei den Vögeln aus dem Verschmelzungsprodukt einer ektodermalen Platte – der Einfachheit halber hier als Ekto-Amnion bezeichnet – mit einer parietalen Mesodermplatte auf (Bild 35 E).

Ebenfalls von der Somatopleura leitet sich das mesodermale Material ab, von dem die gesamte Innenfläche des Trophoblasten ausgekleidet wird. Der inwendig mit einer mesodermalen Duplikatur versehene Trophoblast entspricht der Serosa bei den Vögeln, die sich dort dicht an die Schale andrückte. Bei den Säugetieren spricht man vom *Chorion,* das sich an die Uterusschleimhaut legt und unmittelbar in die Krypten einfügt.

Im fortgeschrittenen Stadium des Primitivstreifens kann man den Embryo, der sich am Grund der Amnionhöhle emporwölbt, bereits in seinen Umrissen erkennen. Der vordere Abschnitt des Primitivstreifens entspricht dem HENSENschen Knoten, vor dem sich die Neuralplatte differenziert. In seinem Bereich hat sich die Chorda, die zu diesem Zeitpunkt besser noch als Kopffortsatz bezeichnet wird, eingesenkt und liegt nun unter der Neuralplatte. Im Innern befindet sich die entodermale Platte mit ihrer stärksten Ausbildung in der Embryonalregion. Sie setzt sich bis in den Dottersack fort, der nach außen eine Duplikatur des visceralen Blattes besitzt. Eine vor der Chorda gelegene Entodermabschnürung entspricht dem Vorderdarm; den Mitteldarm kennzeichnet die große Öffnung über dem Dottersack. In der Region des Vorderdarmes kann man gelegentlich schon die Herzanlage wahrnehmen.

Hinter dem Primitivstreifen erscheint schon in diesem frühen Stadium eine Entodermausstülpung, die als Anlage der Allantois anzusehen ist. Die Allantois schiebt Material des visceralen Blattes vor sich her.

Zwischen dem Chorion auf der einen Seite und der Amnionhöhle und dem Dottersack auf der anderen, befindet sich das Exocoel, das der Serosa-Amnionhöhle bei den Vögeln homolog ist. Die weitere Entwicklung des Embryos muß im Zusammenhang mit der Placentation gesehen werden. Die Allantois erfährt eine bedeutsame Ausgestaltung in dem Maß, wie der Dottersack reduziert wird. Der Allantoissack verdrängt das Exocoel mehr und mehr und legt sich schließlich dicht an das Chorion an (Bild 35 F). Die Verschmelzung von Chorion und Allantois führt bei den Vögeln zur Entstehung der Chorioallantois, die eine respiratorische Funktion zu erfüllen hat. Bei den Säugern bildet diese Verschmelzung den Beginn der *foetalen Placenta,* die jedoch, bedingt durch die Entwicklung einer Gravidität, andere Aufgaben übernommen hat.

3.6. Die Verhältnisse bei den Monotremata

Die von *Ornithorhynchus* und *Echidna* abgelegten Eier besitzen etwa die Größe von Eidechseneiern. Sie haben einen Durchmesser von rund 15 Millimetern und wiegen 2 Gramm; die Schale bleibt weich. Das Ei beginnt bereits im Uterus der Mutter mit seiner Entwicklung und erreicht ein Stadium, das dem der Vögel nach 2 Tagen Bebrütungszeit entspricht.

Das Weibchen von *Echidna* überträgt sein Ei in eine Bauchfalte, wo das Junge später auch ausschlüpft. Das Weibchen des Schnabeltiers legt 1 bis 3 Eier in eine Art Nest am Grunde des Baus. Die Anhangsorgane des Foetus befinden sich beim Schlüpfen auf dem Stadium eines 7 Tage alten Hühnerembryos. Der Umfang der Allantois geht nicht über den des Dottersackes hinaus. Die Allantois der Monotremen dient einzig der Speicherung von Exkretionsprodukten und erfüllt nicht zusätzlich noch Atemfunktionen wie bei den Vögeln oder Ernährungsfunktionen wie bei den Säugetieren. Nach dem Schlüpfen folgt noch eine lange Periode der Entwicklung. Es verstreichen z.B. bei *Ornithorhynchus* mindestens 11 Wochen, bis das Junge den Bau verlassen kann. Es ernährt sich in dieser Zeit durch das Auflecken eines milchigen Sekretes, das in der Brustregion des Weibchens an den Haarwurzeln abgesondert wird.

4. Placentation

4.1. Definition

Die Phase der freibeweglichen Blastocyste dauert je nach Artzugehörigkeit 4 bis 10 Tage. Während dieser Periode wird das gesamte deutoplasmatische Material des Eis vollständig aufgebraucht. So entspricht die Entwicklung der Placenta der Notwendigkeit einer Nährstoffversorgung von außen. Das Gewicht einer Eizelle der Eutheria beträgt etwa 1 Mikrogramm, während sich das Gewicht des Jungen bei seiner Geburt demgegenüber um mehrere Millionen bis Milliarden dieses Ausgangswertes vermehrt hat.

Die Allantois dient dem Stoffaustausch mit der Mutter, und zwar in beiden Richtungen. Der Allantoiskreislauf erreicht eine große Ausdehnung, selbst wenn der Allantoissack später bis auf geringfügige Reste reduziert wird. Beim Menschen faßt man die aus der Placenta hervorgehenden Venen und Arterien unter der Bezeichnung *Nabelgefäße* zusammen, da es die einzigen Blutgefäße sind, die mit dem Nabelstrang überdauern. Man gibt deshalb dem Begriff Dotterblase oder Dottersack allgemein den Vorzug vor dem des Nabelsackes, um den Ausgangsort des Reservematerials bei den Vögeln und die entsprechende Bildung bei den Säugern eindeutig zu kennzeichnen. Die überragende Stellung, die von der Allantois eingenommen wird, scheint eine Folge ihrer frühzeitigen Anlage zu sein. Bei den Vögeln wird die Allantois erst gebildet, wenn der größte Teil der Somiten fertig entwickelt ist. Beim Kaninchen kann man die erste Anlage im 14-Somiten-Stadium beobachten und beim Schwein im 6-Somiten-Stadium. Beim Menschen, dessen Dottersack starke Reduktionserscheinungen zeigt, wird die Allantoisausstülpung noch vor dem Auftreten der ersten Somiten gebildet. Im allgemeinen entwickelt sich die Entodermausstülpung in einer soliden, reich vaskularisierten Mesodermmasse. Die Allantoisanlage wird zum Träger des wichtigen Allantois-Mesoderms, das mit dem Chorion in enge Beziehung tritt, um die Placenta aufzubauen.

Die Placentabildung geht in der Hauptsache von der Blastocyste aus, jedoch trägt die Uterusschleimhaut gleichfalls zu ihrer Entstehung bei; von ihr wird die mütterliche Placenta geliefert. Zusammen stellen die foetale Placenta aus Teilen der Blastocyste und die mütterliche Placenta aus Teilen der Uterusschleimhaut den placentalen Apparat oder die eigentliche Placenta der Eutheria dar. Die foetale Placenta geht mit den Partien der Uterusschleimhaut, die mit an der Ausbildung des placentalen Apparates beteiligt sind, eine innige Verbindung ein und trägt auch die Bezeichnung *Decidua* oder *Nachgeburt*. Die *Decidua* kann während der Dauer der Trächtigkeit weitgehend intakt bleiben, so daß sie sich zum Zeitpunkt der Geburt noch im gleichen Zustand befindet. In diesem Fall geht die Ausstoßung der Placenta ohne Blutung vor sich, es handelt sich um eine *Placenta indeciduata*. Bei einigen Arten die *Decidua* im Verlauf der Trächtigkeit durch die Tätigkeit des Chorions teilweise zerstört; sie wird stark zerfurcht und verwächst mit der foetalen Placenta, mit der sie auch zusammen ausgestoßen wird. Hier liegt eine *Placenta deciduata* vor, bei der die Geburt von Blutungen begleitet wird.

Bei der Placentation kann man vier Typen unterscheiden, je nach dem Anteil, den die Uterusschleimhaut an ihrer Ausbildung besitzt:

- die *epithelio-choriale* und die *syndesmo-choriale* Placentation trifft man bei den *Indeciduata,*
- die *endothelio-choriale* und die *haemo-choriale* Placentation bei den *Deciduata.*

4.2. Placentatypen

4.2.1. Epithelio-chorial

Bei allen Placenten dieses Typs erscheint der Trophoblast doppelwandig; die äußerste Schicht verdickt sich und wird zu einem Syncytium, dem *chorialen Syncytium* oder *Trophoblastensyncytium.* Unter ihm verlaufen die gut entwickelten, aus dem Allantois-Mesoderm hervorgegangenen Blutgefäße (Bild 36 A).

Von der Blastocyste werden Zotten entwickelt, die sich eng an die Krypten der Uterusschleimhaut anschmiegen, aber das Uterusepithel selbst erfährt keine Umgestaltungen. Zwischen den Chorionzotten und den Zotten der Mutter sammelt sich ein Sekretionsprodukt der Uterusdrüsen an, die sogenannte *Uterinmilch,* die vom Trophoblastensyncytium resorbiert wird.

Diese als histotrophisch bezeichnete Art der Ernährung wird als recht ursprünglich angesehen; sie ist ebenfalls bei den Marsupialiern verbreitet, deren Placentazotten zu bloßen Falten reduziert sind.

Der relativ einfache Kontakt zwischen den foetalen Anhangsorganen und dem Uterusgewebe ist die Erklärung für die Tatsache, daß die Geburt nicht von Blutungen begleitet ist. Durch die sehr zahlreichen und wohl ausgebildeten Zotten wird eine dauerhafte Verbindung des Foetus mit dem mütterlichen Organismus gewährleistet. Die Zotten befinden sich auf der gesamten Oberfläche der Placenta und sind nicht auf einzelne Bereiche lokalisiert; man spricht daher auch von einer *Placenta diffusa.* Die epithelio-choriale Placentation mit der *Placenta diffusa* ist anzutreffen bei Elefanten, Walen, beim Pferd und beim Schwein.

4.2.2. Syndesmo-chorial

Das Uterusepithel ist im Bereich der Chorionzotten stark zerfurcht. Das Trophoblastensyncytium steht in unmittelbarem Kontakt mit dem Bindegewebe der Mutter; die Stoffwechselbeziehungen sind daher sehr innig. Die Zotten verteilen sich auf kleine Flecken, die *Cotyledonen.* Man bezeichnet diesen Typ als *Placenta cotyledonaria* (Bild 36 B).

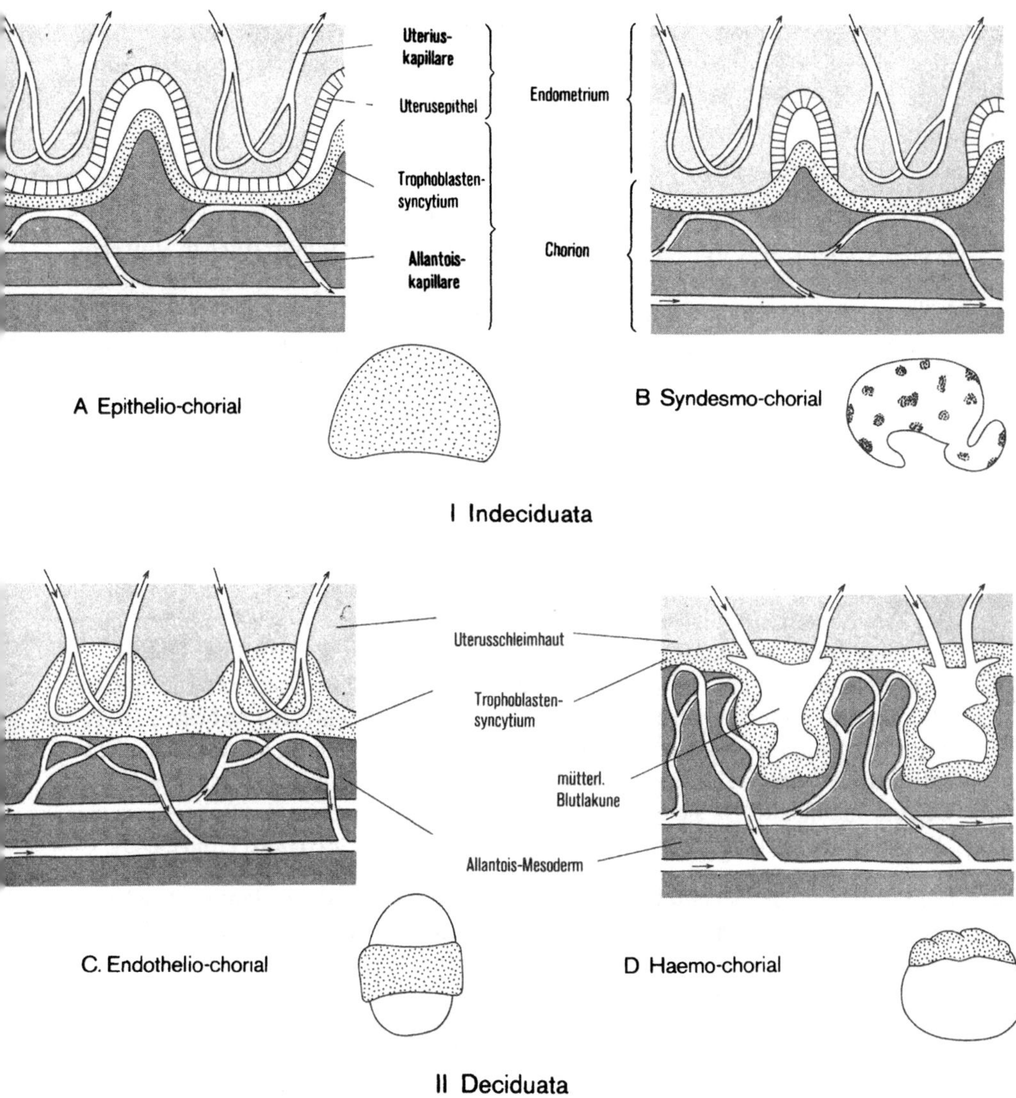

Bild 36. Plazentatypen. I. Indeciduata. A, epithelio-choriale Plazentation (Plazenta diffusa); B, syndesmo-choriale Plazentation (Plazenta cotyledonaria). II. Deciduata. C, endothelio-choriale Plazentation (Plazenta zonaria); D, hämo-choriale Plazentation (Plazenta discoidalis). In jedem Schema sind beide Arten von Zotten im Detail dargestellt; ein Übersichtsbild der Zottenverteilung ist jeweils rechts unten angefügt.

Die syndesmo-choriale Placentation mit der Placenta cotyledonaria findet sich bei den Wiederkäuern. Bei der Kuh werden etwa 100 Cotyledonen ausgebildet, beim Reh sind es dagegen nur 10.

4.2.3. Endothelio-chorial

Das Uterusepithel samt dem darunterliegenden Bindegewebe ist vom Trophoblastensyncytium aufgelöst worden. Zwar bleibt das Endothel der mütterlichen Blutkapillaren erhalten, doch wird durch das stark entwickelte Syncytium eine eng anliegende Hülle geschaffen (Bild 36 C). Die Verbindung zwischen foetalem und mütterlichem Gewebe ist noch enger geworden. Es ist leicht verständlich, daß mit der Ausstoßung der Placenta eine Blutung einhergeht.

Die Zotten beschränken sich bei diesem Typ auf eine ringförmige Zone, so daß man auch von einer *Placenta zonaria* spricht. Die endothelio-choriale Placentation mit der Placenta zonaria ist bei den Raubtieren ausgebildet.

4.2.4. Hämo-chorial

Das Trophoblastensyncytium erreicht hier eine beachtliche Ausdehnung und dringt nicht nur durch das Uterusepithel, sondern löst sogar das Endothel der Uteruskapillaren auf. Die erweiterten Blutgefäße der Mutter bilden Lakunen aus, und die Chorionzotten tauchen regelrecht in diese Blutlakungen ein, aber es besteht zwischen ihnen und den Blutgefäßen des Foetus keine direkte Verbindung. In Wirklichkeit existiert dieser enge Kontakt nur zwischen den foetalen Anhangsorganen und der Uterusschleimhaut. Da sich die Zotten hier auf ein Gebiet von der Form einer Diskusscheibe verteilen, spricht man von einer *Placenta discoidalis* (Bild 36 D).

Die hämo-choriale Placentation mit der Placenta discoidalis tritt beim Menschen und den übrigen Primaten auf sowie den Insektivoren, den Chiropteren und den Nagetieren.

Die Indeciduata stellen einen weniger ausdifferenzierten Typ dar als die Deciduata. An die Stelle der *histotrophischen Ernährung* bei der ersten Gruppe tritt bei der zweiten die *hämotrophische.*

4.3. Entwicklungsstufen der Placentation

Vom ursprünglichen Typ, der durch die Marsupialier repräsentiert wird, lassen sich die verschiedenen Formen der Placentation aufgrund der folgenden Merkmale ableiten: Reduktion des Dottersackes bei gut ausgebildeter Allantois und dann extreme Reduktion der Allantois bei den höher entwickelten Säugern, vornehmlich den Primaten.

4.3.1. Marsupialia

Wenn man die embryonalen Anhangsorgane betrachtet, stellen die Marsupialier ein Bindeglied zwischen den Monotremen und den Eutheria dar. Wie oben bereits erwähnt, befinden sich die Anhänge bei *Echidna* zum Schlüpftermin auf der Entwicklungsstufe, die einem Hühnerembryo nach 7tägiger Bebrütung entspricht. Die wenig entwickelte Allantois dient allein der Speicherung von Exkretionsprodukten des Foetus. Die Placenta wird bei den Marsupialiern sowohl von der Allantois wie auch vom Dottersack gebildet, der hier keinerlei Nahrungsreserven mehr enthält. Die *Dottersack-Placenta* gilt als ursprünglichste Form; sie tritt auch beim Opossum auf, bei dem die Allantois schon Reduktionserscheinungen erkennen läßt. Der Dottersack entwickelt sich bis zur Berührung mit dem Chorion, von dessen Außenfläche Falten ausgehen. Über den Dottersackkreislauf werden Nährstoffe an den Foetus abgegeben; eine Vereinigung von Allantois und Chorion erfolgt nicht.

Einem sehr interessanten Typ begegnet man bei den Arten, die zur Gattung *Perameles* (Beuteldachs) gehören. Diese Beuteltiere von etwa Rattengröße bilden einen umfangreichen Dottersack aus, der sich mit dem Chorion verbindet. Die Allantois ist besser entwickelt als beim Opossum und legt sich gleichfalls an das Chorion an (Bild 37 A). Das Chorion beginnt nun mit der Uterusschleimhaut zu verwachsen, die daraufhin eine große Zahl von Blutkapillaren ausbildet. Im Bereich der vaskularisierten Uterusschleimhaut löst sich das Chorion teilweise auf, während die Allantoisgefäße in mehr oder weniger engen Kontakt mit den mütterlichen Blutgefäßen treten. Die so entstandene *Allantois-Placenta* ist noch sehr einfach, und es bestehen auch noch keine Zotten. Die Entwicklung des Foetus wird allein durch die Uterussekretion, eine Art Uterinmilch, gewährleistet. Mit Hilfe der Allantois wird es ihm ermöglicht, Substanzen aus dem mütterlichen Kreislauf zu entnehmen; die Nährstoffe werden dem Foetus über den Allantoiskreislauf zugeleitet. Auch auf einer Seite des Dottersackes ist der Kreislauf noch gut entwickelt.

Bei der Gattung *Perameles* läßt sich zudem beobachten, wie die erste Anlage der Allantois-Placenta bereits entsteht, wenn der Embryo noch recht locker mit dem mütterlichen Organismus verbunden ist. Die Marsupialier haben im allgemeinen nur eine sehr kurze Trächtigkeitsdauer. Die Tragzeit des Opossums, das etwa Katzengröße besitzt, beträgt 12 Tage und 19 Stunden; das Junge wiegt bei seiner Geburt einige Dezigramm – ein Wurf von 12 bis 15 kleinen Opossums findet auf einem Kompottlöffel Platz. Die Entwicklung der jungen Beuteltiere, die praktisch im Stadium eines Foetus geboren werden, wird über mehrere Monate hin in der Beuteltasche des Weibchens fortgesetzt.

4.3.2. Carnivora (Raubtiere)

Der schon deutlich rückgebildete Dottersack bleibt während der ganzen Trächtigkeitsdauer mit seinem Gefäßsystem erhalten, jedoch wächst er nicht mehr auf das Chorion zu.

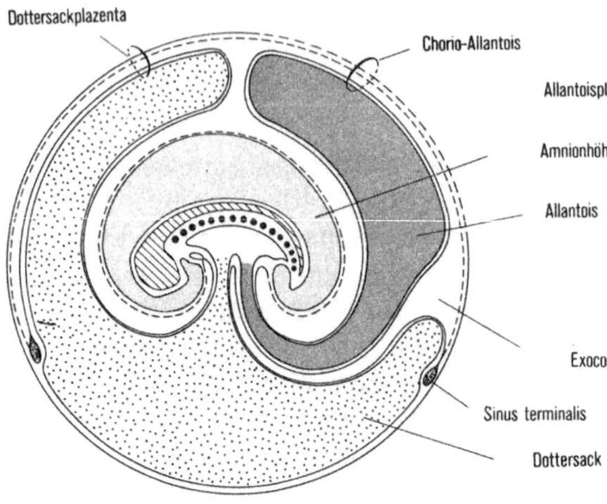

A. Marsupialia

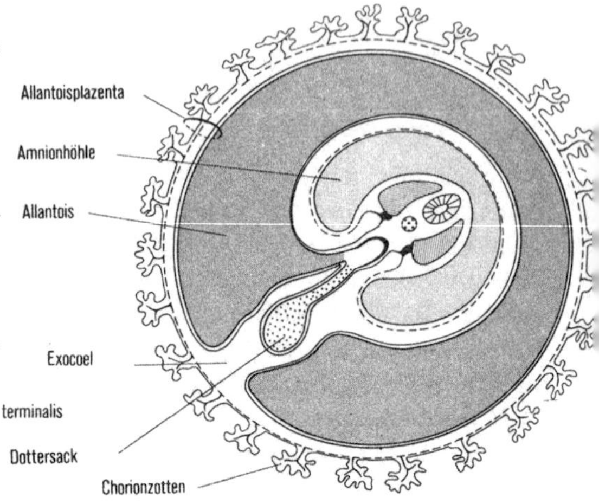

B. Carnivora

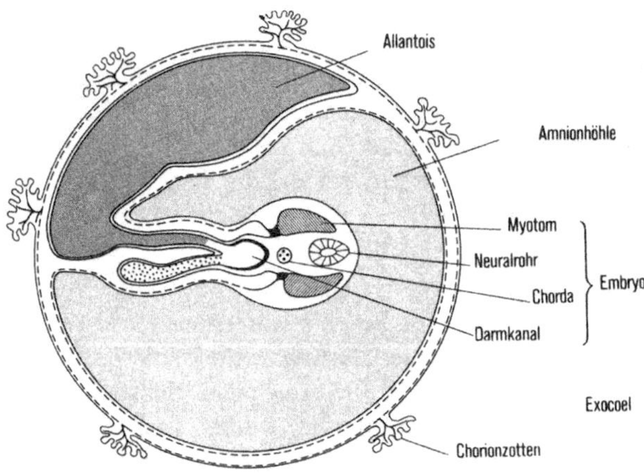

C. Ruminantia

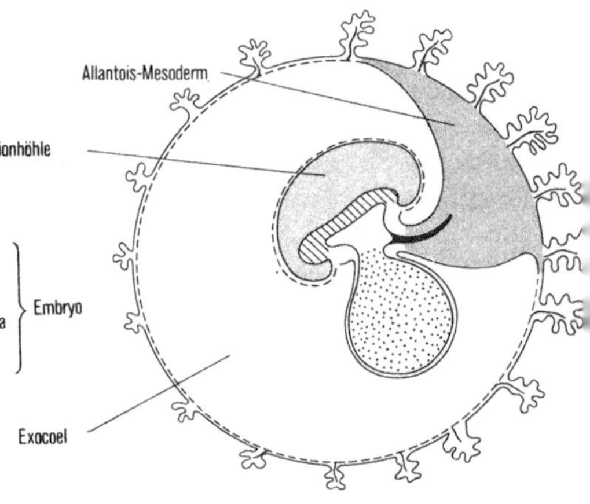

D. Mensch (3 Wochen alt)

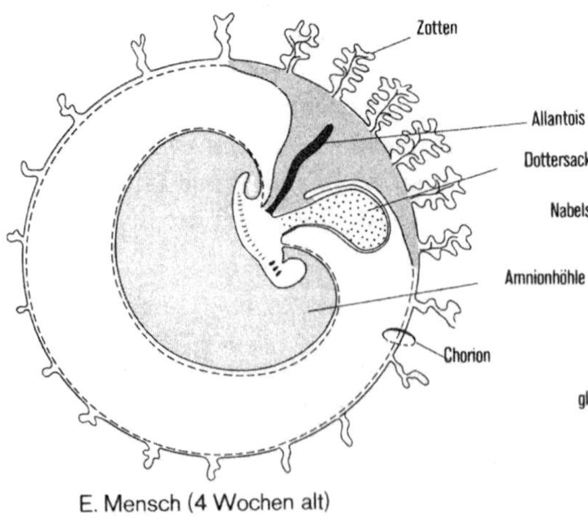

E. Mensch (4 Wochen alt)

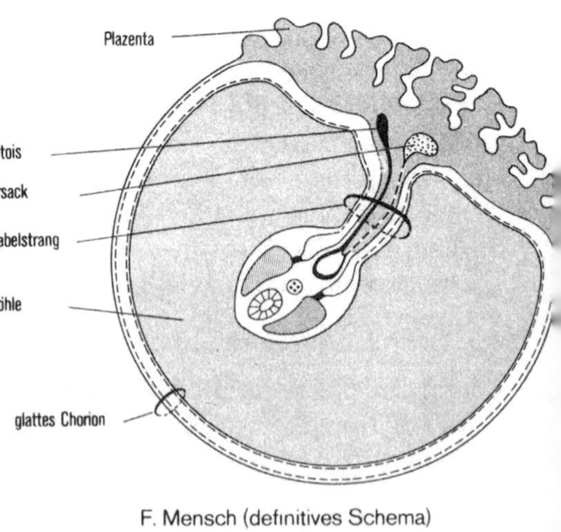

F. Mensch (definitives Schema)

Die Allantois breitet sich über die gesamte Innenseite des Chorions aus und umhüllt die Amnionhöhle vollständig (Bild 37 B). Die Placenta zeigt den echten Allantoistyp; die gut ausgebildeten Placentazotten weisen Anastomosen auf und bleiben auf eine gürtelartige Zone begrenzt.

4.3.3. Artiodactyla (Paarzeher)

Der Dottersack wird schon frühzeitig und in noch stärkerem Maß als bei den Raubtieren rückgebildet. Die Allantois erwirbt eine beachtliche Ausdehnung, doch überdeckt sie noch nicht das gesamte Chorion. Im Zusammenhang mit der mächtigen Entwicklung der Amnionhöhle bleibt sie auf eine deutlich abgegrenzte Zone zurückgedrängt. Das Amnion tritt mit dem Chorion in Verbindung und füllt den überwiegenden Teil der Blastocyste aus (Bild 37 C).

Das Amnion des Schafes ist etwa gleich gut entwickelt wie seine Allantois. Bei den Rindern wird das Amnion zum Ende der Tragzeit rückgebildet und enthält bei der Geburt nurmehr ein Viertel des foetalen Fruchtwassers. Dagegen bekommt das Amnion beim Schwein die überragende Stelle vor der Allantois; die foetale Amnionflüssigkeit macht am Ende der Tragzeit achtmal mehr aus als die in der Allantois enthaltende Flüssigkeit.

Unterdessen breiten sich, auch in dem Fall einer Allantoisrückbildung, ihre Gefäße zwischen der von Chorion und Allantois gebildeten Membran aus, so daß es sich immer noch um eine Allantois-Placenta handelt.

4.3.4. Primaten

Bei den primitiveren Primaten, den Spitzhörnchen und Halbaffen, kann eine Dottersack-Placenta ausgebildet sein, die aber schon frühzeitig, ebenso wie die Allantois, wieder zurückgeht. Der foetale Hohlraum wird vollständig von der Amnionhöhle

Bild 37. Placentation bei den Säugetieren in schematischer Darstellung. A, Marsupialia, Dottersackplacentation und beginnende Allantoisplacentation, Sagittalschnitt durch den Foetus. B, Carnivora, Querschnitt durch den Foetus, Rückbildung des Dottersachs und Betonung der Allantoisentwicklung; die Zotten beschränken sich auf eine ringförmige Zone. C, Ruminantia, Reduktion der Allantois neben wohlausgebildetem Amnion, die Zotten verteilen sich auf einzelne Cotyledonen. D, Sagittalschnitt durch eine drei Wochen alte Blastocyste des Menschen nach der Nidation; der Entwicklungszustand von Amnion und Dottersack ist in etwa vergleichbar, die Allantois befindet sich in der vom Mesoderm gebildeten Achse des Haftstiels. E, vier Wochen alte Blastocyste des Menschen, der Embryo ist im ganzen abgebildet; bemerkenswert ist die Reduktion des Dottersacks bei gut entwickeltem Amnion. F, 7–8 Wochen alter menschlicher Embryo in seiner endgültigen Gestalt, Querschnitt durch den Foetus; das Amnion hat sich extrem entwickelt, die Zotten sind scheibenförmig angeordnet. (B, C und F verändert nach WITSCHI).

eingenommen. Die auffällige Einfachheit der Embryonalanhänge beim Menschen zum Ende der Schwangerschaft ist auf die komplexen Entwicklungsvorgänge am Anfang zurückzuführen. Die Fruchtblase, deren plötzlicher Durchbruch den Beginn der Geburt ankündigt (Blasensprung), ist identisch mit der mächtig entwickelten Amnionhöhle. Sie füllt den gesamten Raum aus, der von ihrem Ansatz bis in die unmittelbare Nähe des Chorions reicht.

Die Einnistung der menschlichen Blastocyste erfolgt etwa 6 bis 7 Tage nach der Befruchtung; nach weiteren 2 bis 3 Tagen ist sie vollständig bedeckt. Der Trophoblast macht im Umkreis des Nidationspoles eine beachtliche Entwicklung durch, die als Beweis für eine Nährstoffzufuhr in den frühesten Stadien angesehen wird. Schon in den ersten Tagen nach der Nidation erfolgt im Embryonalknoten eine Delamination, mit der die erste Anlage der Amnionhöhle angezeigt wird. Der Umfang der Amnionhöhle erreicht den des Dottersackes nach ungefähr 3 Wochen (Bild 37 D). Als kleine Entodermausstülpung erscheint am Ende der zweiten Woche die Allantois. Im allgemeinen zeigt das extraembryonale Mesoderm bei den Säugetieren im Bereich des Primitivstreifens keine Immigrationsbewegung wie bei den Vögeln. Das extraembryonale Mesoderm entsteht in der Umgebung des Embryoblasten, von wo es mesenchymatische Zellen absondert, die in das Exocoel eindringen. Aus einer Verdichtung dieser mesenchymatischen Elemente baut sich der Haftstiel am Chorion des Embryos auf. Der Allantoisdivertikel entwickelt sich inmitten dieses massigen Mesoderms und bildet dessen Achse.

Die Chorionzotten werden zu Beginn der Nidation auf der gesamten Randfläche der Blastocyste ausgebildet; die größte Bedeutung kommt ihnen allerdings im Bereich des massigen Allantois-Mesoderms zu, wo sie auch späterhin persistieren. Mit fortschreitender Entwicklung der Amnionhöhle wird der Haftstiel immer weiter zurückgedrängt; schließlich umhüllt das Allantois-Mesoderm den nach vier Wochen schon erheblich rückgebildeten Dottersack (Bild 37 E).

Zum Ende der Schwangerschaft umschließt der Haftstiel den stark reduzierten Dottersack und den noch rudimentär erhaltenen Allantoisdivertikel. Im Haftstiel, der von jetzt ab als Nabelstrang bezeichnet wird, sind außerdem Blutgefäße zusammengefaßt, die sich im Chorion und im Bereich des Dottersackes entwickelt haben. Der Nabelstrang stellt das eigentliche Allantois-Mesoderm dar, das die foetale Placentation übernimmt und in dem die aus der Placenta hervorgehenden Nabelvenen und -arterien enthalten sind (Bild 37 F).

Die Placenta besteht aus den scheibenförmig angeordneten Zotten, die in die Uterusschleimhaut eingreifen. Dieser Bezirk ist identisch mit der zottigen, foetalen Placenta oder dem *zottigen Chorion.* Im Gegensatz dazu steht das *glatte Chorion* auf der Randfläche der Amnionhöhle.

5. Die ersten Stadien der menschlichen Entwicklung

5.1. Stadium des Primitivstreifens

Die Ausbildung der Embryonalanhänge ist bei den Säugetieren durch die unterschiedlichsten Merkmale gekennzeichnet. In den frühen Entwicklungsstufen aber bestehen innerhalb dieser Klasse viele Gemeinsamkeiten, und es lassen sich überdies Anklänge an die Verhältnisse bei den Vögeln auffinden. Man kann in der Tat im Ablauf der Gastrulation und in den ersten Stadien der Organogenese eine bemerkenswerte Ähnlichkeit feststellen. Beim Einnisten der Blastocyste in die Uterusschleimhaut befindet sich der Embryonalknoten im zweischichtigen Stadium mit Ektophyll und Entophyll. Der Dottersack ist bei einer 13 bis 14 Tage alten menschlichen Blastocyste besser entwickelt als die Amnionhöhle. Der Primitivstreifen beginnt sich in derselben Weise auszuprägen wie beim Vogel, wo er in den ersten Stunden der Bebrütung in einer Verdickung im hinteren Abschnitt der *Area pellucida* sichtbar wird.

Nach 19 Tagen hat der menschliche Embryo das Stadium des vollständig ausgebildeten Primitivstreifens erreicht. Es ähnelt im großen ganzen dem Blastoderm des Hühnchens nach 18 Stunden Bebrütung. Die Blastocyste als Ganzes besitzt nach der Nidation einen Durchmesser von 8 mm. Wenn man sich das Amnion einmal geöffnet vorstellt, erscheint darin der sohlenförmige Embryo, dessen Länge etwa 0,7 mm beträgt; der Primitivstreifen ist etwa bis zur Hälfte in den hinteren Abschnitt vorgedrungen (Bild 38 A). Der HENSENsche Knoten oder *Terminalknoten* besteht in einer dichten Region im Zentrum des Embryoblasten. Dieser befindet sich auf dem Dottersack liegend, in dessen Bereich sich die Blutinseln ausbilden. Die Chorionzotten sind sehr gut entwickelt – sie können rund einen Millimeter hoch werden – und überragen daher die eigentliche Embryonalscheibe, die durch den Haftstiel aus einer Kondensation von embryonalem Mesodermmaterial fest mit dem Chorion verbunden ist (Bild 39). Das umfangreiche Exocoel enthält koagulierte Eiweißkörper.

In einem Sagittalschnitt erkennt man den Chordabereich, der unterhalb der leicht verdickten Neuralplatte einzuwandern beginnt. Hinter dem Primitivstreifen dringt die Allantoisausstülpung in den Haftstiel vor (Bild 38 B).

5.2. Neurulation

Beim Menschen ist die vierte Woche des foetalen Lebens durch den Ablauf der Neurulation gekennzeichnet. Der anfänglich auf der Embryonalscheibe ausgebreitet liegende Embryo beginnt sich zunehmend herauszuheben. Er behält jedoch eine feste Verbindung mit dem Dottersack und krümmt sich etwas ein, wodurch dorsal ein Hohlraum entsteht. Die Neuralplatte tritt nach 21 Tagen im vorderen Abschnitt als vorspringende Falte auf, die dem Prosencephalon und dem Mesencephalon entspricht.

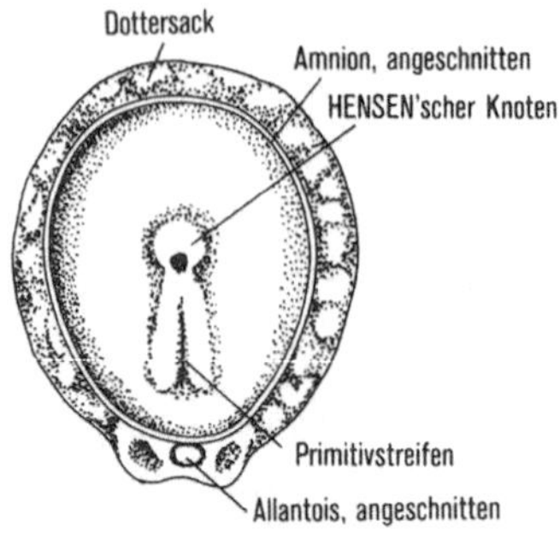

A. Embryonalscheibe

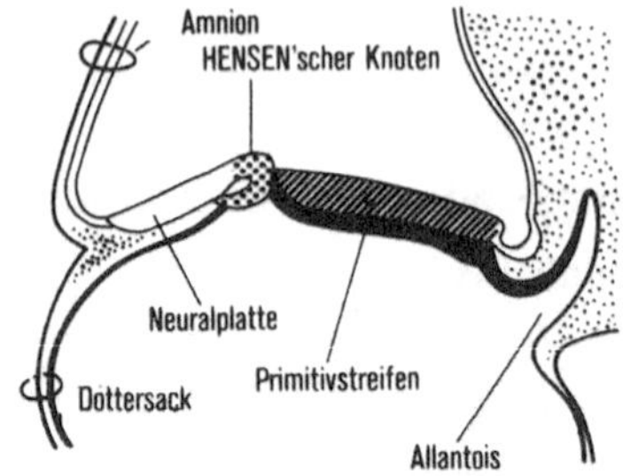

B. Sagittalschnitt

I Stadium des Primitivstreifens

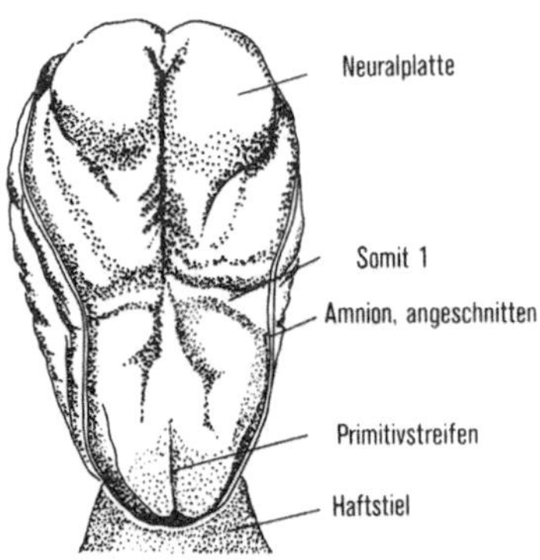

C. Übersichtsbild

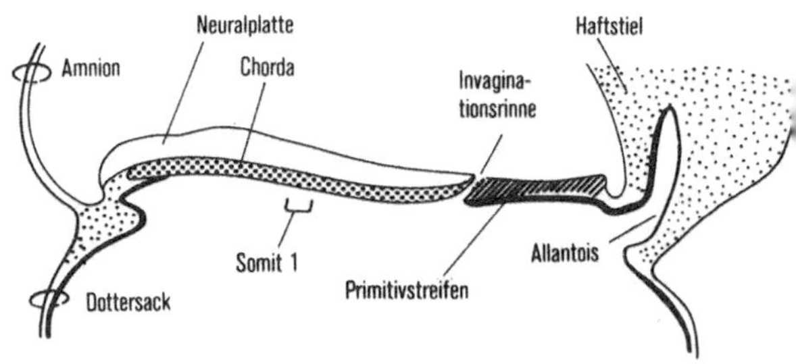

D. Sagittalschnitt

II 1-Somiten-Stadium

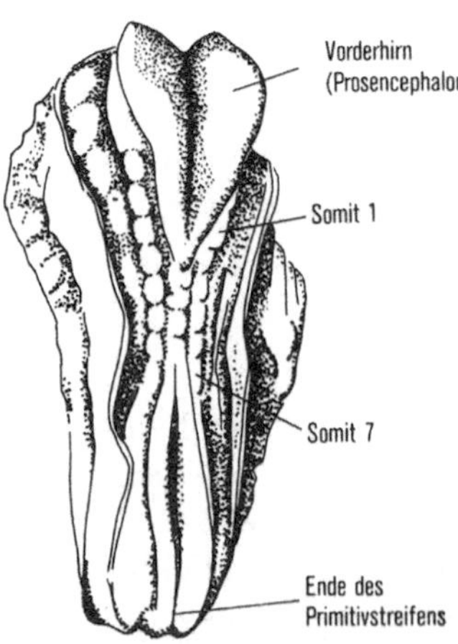

E. Übersichtsbild

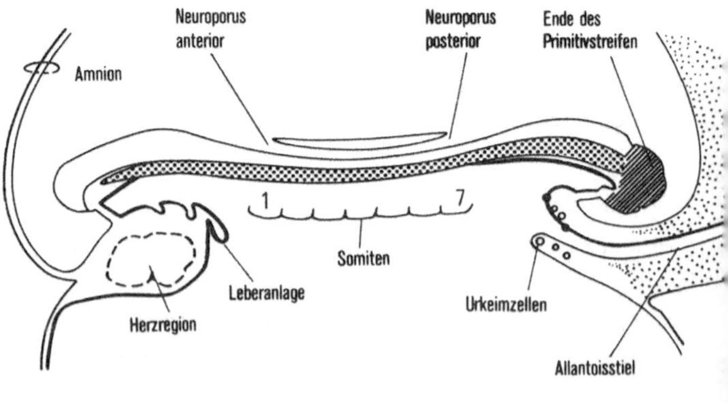

F. Sagittalschnitt

III 7-Somiten-Stadium

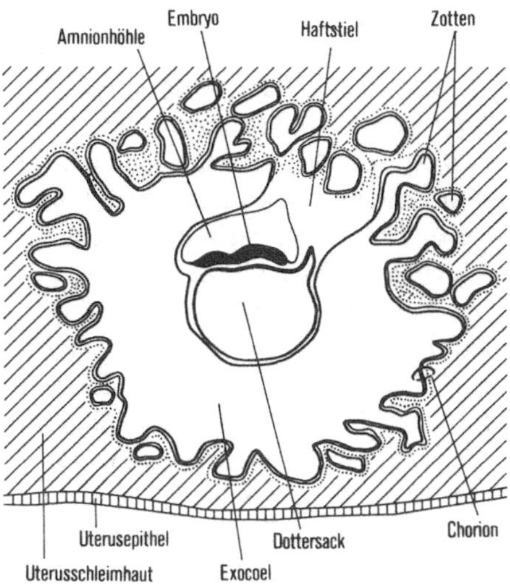

Bild 39
19 Tage alte menschliche Blastocyste nach der Nidation, der Durchmesser beträgt etwa 8 mm. (Einzelheiten der Embryonalregion s. Bild 38 B).

Der Endabschnitt der Neuralplatte umfaßt den vordersten Teil des Primitivstreifens. Jetzt zeichnet sich auch das erste Somitenpaar ab (Bild 38 C). Im Bereich des HENSENschen Knotens wird eine deutliche Grube erkennbar, doch besteht diese Öffnung nur für wenige Tage. Hier erfolgte die Invagination der Chorda, die nun unmittelbar über dem Gipfel des Dottersackes liegt. Im prächordalen Bezirk beobachtet man nur das darunter befindliche Entoderm. Diese Anordnung bietet Vergleichsmöglichkeiten zu den Amphibien, bei denen zum Beginn der Neurulation die Urdarmhöhle unter der Chorda mit einer großen Öffnung ausgestattet ist. Der Kopffortsatz – die erste Anlage der Chorda – kann von dem Augenblick an, wo die ersten Somiten entstehen, äußerlich nicht mehr wahrgenommen werden. Nach 20 Tagen jedoch, wenn das Stadium der Neuralplatte eingetreten ist, läßt sich auf ihr Vorhandensein schließen. Die Verschmelzung der Neuralfalten beginnt im 4–5-Somiten-Stadium, wenn der Embryo etwa 24 Tage alt ist. Die Verwachsung beginnt zunächst an der Grenze von Rhombencephalon und Rückenmark. Im 7–8-Somiten-Stadium ist die Verschmelzung bis zur Somitenregion vorgedrungen;

Bild 38. Die ersten Entwicklungsstadien des Menschen. I. Stadium des Primitivstreifens nach 19 Tagen, die Embryonalscheibe mißt 0,7 mm. II. Stadium am Beginn der Neurulation mit den ersten Somiten nach 21–22 Tagen; der Embryo mißt 2,4 mm. III. 6–8-Somiten-Stadium nach 24–25 Tagen, der Embryo mißt 3 mm, das Neuralrohr ist an seinen beiden Endpunkten noch weit offen (verändert nach WITSCHI).

allerdings behält das Neuralrohr vorn und hinten noch je eine weite Öffnung (Bild 38 E.). Bei den Vögeln beginnt der Verschluß des Neuralrohres gleichfalls im 7–8-Somiten-Stadium, aber er setzt viel weiter vorn ein. Wenn der Embryo 28 Tage alt ist – das entspricht dem 24-Somiten-Stadium –, sind die vorderen Neuralfalten miteinander verwachsen; hinten erfolgt die Verwachsung dann ein oder zwei Tage später. Am Ende der Neurulation kann man den Vorderdarm mit den Anlagen von Thyreoidea und Lungen an seiner Basis schon recht gut erkennen; eine hinter der Pericardhöhle gelegene Entodermausstülpung stellt die Leberanlage dar. Der Primitivstreifen verschwindet mehr und mehr und beschränkt sich auf das Gebiet hinter der Neuralplatte, das etwa mit der Schwanzknospe gleichzusetzen ist. Auch der Enddarm ist zu erkennen; in ihn mündet der Allantoisdivertikel, der sich dann weiter in das Mesoderm des Haftstieles fortsetzt. Im 10–12-Somiten-Stadium kann man in einer eng begrenzten Zone des Dottersackentoderms auch schon die Urkeimzellen wahrnehmen; in einer Anzahl von 30 bis 50 unterscheiden sie sich kaum von den Entodermzellen (Bild 38 F). Nach der Neurulation wird die Körpergrundgestalt des Embryos zunehmend deutlicher; die Somiten sind nach 37 Tagen vollzählig vorhanden. Zu diesem Zeitpunkt ist der Foetus etwa 6 mm lang und kann durchaus mit einem Hühnerembryo nach 72 Stunden Bebrütung verglichen werden.

Die ersten Stadien der menschlichen Entwicklung kann man in einer knappen Übersicht zusammenfassen:

- erste Woche: Furchung, freibewegliche Blastocyste;
- zweite Woche: Nidation;
- dritte Woche: Gastrulation;
- vierte Woche: Neurulation;
- fünfte Woche: Schwanzknospe.

V. Experimentelle Embryologie

1. Theorien

Der Aufschwung in der vergleichenden Embryologie war durch das Ideengut der Abstammungslehre gekennzeichnet, während die experimentelle Seite nicht eher in Angriff genommen werden konnte, bis die Grundlagen der Normogenese einigermaßen erforscht waren. Den positivistisch Denkenden genügte die Deutung der Ontogenese aus stammesgeschichtlichen Ursachen oder durch die Auswirkungen der Erbsubstanz von mehr oder weniger entfernten oder gar unsicheren Vorfahren nicht. Einige Forscher vertraten die bahnbrechende Ansicht, daß die Ontogenese die Folge aktueller Ereignisse sei, wobei sie sich auf die Kausalanalyse beriefen. Daraus entstand zum Ende des letzten Jahrhunderts die kausale oder experimentelle Entwicklungsforschung, die es sich zur Aufgabe machte, die Gesetze, nach denen die Determination der Entwicklungsabläufe erfolgt, herauszuarbeiten.

Alle Untersuchungen zur experimentellen Embryologie wurden von zwei großen Theorien beherrscht:

- der Theorie von der Präformation;
- der Theorie von der Epigenese.

1.1. Präformationslehre

Die Präformationslehre ist die sehr viel ältere und in ihrer Art die am stärksten vereinfachende. Sie besagt, daß der Adultus schon vollständig ausgebildet im Keim vorhanden ist. Die Entwicklung sei daher nur eine zunehmende Vergrößerung des ursprünglichen Miniaturwesens. Auf HARTSOECKER (18. Jahrhundert) geht die Vorstellung vom Homunculus zurück, der zusammengeschrumpft, aber fertig entwickelt im menschlichen Spermatozoon enthalten sein sollte. Ins Extrem weitergeführt, mußte man bei derartigen Überlegungen eine Einschachtelung aller folgenden Generationen in einem bestimmten Ei fordern. Es ist sehr naheliegend, daß sich die Präformationslehre in dieser Form nicht bis in unsere Tage halten konnte, sondern daß diese alten Vorstellungen eine weitgehende Veränderung erfahren haben.

Kein Teil des zukünftigen Individuums besteht vorgebildet in seinem endgültigen Erscheinungsbild. Man könnte die Eizelle eher als *anisotrop* bezeichnen, da sie engumschriebene Regionen enthält, die späterhin einem bestimmten Organ des Adultus entsprechen werden. Der Keim würde als ein Mosaik einzelner Felder oder formativer Plasmabereiche anzusehen sein, deren Schicksal schon recht bald in eine bestimmte Richtung gelenkt wird.

Man kann ein einfaches Beispiel mit der Präformationslehre als Grundlage entwickeln. Wenn es im 2-Zellen-Stadium gelingt, eine der Blastomeren zu zerstören, dann zeigt die andere eine mangelhafte Entwicklung. Wird die Blastomere, die der rechten Seite entsprechen würde, vernichtet, so entwickelt sich aus der anderen ein linksseitiger Halbembryo. So wie die ungestörte Entwicklung beider Blastomeren einen kompletten Embryo ergeben hätte, entsteht aus einer von beiden nur ein Halbembryo, der jeweils der intakten Seite des Keimes entspricht.

Bei den Blastomeren eines Eis von diesem Typ *fällt die prospektive Bedeutung mit ihrer prospektiven Potenz zusammen* (d.h. die tatsächlich sich ausprägenden Potenzen entsprechen den insgesamt vorhandenen Potenzen). Einzelne Felder des Keimes sind präformiert, und die Eizelle verhält sich wie ein Mosaik.

1.2. Epigenese

Bereits 1759 beobachtete der junge deutsche Mediziner G.F. WOLFF, als er die Entwicklung des Hühnchens studierte, daß im Ei niemals ein adulter Vogel als Miniaturausgabe präexistierte, sondern daß vielmehr die Züge des Embryos nach und nach hervortreten und sich aus einem ursprünglich relativ einfachen Zustand durch eine Kette von immer komplizierteren Entwicklungsschritten herausbilden. In einem zeitgemäßen Modell versteht die Theorie der Epigenese das Ei nicht als ein Mosaik aus einzelnen Feldern mit streng festgelegtem Entwicklungsausgang, sondern als eine fortschreitende Gestaltwerdung, wobei jede Entwicklungsstufe durch eine vorangegangene, sehr viel einfachere Stufe ermöglicht wird.

Wenn wir das oben angeführte einfache Beispiel noch einmal aufgreifen, dann müßte hier die intakt gebliebene Blastomere Potenzen zum Ausdruck bringen, die sie normalerweise nicht zeigen würde. Solch eine Blastomere erzeugt außer dem, was sie vorschriftsmäßig anzulegen hat, noch zusätzliche Gebilde. Diese Tatsache kann folgendermaßen ausgedrückt werden: *Die prospektive Potenz des Keimes ist größer als seine prospektive Bedeutung* (d.h. die insgesamt vorhandenen Potenzen sind den sich normalerweise ausprägenden Potenzen übergeordnet). Dieser Hypothese zufolge geht aus einer Keimhälfte ein vollständiger und harmonisch aufgebauter Embryo hervor, der allerdings in der Größe zurückbleibt; das Ei birgt die Fähigkeit zur *Regulation* in sich.

Ausgehend von diesen beiden Theorien hat man einige Eier dem *Mosaiktyp* zugeordnet und andere dem *Regulationstyp.* Es sind in der Tat zahlreiche Versuche durchgeführt worden, die sowohl die eine wie auch die andere Theorie bestätigen. Legt man das Hauptgewicht auf den Zeitfaktor, dann bestehen zwischen beiden Ansichten nicht einmal Gegensätze. Ein Ei kann sehr wohl am Beginn seiner Entwicklung ein weitgehendes Regulationsvermögen besitzen und später mehr und mehr in seinen Fähigkeiten eingeengt werden. So ist es zu erklären, daß eine anfänglich relativ homogene Eizelle, die noch zur Regulation befähigt ist, sich künftig aus einer Vielzahl einzelner und determinierter Bezirke, den *morphogenetischen Feldern*, zusammensetzt.

Im Verlauf der Entwicklung erfolgt eine zunehmende Gleichstellung der verschiedenen Embryonalanlagen. Wenn ein Bezirk auf diese Weise seine Selbständigkeit erlangt hat, hat er gleichzeitig seine Determination erworben, und seine spätere Entwicklung ist unwiderruflich festgelegt. Eine Möglichkeit zur Regulation besteht nicht mehr, nachdem ein determinierter Anlagenbezirk entfernt worden ist. Die Festlegung der morphogenetischen Felder erfolgt nach und nach in einer variablen zeitlichen Abfolge, die den Eigenheiten der einzelnen Anlagen gerecht wird.

2. Experimentelle Grundlagen der Präformationslehre

Die Kenntnis der Mosaikeier wurde durch Untersuchungen an Ascidieneiern vermittelt.

2.1. Lokalisierung einzelner Zonen auf dem Ascidienei

Die Ascidien gehören zu den Chordaten, wenngleich sie als ausgewachsene Tiere einen Habitus zeigen, der vom normalen Chordatentyp recht weit entfernt ist. Es treten jedoch in ihrer Embryonalentwicklung Merkmale auf, die ihre Zugehörigkeit zu diesem Stamm beweisen.

Die Entwicklung ist vornehmlich von CONKLIN (1905) an *Styela partita* untersucht worden. Das unbefruchtete Ei hat einen Durchmesser von 150–200 μ m und zeigt eine ausgepräge Polarität durch die exzentrische Lage des Keimbläschens. Der Oocytenkern ist von einem sehr dichten, hyalinen Plasma umgeben, und diese Zone wird von schiefergrauem Cytoplasma umrahmt. Die an der Peripherie befindliche Eirinde enthält Körnchen eines gelben Pigmentes (Bild 40 A). Wenn die Eizelle bei der Abgabe in das Meerwasser ihre Reife erlangt hat, reißt das Keimbläschen nahe dem animalen Pol ein. Das gelbe Pigment zieht sich am vegetativen Pol zusammen und wird vom hyalinen Plasma überdeckt. Die übrige Eizelle besteht aus dem schiefergrauen Plasma, das nun unverhüllt sichtbar wird. Das eindringende Spermium erzeugt eine Umordnung der Pigmente derart, daß sich subäquatorial eine gelbe, halbmondförmige Zone ausprägt, über der eine ähnlich gestaltete Zone aus hyalinem Plasma zu liegen kommt. Der gelbe Halbmond bezeichnet das Hinterende des Keimes; aus ihm geht das Mesoderm hervor. Die Bilateralsymmetrie tritt schon jetzt deutlich zutage (Bild 40 B).

In dem Augenblick, wo die beiden Vorkerne verschmelzen, kurz vor der ersten Furchungsteilung, erfolgt eine erneute Pigmentumstellung. Das hyaline Cytoplasma breitet sich über die gesamte obere Hemisphäre der Eizelle aus, während sich das schiefergraue Cytoplasma am vegetativen Pol konzentriert. Auf der Gegenseite der gelben Zone hellt sich das schiefergraue Plasma in einer halbmondförmigen Zone

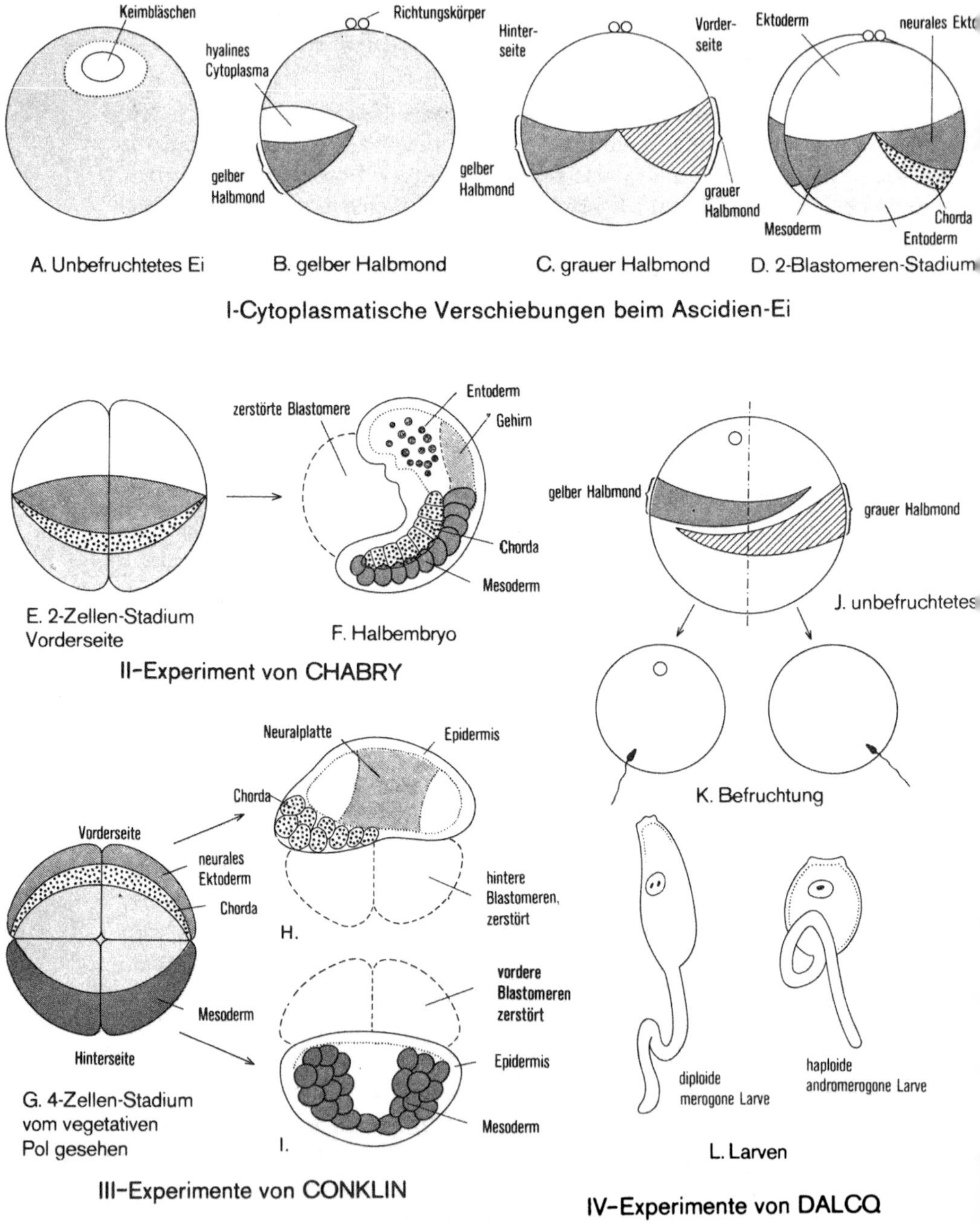
Keimbläschen
Richtungskörper
hyalines Cytoplasma
gelber Halbmond
Hinter- seite
gelber Halbmond
Vorder- seite
grauer Halbmond
Ektoderm
neurales Ekt
Mesoderm
Chorda
Entoderm
A. Unbefruchtetes Ei
B. gelber Halbmond
C. grauer Halbmond
D. 2-Blastomeren-Stadium
I-Cytoplasmatische Verschiebungen beim Ascidien-Ei
zerstörte Blastomere
Entoderm
Gehirn
Chorda
Mesoderm
E. 2-Zellen-Stadium Vorderseite
F. Halbembryo
II-Experiment von CHABRY
gelber Halbmond
grauer Halbmond
J. unbefruchtetes
K. Befruchtung
Neuralplatte
Epidermis
Chorda
Vorderseite
neurales Ektoderm
Chorda
Mesoderm
Hinterseite
hintere Blastomeren, zerstört
H.
vordere Blastomeren zerstört
Epidermis
Mesoderm
I.
G. 4-Zellen-Stadium vom vegetativen Pol gesehen
III-Experimente von CONKLIN
diploide merogone Larve
haploide andromerogone Larve
L. Larven
IV-Experimente von DALCQ

auf, mit der die Vorderseite des zukünftigen Embryos gekennzeichnet wird (Bild 40 C). Der graue Halbmond des Ascidieneis kann nicht direkt als Äquivalent des grauen Halbmondes bei den Amphibien angesehen werden; er bildet nämlich nicht nur das Ausgangsmaterial für die Chorda, sondern auch für das Nervensystem. Diese Zone besteht bei genauerer Betrachtung aus zwei Abschnitten:

– einem oberen, dunkleren Abschnitt als Ausgangsmaterial für das Nervengewebe;
– einem unteren, helleren Abschnitt als Ausgangsmaterial für die Chorda.

Das Ei von *Styela* zeigt also am Beginn der Furchung eine deutliche Anisotropie, die durch drei einfach pigmentierte Bezirke kenntlich wird:

– die obere, hyaline Hemisphäre, aus der das Ektoderm entsteht;
– den grauen Halbmond, der das Ausgangsmaterial für Nervengewebe und Chorda liefert;
– den gelben Halbmond mit dem Material für das Mesoderm;
– die schiefergraue Zone, aus der das Entoderm hervorgeht.

Die erste Furchungsteilung erfolgt in einer Medianebene, die der bilateralen Symmetrie-Ebene entspricht; durch sie werden der graue und der gelbe Halbmond zweigeteilt. Die zweite Furchungsebene verläuft gleichfalls meridional, aber senkrecht zur ersten (Bild 40 D).

2.2. Das Experiment von CHABRY

Bereits 1887 gelang es CHABRY, dem auch die Verwendung des ersten Mikromanipulators zuzuschreiben ist, eine der beiden ersten Blastomeren des Ascidieneis zu zerstören. Die Ausschaltung der linken Blastomere führte zur Bildung eines rechten Halbembryos mit Chorda und Elementen des Nervensystems, des Entoderms und des Mesoderms. Dieser erste embryologische Versuch wurde fast zwanzig Jahre später durch CONKLIN bestätigt (Bild 40 II).

2.3. Die Versuche CONKLINs

Durch Schütteln des *Styela*-Eis im 4-Zellen-Stadium erreichte CONKLIN (1905) die Zerstörung einer oder mehrerer Blastomeren. Die Ausschaltung der beiden

Bild 40. Mosaikentwicklung der Ascidien. I. Cytoplasmatische Verschiebungen beim Ei von *Styela partita:* die Bilder B, C und D zeigen die Seitenansicht. II. Das Experiment von CHABRY, Zerstörung der linken Blastomere im 2-Zellen-Stadium; es entsteht ein rechtsseitiger Halbembryo. III. Die Experimente von CONKLIN im 4-Zellen-Stadium; H, nach Zerstörung der beiden hinteren Blastomeren erhält man das Vorderende eines Keimes; I, nach Zerstörung der beiden vorderen Blastomeren erhält man ein blasenartig gestaltetes Hinterende. IV. Das Experiment von DALCQ: starke Ausdehnung der beiden halbmondförmigen Bezirke auf dem unbefruchteten Ei; nach einer meridionalen Teilung führt die Befruchtung jeder Hälfte zu normalen Larvenformen.

hinteren Blastomeren, in denen das Material für den das Mesoderm liefernden gelben Halbmond enthalten ist, ergibt einen Teilembryo ohne Muskelzellen, aber mit Elementen des Nervensystems und der Chorda (Bild 40 III).

Die Entfernung der beiden vorderen Blastomeren, die das Material für den grauen Halbmond enthalten, führt zur Bildung eines Entodermbläschens, das wohl Muskel- und Entodermzellen anlegt, jedoch keinerlei Nerven- oder Chordagewebe.

CONKLIN schloß daraus, daß die weitere Entwicklung der ersten Blastomeren in enger Beziehung zu ihrem Gehalt an Bildungsplasma steht und daß die Ausdifferenzierung von Chorda-Neural-Plasma unabhängig ist von der des Mesoderm-Plasmas.

2.4. Das Experiment von DALCQ

Die Versuche von CHABRY und CONKLIN wurden von DALCQ (1932–1938) wieder aufgenommen und mit einer anderen Ascidienart – *Ascidiella scabra* – durchgeführt. Wie auch bei den ersten Versuchen fanden diese Untersuchungen während der ersten Furchungsteilungen statt; DALCQ teilte das *Ascidiella*-Ei in einer Meridionalebene durch, noch bevor es befruchtet wurde. Anschließend wurde jede Hälfte gesondert befruchtet. In den beweiskräftigsten Versuchen entwickelte sich aus jeder Hälfte eine wohlproportionierte, wenn auch in der Größe zurückgebliebene Larve. Die Eihälfte mit dem Oocytenkern ergab eine diploide, merogone Larve, während aus der anderen Hälfte ohne weiblichen Pronucleus eine haploide, andromerogone Larve entstand (Bild 40 IV). DALCQ ging von der Annahme aus, daß die beiden sich gegenüberliegenden, halbmondförmigen Zonen, die dem Bildungsplasma entsprechen, vor der Befruchtung eine weitgespannte Ausdehnung besitzen und sich möglicherweise auch überschneiden können. Nach der Befruchtung wird ihre räumliche Anordnung erheblich eingeschränkt. Allerdings besitzt das Ei von *Ascidiella* im Gegensatz zu *Styela* keine sich von Natur aus durch gefärbtes Plasma abhebenden Keimbezirke.

Dieses Experiment beweist: Ein typisches Mosaikei hat im 2-Zellen-Stadium noch eine Regulationsfähigkeit, wenn die Operationen rechtzeitig vorgenommen werden. Im Verlauf der weiteren Keimesentwicklung tritt im Fall der Ascidien recht bald die Determination einzelner Felder in Erscheinung. Wenn diese Festlegung erst einmal eingesetzt hat, ist eine Regulation nicht mehr möglich.

3. Regulationsvermögen beim Seeigel

Unter Regulation ist ein Vorgang zu verstehen, bei dem in einem Teil des Embryos ein System zur Reaktion gelangt und versucht, sämtliche morphogenetischen Leistungen zu erfüllen.

Dabei können Gebilde erzeugt werden, die einen mehr oder weniger vollständigen Embryo nur vortäuschen; jedoch besitzen diese Exemplare alle wichtigen Organe der betreffenden Art.

3.1. Das Experiment von DRIESCH

Als Weiterführung der Arbeiten von CHABRY über die Ascidien übertrug DRIESCH bereits 1891 die gleiche Versuchsanordnung auf das Seeigelei. Die Trennung der beiden ersten Blastomeren durch kräftiges Schütteln führte zur Ausbildung von zwei vollständigen *Pluteus*-Larven, die natürlich sehr viel kleiner als gewöhnlich blieben. Das gleiche Ergebnis trat nach einer Teilung des Eis in einer Meridionalebene im 16- und sogar noch im 32-Zellen-Stadium ein (Bild 41 II).

Es vermag also jede Hälfte einen vollständigen Embryo aufzubauen und nicht nur einen Halbembryo wie bei den Ascidien. Jedes der meridionalen Teilstücke liefert bei weitem mehr, als seiner normalen Leistung entspricht: Hier liegt ein Regulationsvermögen vor. Umgekehrt erhält man eine einzige *Pluteus*-Larve, wenn man zwei Seeigeleier in Übereinstimmung mit ihren Polaritätsachsen vereinigt, nur besitzt dieses Exemplar die doppelte Größe.

Die Problematik des Regulationsvermögens beim Seeigel haben HÖRSTADIUS und seine Schule eingehend bearbeitet; hier sollen nur die wichtigsten Ergebnisse zusammengefaßt werden.

3.2. Gradientenfelder

Erinnern wir uns daran, daß ein Seeigelei im 64-Zellen-Stadium aus fünf übereinanderliegenden Zellschichten oder -kränzen besteht, von denen das Ausgangsmaterial für folgende Bildungen geliefert wird:

- an 1, an 2 und veg 1: Ektoderm;
- veg 2: Entoderm und sekundäres Mesenchym;
- Mikromeren: Kalkspikeln.

Um die Versuche von HÖRSTADIUS besser verstehen zu können, ist es notwendig, einige seiner Schlußfolgerungen vorwegzunehmen. Danach existieren im Verlauf der Polaritätsachsen des Eis zwei Gradienten, die durch Unterschiede qualitativer Natur gekennzeichnet sind:

- der *animale Gradient* besitzt sein Intensitätsmaximum am animalen Pol und vermindert sich in Richtung zum vegetativen Pol;
- der *vegetative Gradient* verläuft dem ersten entgegengesetzt und nimmt vom vegetativen zum animalen Pol hin ab.

Diese beiden Gradienten richten sich aneinander aus, können sich überlagern, und ihre Wirkungsmechanismen kompensieren sich und bilden eine normale *Pluteus*-Larve aus. Die Anlage eines wohlproportionierten *Pluteus* resultiert aus dem Gleichgewicht der beiden antagonistisch wirkenden Gradientenfelder (Bild 41 I).
Auf der Grundlage dieser Konzeption wird die Regulation in dem als Beispiel gegebenen Ausgangsexperiment von DRIESCH leicht verständlich. Jede meridionale Hälfte besitzt einen Anteil an den erwähnten Zellkränzen und befindet sich daher

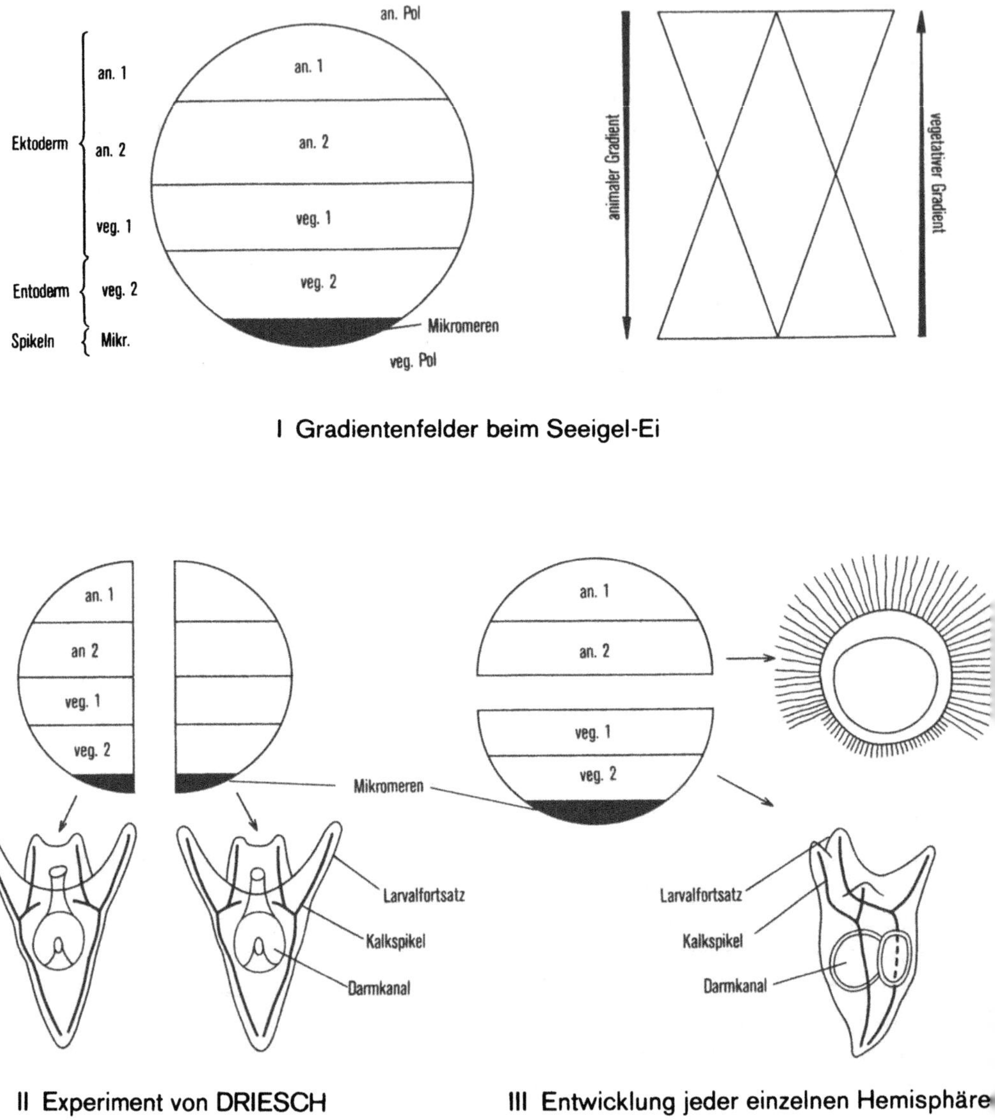

Bild 41. Regulation beim Seeigel. I. Zellkränze und Gradientenfelder am intakten Ei. II. Das Experiment von DRIESCH, jede meridional abgeteilte Hälfte wird vollständig ergänzt. III. Entwicklung der äquatorial abgeteilten Hälften; aus der animalen Hälfte entsteht eine Cilienblastula, die vegetative Hälfte zeigt eine teilweise Regulation.

hinsichtlich der animalen und vegetativen Felder im Gleichgewichtszustand und ist damit qualitativ vollständig. Wenn zwischen den vorhandenen Wirkungsmechanismen ein Gleichgewichtszustand besteht, ist die Ausbildung eines kompletten *Pluteus* möglich (Bild 41 II).

3.3. Entwicklungsgang jeder einzelnen Hemisphäre

Erfolgt anstelle einer meridionalen Halbierung eine äquatoriale im 8- oder 16-Zellen-Stadium, dann wird vom Seeigelei eine obere animale Hälfte und eine untere vegetative abgetrennt (Bild 41 III). Die animale Hälfte, in der die Schichten an 1 und an 2 enthalten sind, setzt die begonnenen Furchungsteilungen fort, aber es vollzieht sich keine Gastrulation. Es entsteht eine übermäßig bewimperte Blastula (=Cilienblastula), bei der die langen, gewöhnlich nur auf den Wimpernschopf beschränkten Cilien etwa zwei Drittel der Oberfläche bedecken. Diese Erscheinungsform macht das Fehlen eines Faktors wahrscheinlich, der die Ausdehnung des apikalen Wimpernschopfes einschränkt. Das Gleichgewicht zwischen den Gradienten ist zugunsten des animalen Gradienten verschoben, und eine Regulation kann hier nicht mehr eintreten.

Die isolierte vegetative Hälfte umfaßt die Schichten veg 1, veg 2 und die Mikromeren. Der Keim setzt die begonnene Entwicklung fort, die Gastrulation wird durchgeführt, und es entsteht ein vollständiger, jedoch atypischer *Pluteus.* Im günstigsten Fall differenzieren sich Kalkspikeln und der Darmkanal, aber die Larvalfortsätze bleiben stets reduziert. Die Regulation, die hier weitaus größer ist als bei der animalen Hemisphäre, kann nur einsetzen, wenn die Zellschichten mit dem Ausgangsmaterial für die Spikeln, das Entoderm und das Ektoderm vorhanden sind. Die Reduktion der Larvalfortsätze geht auf das Fehlen der animalen Region zurück.

Eine Regulationsfähigkeit besteht beim Seeigelei nur, wenn es in einer Meridionalebene durchgeteilt wird. Die Teilung in der Äquatorialebene führt zu Bildungen, die an den Mosaiktyp erinnern. Zusammengenommen würden beide Gebilde offensichtlich einem normalen *Pluteus* entsprechen.

3.4. Entwicklung einzelner Zellkränze

Man kann das Mißverhältnis unter den vorliegenden Feldern noch stärker betonen, wenn jeder einzelne Zellkranz isoliert gehalten wird. Implantiert man nun eine passende Anzahl von Mikromeren, dann spielen sich die Wechselbeziehungen zwischen beiden Gradienten wieder ein, und es kann eine Regulation erfolgen (Bild 42). Die isolierte Schicht an 1 entwickelt sich nicht weiter als bis zu einer Blastula, die auf der gesamten Oberfläche mit langen und steifen Cilien bedeckt ist. Das Gleichgewicht hat sich vollständig zugunsten des animalen Feldes verschoben; für die Ausbreitung des apikalen Wimpernschopfes besteht keine Behinderung. Implantiert man dem Zellkranz an 1 eine einzelne Mikromere, dann werden die Cilien nurmehr

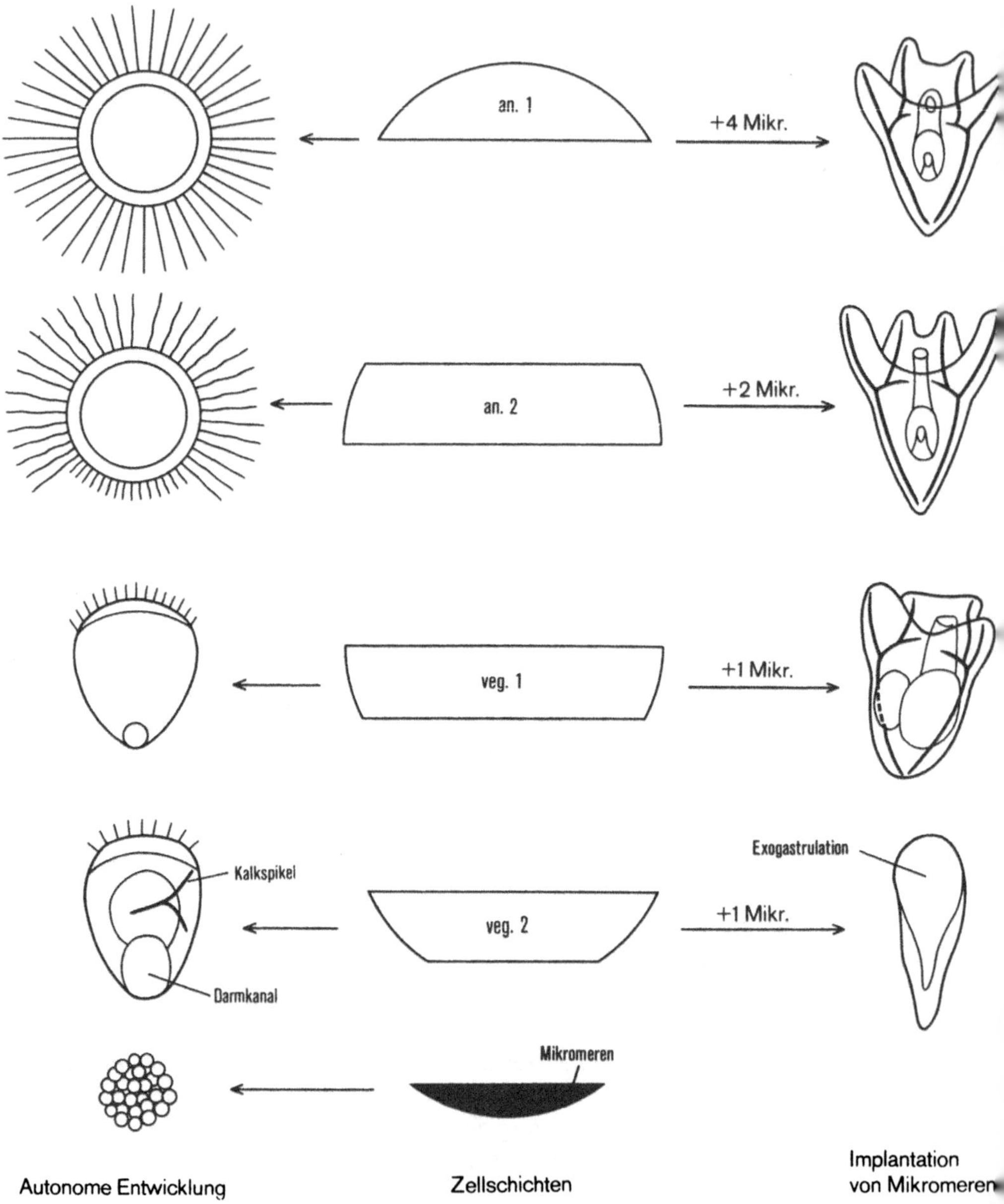

Bild 42. Regulation beim Seeigel, Entwicklung einzelner Zellkränze. In der Mitte ist jeder Zellkranz isoliert aufgezeichnet; links, die Entwicklung dieser Zellschicht allein; rechts, die Entwicklung dieser Zellschicht mit implantierten Mikromeren (nach HÖRSTADIUS).

im oberen Teil des Keimes angelegt. Mit zwei Mikromeren zeigen sich gelegentlich die Anfänge einer Gastrulation, und mit vier Mikromeren entsteht ein vollständiger *Pluteus*. Dieser Versuch demonstriert sehr deutlich die Notwendigkeit eines Gleichgewichtszustandes zwischen den Gradienten. Die Schicht an 1 enthält zu viele *animalisierende* Faktoren, um sich noch über das Stadium der Cilienblastula hinaus zu entwickeln. Wenn man nun *vegetativisierende* Faktoren in Gestalt der Mikromeren hinzufügt, erwirkt man ein neues Gleichgewicht zwischen den vorhandenen Entwicklungstendenzen, welche die Regulation ermöglichen.

Der isolierte Zellkranz an 2 entwickelt sich bis zur Blastula, deren Oberfläche zu zwei Drittel von langen, biegsamen Cilien bedeckt ist. Die Elemente der an 2 für sich genommen verhalten sich nicht anders als eine animale Hälfte. Das animale Feld liegt bereits etwas abgeschwächt vor, so daß die Ausbreitung der langen Cilien, auch wenn sie nach wie vor erheblich ist, doch schon etwas mehr eingeschränkt ist, als es bei den Elementen der an 1 der Fall war. Bereits das Einsetzen einer einzigen Mikromere ermöglicht die Gastrulation; mit zwei Mikromeren entsteht ein wohl ausgebildeter *Pluteus,* während der Keim mit vier Mikromeren so stark vegetativisiert wird, daß der entstehende *Pluteus* eine Reduktion seiner Larvalfortsätze zeigt. Zur Wiederherstellung des für die Regulation erforderlichen Gleichgewichtes sind bei einem abgeschwächten animalen Feld weniger vegetativisierende Elemente erforderlich.

In der Isolierung des Zellkranzes veg 1 äußert sich die Abschwächung der animalisierenden Wirkungsmechanismen im Vergleich mit den beiden oberen noch eindrucksvoller. Wenn das Stadium der fein bewimperten Blastula erreicht ist, besteht die Möglichkeit, die weitere Entwicklung in zwei Richtungen fortzusetzen. Im ersten Fall würde der animalisierende Einfluß überwiegen, so daß die Entwicklung der Blastula nach der Anlage eines apikalen Wimpernschopfes aus langen Cilien als beendet gelten muß. Bei der zweiten Möglichkeit würde der vegetativisierende Einfluß etwas überwiegen, so daß die langen Cilien nicht mehr ausgebildet werden. Dafür lassen sich die Anfänge der Gastrulation beobachten, die sich in der beginnenden Urdarmbildung andeuten, doch hört die Weiterentwicklung des Keimes daraufhin bald auf. Der Zellkranz veg 1 vermag also sowohl die eine wie auch die andere Entwicklungsrichtung einzuschlagen, da er in einem Bereich liegt, wo die Überlappung der beiden Felder am stärksten ausgebildet ist. Anhand der Resultate, die mit den beiden animalen Zellkränzen erzielt worden sind, kann man annehmen, daß schon eine schwache Zufuhr an vegetativisierenden Kräften ausreicht, um eine Regulation zu bewirken. Und tatsächlich genügt es, den veg 1 eine einzige Mikromere zu implantieren, um einen wohl ausgebildeten *Pluteus* zu erzeugen. Zwei Mikromeren und in noch stärkerem Maße vier Mikromeren verschieben das Gleichgewicht zugunsten des vegetativisierenden Einflusses, so daß die erzeugte Larve eine mehr oder weniger starke Reduktion der Larvalfortsätze zeigt.

Aus dem isolierten Zellkranz veg 2 geht eine fein bewimperte Blastula hervor, bei der niemals lange Cilien in Erscheinung treten. Die Gastrulation verläuft ganz normal und führt zu einer Larvenform ohne Larvalfortsätze, jedoch mit Urdarm und Kalkspikeln. Demnach erreicht der Zellkranz veg 2 eine partielle Regulation; er ist befähigt, Differenzierungen von einer stärker animalen Tendenz anzulegen, als es seine reellen Potenzen vermuten lassen, da er zur Ausbildung einer *Pluteus*-Knospe gelangt. Das Hinzufügen einer einzigen Mikromere verstärkt den vegetativisierenden Einfluß so sehr, daß sich der Keim nicht weiter entwickelt; selbst die Gastrulation erfolgt nicht mehr. Man beobachtet vielmehr, daß die daran beteiligten Elemente nach außen gekehrt werden. Dieses Gebilde wird als *Exogastrula* bezeichnet.

Die Mikromeren selbst bilden schließlich nur einen Zellhaufen, der sehr bald zerfällt. Die vegetativisierenden Wirkungsmechanismen sind im Bereich der Mikromeren am stärksten ausgebildet und verhindern das Auftreten rein animaler Strukturen, vor allem tritt keinerlei Bewimperung in Erscheinung.

Alle diese Versuche zeigen sehr deutlich das Vorhandensein von entgegengesetzt wirkenden Kräften, die sich bei der Ausbildung eines normalen *Pluteus* entfalten müssen. Das animale Gefälle drückt sich im Ausdehnungsgrad der langen Cilien aus, und es vermindert sich vom animalen zum vegetativen Pol. Der vegetative Gradient mit seinem Wirkungsoptimum im Bereich der Mikromeren zeigt ein umgekehrtes Verhalten. Eine Regulation kann nur erfolgen, wenn das Verhältnis der animalisierenden und der vegetativisierenden Faktoren vernünftig abgestimmt wird.

Das experimentelle Können der schwedischen Wissenschaftler war mit dieser Versuchsserie aber noch nicht erschöpft. So vereinigten sie z.B. auch animale Hälften mit jedem der drei vegetativen Zellkränze. Dabei entsteht der vollständigste *Pluteus* bei einer Verbindung mit der am stärksten vegetativisierten Zone. Der Antagonismus der animalisierenden und vegetativisierenden Organisationsmechanismen trat besonders deutlich hervor, als man nicht nur komplette Zellkränze, sondern auch Fragmente davon vereinigte. In jedem Fall entspricht die einsetzende Regulation der Quantität und der Qualität der zugefügten Blastomeren. Man kann ein Feld sogar „überdosieren". So führt eine intakte Eizelle, die mit zwei animalen Hälften vereint wird, zu einem hyperanimalisierten *Pluteus* mit extrem entwickelten Larvalfortsätzen. Umgekehrt bewirkt die Vereinigung einer animalen Hälfte mit einer Überzahl von Mikromeren eine Hypervegetativisierung, die sich in einem umfangreichen Urdarm und durch das Vorhandensein einer großen Zahl von Kalkspikeln ausdrückt.

3.5. Einwirkung chemischer Substanzen

Durch eine schonende Behandlung mit Chemikalien ist es möglich, das Ausmaß der animalen und vegetativen Felder zu verändern. Durch Lithiumchlorid kann z.B. die Gastrulation gestört werden. Die Entwicklung läuft so ab, als wäre der

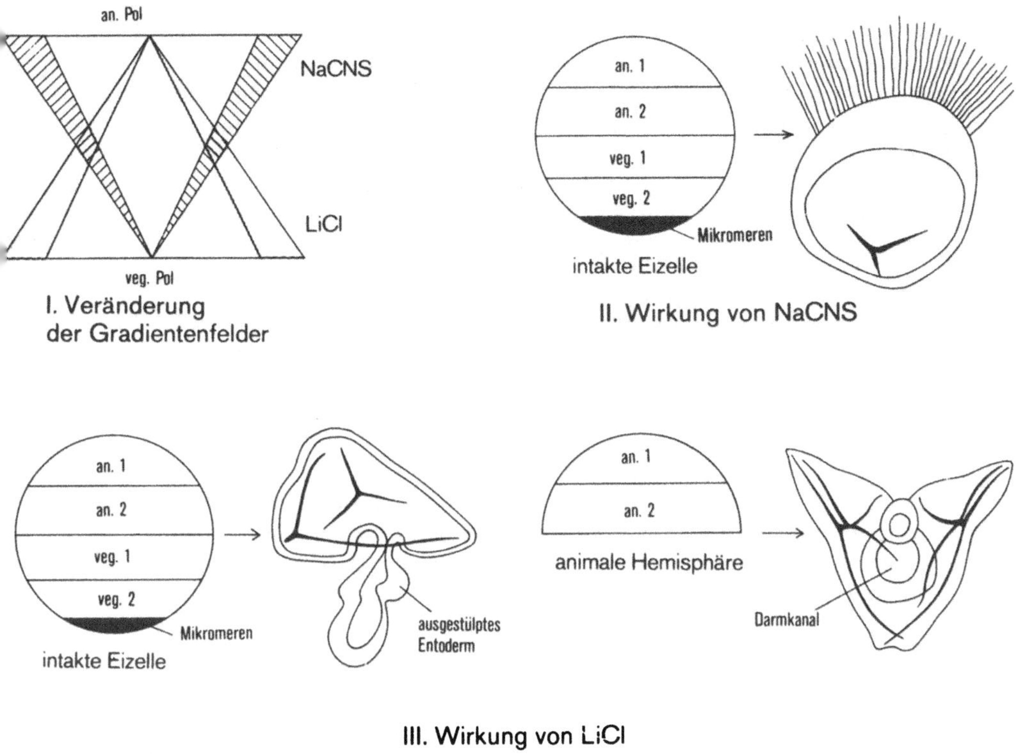

Bild 43. Regulation beim Seeigel, die Wirkungsweise verschiedener Chemikalien. I. Veränderung der Gradientenfelder, Verstärkung des vegetativen Feldes durch Lithiumchlorid und Verstärkung des animalen Feldes durch Natriumrhodanid. II. Animalisierung eines intakten Eis mit Natriumrhodanid. III. Wirkung von Lithiumchlorid, Exogastrulation bei einem ganzen Keim und partielle Regulation einer animalen Hälfte (nach HÖRSTADIUS und LINDHAL).

vegetative Gradient verstärkt worden. Die Vegetativisierung des Keimes wird durch eine Hypertrophie des Verdauungskanales gekennzeichnet, solange die LiCl-Konzentration schwach bleibt. Eine stärkere Konzentration schwächt die animalisierenden Kräfte ab, so daß der apikale Wimpernschopf und die Larvalfortsätze rückgebildet werden. Das Höchstmaß ist erreicht, wenn die gesteigerte Entoderm-Hypertrophie eine Invagination unmöglich macht – es entsteht eine Exogastrula. Man erhält dabei einen *Pluteus* mit einer die Kalkspikeln enthaltenden Ektodermkappe, und darunter befindet sich als Anhängsel die nach außen gekehrte Entodermmasse (Bild 43 III). Die Wirkung des Lithiumchlorids äußert sich in einer Beeinträchtigung des animalen und einer Verstärkung des vegetativen Feldes. Von dieser Grundlage ausgehend kann man annehmen, daß eine animale Hälfte, die sich normalerweise nicht weiter als bis zur Cilienblastula entwickeln würde, bei der Aufzucht in Gegenwart von

LiCl ein Regulationsvermögen zeigt. Und es tritt tatsächlich die Entwicklung ein, die auch nach der Implantation von Mikromeren beobachtet werden konnte: Die animale Hemisphäre gelangt zur Gastrulation und entwickelt sich zur *Pluteus*-Larve, die zwar unvollständig bleibt, jedoch mit Urdarm und Kalkspikeln versehen ist (Bild 43 III).

Der vegetativisierenden Wirkung des Lithiumchlorids steht die animalisierende des Natriumrhodanids entgegen. Wird ein Seeigelei in Gegenwart dieser Substanz aufgezogen, entwickelt es sich sehr rasch zu einer Cilienblastula, bei der manchmal noch eine kleine Urdarmeinstülpung und Kalkspikeln angelegt werden (Bild 43 II). Die Animalisierung des Keimes drückt sich in der vermehrten Bewimperung und in einem behinderten Wachstum des Urdarmes und der Kalkspikeln aus; dieses Verhalten ist im großen ganzen vergleichbar mit der Entwicklung einer isolierten animalen Hemisphäre.

Diese Versuche mit verschiedenartig abgetrennten und wieder zusammengesetzten Zellkränzen können nun noch in Verbindung mit geeigneten, chemischen Behandlungsmethoden wiederholt werden. Dabei wird die Regulation, die eng mit den neu auftretenden Gleichgewichtsverhältnissen verknüpft ist, mehr oder weniger vollständig ausfallen.

3.6. Stoffwechsel-Gradienten

Für das Auftreten von zwei sich als Antagonisten äußernden Gradienten hat man versucht, im Bereich des Stoffwechselgeschehens eine Erklärung zu finden. Die überwiegenden Stoffwechselvorgänge sind der Abbau von Kohlenhydraten im animalen Feld und der Abbau von Proteinen im vegetativen Feld (Bild 43 I).

Aus dieser Tatsache bietet sich folgende, stark vereinfachende Arbeitshypothese an: Die Stoffwechselunterschiede ermöglichen die Ausbildung animalisierender und vegetativisierender Substanzen, die geeignet erscheinen, die Morphogenese der embryonalen Felder zu beeinflussen. Die freigesetzten, mehr oder weniger antagonistisch wirkenden Produkte überlagern sich im Verlauf der Normogenese, so daß die Entstehung der *Pluteus*-Larve auf den sich zwischen ihnen einstellenden Gleichgewichtszustand zurückzuführen ist. Das Lithium-Ion verhindert zum Teil die oxydativen Prozesse in der Zelle, so daß der Kohlenhydratabbau vermindert wird; daraus erklärt sich die Abnahme der animalen Wirkungsmechanismen und die vegetativisierende Eigenschaft des LiCl. Die Vegetativisierung wird zudem noch verstärkt durch die Tatsache, daß Lithium den Protein-Stoffwechsel begünstigt. Letzten Endes äußert sich die vegetativisierende Wirkung von LiCl in dem doppelten Effekt: Der Unterdrückung des Kohlenhydrat- und der Beschleunigung des Proteinstoffwechsels.

Der im Bereich des vegetativen Feldes vorherrschende Protein-Stoffwechsel ist gekennzeichnet durch die vegetativisierende Wirkung der Aminosäuren. Durch den Zusatz von Tryptophan, Valin oder Leucin wird der Keim im gleichen Maß wie durch LiCl vegetativisiert. Umgekehrt besitzt ein proteolytisches Enzym wie das Trypsin, das die Proteinsynthese ohne Beeinflussung der Kohlenhydrate hemmt, eine animalisierende Wirkung, da allein der Kohlenhydrat-Stoffwechsel noch möglich ist.

Diese Theorie von der kombinierten Wirkungsweise der beiden qualitativ verschiedenen Gradienten besitzt keine universelle Gültigkeit. In einigen Fällen liegt nur ein einziger Gradient vor, so daß der Stoffwechsel überall gleichartig – aber mit unterschiedlicher Intensität zwischen den Eipolen – abläuft. Bei einem einzigen Stoffwechsel-Gradienten bestehen quantitative Unterschiede zwischen animalem und vegetativem Pol.

3.7. Der Determinationsvorgang

Die oben besprochenen Versuche geben einen Einblick in das große Regulationsvermögen des Seeigeleis. Die Isolierung einzelner Zellkränze und die vielfach abgewandelten Verschmelzungsexperimente ließen sich mit Blastulae im 16- oder 32-Zellen-Stadium ohne Schwierigkeiten durchführen, seltener glückten sie allerdings im 64-Zellen-Stadium. In den älteren Blastula-Stadien vermindern sich die Fähigkeiten zur Regulation. So entwickelt sich eine isolierte animale Hälfte des 4 Stunden nach der Befruchtung vorliegenden 16-Zellen-Stadiums zu einer Blastula, bei der die Cilien drei Viertel ihrer Oberfläche bedecken.

Wird der gleiche Eingriff an einer etwa 8 Stunden alten Blastula vorgenommen, so entsteht ein Keim, bei dem die langen Cilien auf den apikalen Wimpernschopf beschränkt bleiben. Der Bereich des apikalen Wimpernschopfes ist somit 8 Stunden nach der Befruchtung determiniert.

Eine vollständige Regulation ergibt sich auch nach der Vereinigung der 8 Mesomeren des 16-Zellen-Stadiums mit der Mikromerenschicht. Läßt man dagegen anstelle der sofortigen Implantation der Mikromeren die animale Hälfte noch etwas ruhen, so muß man feststellen, daß sich die regulatorischen Fähigkeiten dieser animalen Hälfte in dem Maß verringern, je größer man die Intervalle bis zum Einpflanzen der Mikromeren wählt. Anfänglich wird noch ein verkümmerter Urdarm ausgebildet, dann erreicht der Darmkanal die Verbindung mit der Stomodaeum-Mulde nicht mehr, und schließlich unterbleibt sogar die Gastrulation, wenn die Implantation der Mikromeren an einer sechzehn Stunden alten, animalen Hälfte vorgenommen wird.

Das Seeigelei bekommt damit im Lauf seiner Entwicklung das Verhalten eines Mosaikeis. Unmerklich geht es vom Regulations- zum Mosaiktyp über, der sich

16 Stunden nach der Befruchtung einstellt. Dieses Alter entspricht dem Gastrula-Stadium: Von nun an sind die einzelnen Bezirke des Keimes determiniert, und eine Regulation ist nicht mehr möglich. Die relativ einfache Organisation des Seeigeleis gestattete es, die Analyse des Regulationsphänomens recht weit voran zu bringen. Die gleiche Erscheinung finden wir, allerdings in größerer Komplexität, bei den Keimen der Amphibien.

4. Regulation bei den Amphibien

Die Eier der Amphibien bilden ein sehr geeignetes Ausgangsmaterial für experimentelle Untersuchungen, von denen hier nur die eindrucksvollsten Versuche behandelt werden sollen.

4.1. Regulation im 2-Blastomeren-Stadium

Die ersten Versuche wurden gegen 1890 von ROUX am Froschei unternommen. Die Zerstörung einer der beiden ersten Blastomeren durch eine Glühnadel führte – genau wie in den Experimenten von CHABRY mit den Ascidien – zur Ausbildung eines Halbembryos. Sehr wahrscheinlich muß man sich die Entstehung dieses Halbembryos aus der Anwesenheit der beschädigten Blastomere erklären, die ein Hindernis für die ungestörte Entwicklung der intakten Blastomere bedeutete. Es konnte nämlich in anderen Versuchen der Beweis erbracht werden, daß das Regulationsvermögen des Amphibienkeimes – und da vor allem bei den Urodelen – recht groß ist. Eine Trennung der beiden ersten Blastomeren nahmen ENDRES (1894), HERLITZKA (1896) und dann natürlich SPEMANN (1901) vor. SPEMANN arbeitete über das Ei von *Triturus taeniatus*, und ihm gelang die Durchschnürung des 2-Zellen-Stadiums mithilfe eines feinen Kinderhaares. Das Ei wurde dabei samt seiner Hüllschicht im Verlauf der ersten Furchungsebene mit einem Knoten allmählich auseinandergedrückt. Wir nehmen hier einmal an, daß die erste Teilungsebene mit der bilateralen Symmetrie-Ebene übereinstimmt, was in 50% der Fälle ja tatsächlich zutrifft, d.h. sie geht mitten durch den grauen Halbmond. Unter diesen Voraussetzungen entfällt auf jede Blastomere eine Hälfte des grauen Halbmondes, die sich nun unabhängig voneinander weiter entwickeln, indem aus jeder ein normaler, wenn auch kleinerer Embryo hervorgeht. Es ist eine Regulation eingetreten (Bild 44 I). Bleibt die Durchschnürung entlang der bilateralen Symmetrie-Ebene unvollständig, dann wird das Vorderende des sich herausbildenden Embryos doppelt angelegt, während das Hinterende einfach bleibt (*Dicephalus*).

Wenn dagegen die erste Teilungsebene frontal, d.h. senkrecht zur bilateralen Symmetrie-Ebene einschneidet, dann entwickelt sich nur aus der Blastomere, die den grauen Halbmond enthält, ein vollständiger Embryo. Die ventrale Blastomere, die den grauen Halbmond nicht mehr besitzt, setzt ihre Entwicklung nicht über das Blastula-Stadium hinaus fort (Bild 44 II).

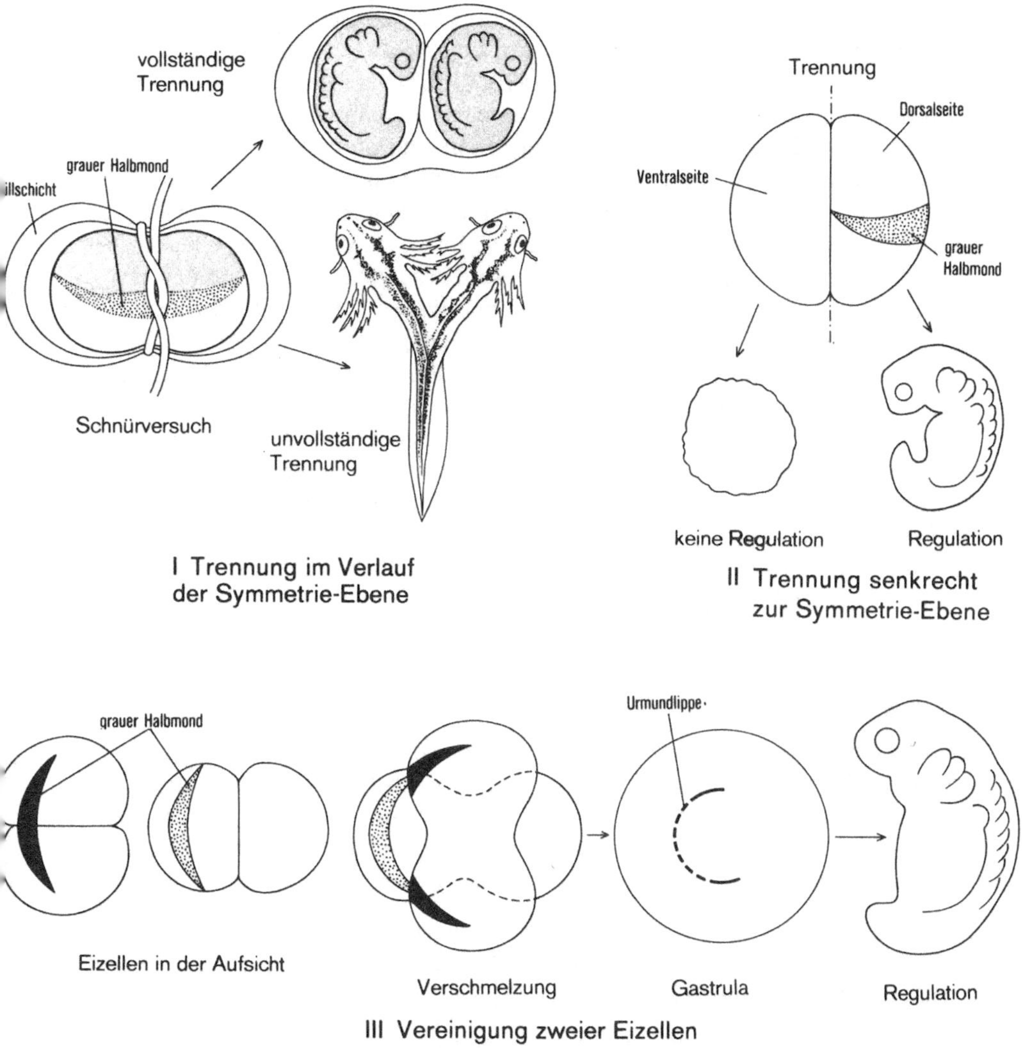

Bild 44. Regulation im 2-Blastomeren-Stadium bei den Urodelen. I. Schema des Schnürversuches bei dem die erste Teilungsebene mit der bilateralen Symmetrie-Ebene übereinstimmt; bei vollständiger Trennung entstehen zwei Embryonen, die unvollständige Trennung führt zu einer doppelköpfigen Larve. II. Trennung entlang der ersten Teilungsebene, die dieses Mal senkrecht auf der bilateralen Symmetrie-Ebene steht; die ventrale Blastomere zeigt keinerlei Regulation, während aus der dorsalen Blastomere ein Embryo hervorgeht. III. Verschmelzung zweier *Triturus*-Eier im 2-Blastomeren-Stadium; die Eier sind in der Aufsicht auf den vegetativen Pol gezeichnet; die Gastrulation läuft normal ab, und durch regulatorische Vorgänge entsteht ein Riesenembryo.

Durch Verschmelzungsversuche von zwei Keimen im 2-Blastomeren-Stadium ist es in einigen Fällen gelungen, einen einzigen Embryo zu erzeugen. In diesen Untersuchungen, die von MANGOLD und SEIDEL (1927) durchgeführt wurden, machte man sich die hantelförmige Gestalt des von seiner Schleimschicht befreiten 2-Zellen-Stadiums beim *Triturus*-Ei zunutze. Wir gehen hier davon aus, daß ein Ei, dessen erste Furchungsebene mit der bilateralen Symmetrie-Ebene übereinstimmt, mit einem anderen Ei, das auch von einer anderen Art stammen kann und bei dem die Furchungsebene senkrecht auf der Symmetrie-Ebene steht, zu einem einheitlichen Gebilde verschmilzt (Bild 44 III). Die Eier werden aufeinander gepreßt und verwachsen schließlich miteinander. Bei einer kreuzweisen Verschmelzung ist es möglich, die beiden grauen Halbmonde in eine zusammenhängende Lage zu bringen. Es tritt nun das Regulationsvermögen des Keimes in Aktion, es kann sich die Gastrulation vollziehen. Man erhält einen einzigen Embryo, der allerdings erheblich größer als im Normalfall wird. In diesen Versuchen zeigt sich zum ersten Mal die Bedeutung des im grauen Halbmond sogar schon vor der ersten Furchungsteilung andeutungsweise vorhandenen Chorda-Mesodermfeldes. Die Regulation vollzieht sich in dem Maß, wie dieses frühzeitig determinierte Feld ungestört verbleibt. Diese Ergebnisse haben in anderen Versuchen, die mit Keimen des Gastrula-Stadiums durchgeführt wurden, ihre Bestätigung erhalten.

4.2. Regulation im Gastrula-Stadium

Obwohl das Chorda-Mesodermfeld seine Determination schon sehr früh erhält, bleibt es doch noch über längere Zeit zur Regulation befähigt. Die im 2-Blastomeren-Stadium durchgeführten Schnürungsversuche können auch noch mit dem Gastrula-Stadium wiederholt werden. Die dorsale Urmundlippe erleichtert dabei sehr die Orientierung des Eis. Es sollen drei Beispiele berücksichtigt werden:

- die Durchschnürung erfolgte entlang der bilateralen Symmetrie-Ebene; man erhält nach vollständiger Trennung zwei Halb-Gastrulae, die sich beide zu einem richtigen Embryo entwickeln (Bild 45 A);
- wird die Durchschnürung wie im ersten Beispiel ausgeführt, bleibt aber partiell, dann ist die Trennung des Keimes unvollständig, und es entsteht eine Verdopplung des Vorder- oder Hinterendes, so daß man einen Embryo mit einer unvollkommenen Doppelbildung erhält;
- die Durchschnürung kann auch in senkrechter Richtung zur bilateralen Symmetrie-Ebene angelegt werden. Dabei isoliert man eine Hälfte des Keimes mit dorsaler Urmundlippe, während sie der anderen Hälfte fehlt; allein der Teil mit der dorsalen Urmundlippe ergibt einen vollständigen Embryo, das andere Teilstück degeneriert sehr schnell (Bild 45 B).

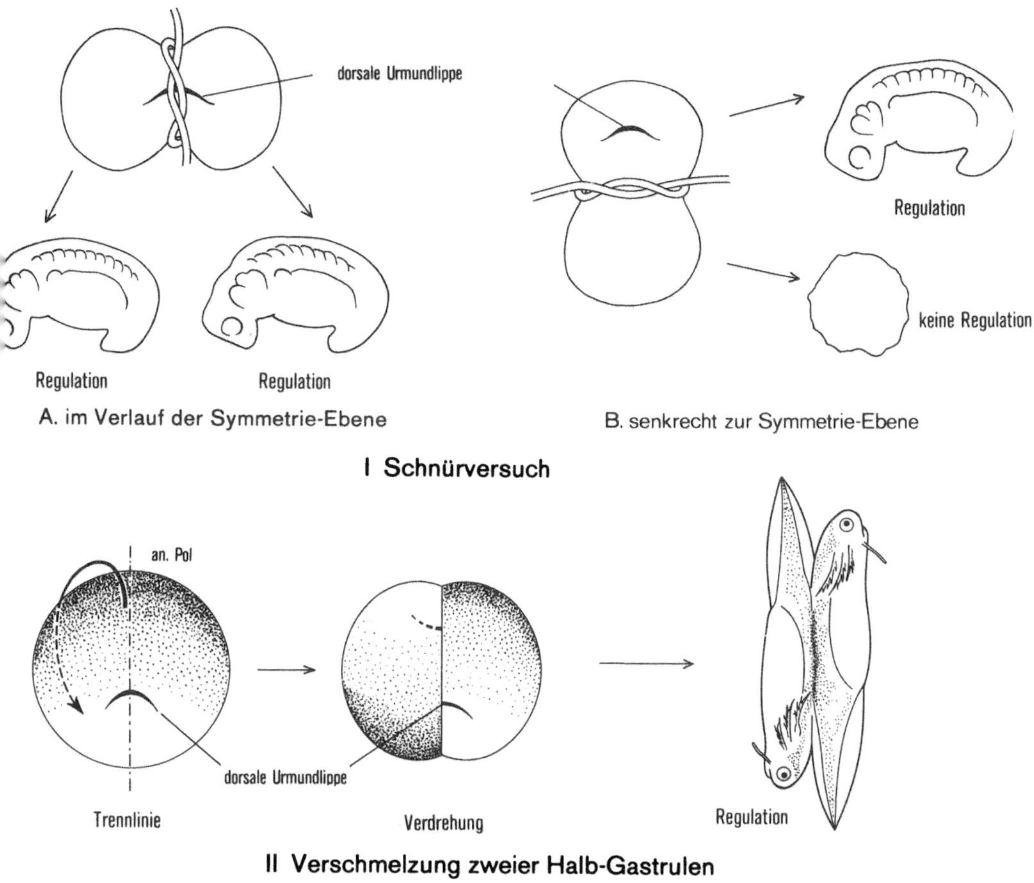

Bild 45. Regulation im Gastrula-Stadium bei *Triturus.* I, Vollständige Teilung der Gastrula im Schnürversuch; A, entlang der bilateralen Symmetrie-Ebene: jede Hälfte entwickelt sich zu einem kompletten Embryo; B, senkrecht zur bilateralen Symmetrie-Ebene: nur die Hälfte mit der dorsalen Urmundlippe entwickelt sich zu einem normalen Embryo, die andere Hälfte degeneriert. III. Verwachsung von zwei Halbgastrulen nach Verdrehung der linken Hälfte um 180° gegen die rechte Hälfte; jedes Teilstück ist zur Regulation befähigt, so daß zwei in Kopf-Schwanz-Richtung orientierte und miteinander verwachsene Embryonen dabei entstehen.

Im folgenden, von SPEMANN (1918) erstmals durchgeführten Experiment, bestätigt sich die Richtigkeit der oben erwähnten Beispiele. Eine *Triturus*-Gastrula wird im Verlauf der bilateralen Symmetrie-Ebene geteilt (Bild 45 II). Dabei dreht man eine Hälfte um 180° und läßt beide Teile danach wieder miteinander verwachsen. Die Entwicklung wird weitergeführt, aber beide Teile bezeugen dabei ein selbständiges Regulationsvermögen, so daß man zwei an der Dorsalseite miteinander verwachsene Embryonen erhält, die eine entgegengesetzte Orientierung zeigen.

Die noch mit dem Gastrula-Stadium durchgeführten Untersuchungen beweisen die Breite des Regulationsvermögens beim Amphibienkeim und unterstreichen gleichzeitig den Einfluß des Chorda-Mesodermfeldes, auf dessen große Bedeutung wir noch im Zusammenhang mit den Phänomenen der Induktion eingehen werden.

4.3. Schrittweise Determination

HOLTFRETER (1931) konnte in einem Versuch zeigen, daß die Regulationsfähigkeit, die auch im Gastrula-Stadium noch eine ziemliche Rolle spielt, mit dem Beginn des Neurula-Stadiums nicht mehr besteht. Dazu zerteilte er eine *Triturus*-Neurula in der Weise, daß er eine vordere dorsale und eine hintere ventrale Partie isolieren konnte (Bild 46). Beide Teilstücke ließen sich in einem Kulturmedium weiter züchten. In der oberen Partie wird die begonnene Neurulation fortgeführt, wobei sich in besonders günstigen Fällen ein Gehirn mit Riechgruben, Augen- und Gehörbläschen differenziert. Das untere Teilstück entwickelt sich zu einer Larvenform ohne Kopf, die nur aus Rumpf und Schwanz besteht und gelegentlich noch Gliedmaßen aufweist. Keines der beiden Teilstücke ergibt einen vollständigen Embryo, und jedem fehlen genau die Elemente, die beim anderen angelegt worden sind. Beide Entwicklungsleistungen würden sich zusammengenommen zu einem wohl ausgebildeten Embryo ergänzen; isoliert schlagen sie eine eigene Entwicklungsrichtung ein.

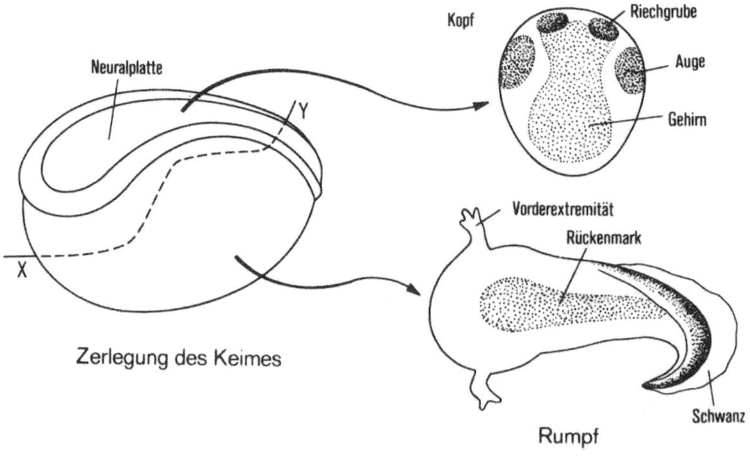

Bild 46. Schrittweise Determination beim Amphibienkeim. Die Neurula wird entlang der Linie XY in zwei Teilstücke zerlegt; das obere Teilstück entwickelt sich zu einem kopfartigen Gebilde, aus dem unteren Teilstück entsteht ein Rumpf mit Schwanz (nach HOLTFRETER).

Das Amphibienei reagiert mit dem Einsetzen des Neurula-Stadiums nach dem Mosaik-Typ. Vom Beginn seiner Entwicklung bis zum Ende der Gastrulation ist der Keim totipotent. Das Regulationsvermögen verliert sich aber im weiteren Verlauf der Entwicklung. Ergänzende Versuche haben gezeigt, daß eine Regulation immer seltener möglich ist und die Amphibien-Neurula ein Mosaik von determinierten Bezirken darstellt. Im Beispiel soll zunächst die Blastula betrachtet werden: Entnimmt man ihr ein Stück Ektoderm und transplantiert es auf einen anderen Keim, so entstehen dort aus ihm *ortsgemäß* differenzierte Strukturen, und es verheilt völlig mit dem Wirtsgewebe. Nimmt man dagegen ein Stück der Neuralplatte eines Neurula-Stadiums und pflanzt es einem anderen Keim in die Ventralregion, so entstehen dort beim Wirtskeim Nervenelemente. Das Transplantat differenziert sich in diesem Fall *herkunftsgemäß* und unabhängig vom umgebenden Gewebe. Das von einer Neurula gelieferte Transplantat ist bereits spezifisch determiniert und entwickelt sich unbeeinflußt vom Ort seiner Einpflanzung und folgt ausschließlich seiner Determination. Dieser Versuch läßt sich auf alle Teile der Neurula ausdehnen und bildet somit eine zusätzliche Bestätigung, daß die verschiedenen Keimbezirke, deren Geschick anfänglich noch nicht endgültig festgelegt ist, mit dem Beginn des Neurula-Stadiums determiniert sind. Sie setzen ihre weitere Entwicklung völlig selbständig fort, auch dann, wenn sie in fremdes Gewebe verpflanzt werden. Nach ihrer vollständigen Determination verfügen diese Bezirke über eine Selbstdifferenzierungsleistung. Der Keim repräsentiert im Neurula-Stadium eine mosaikartige Zusammensetzung aus einzelnen Bezirken, die zu den sogenannten *morphogenetischen Feldern* determiniert sind.

4.4. Die morphogenetischen Felder

Bei einem morphogenetischen Feld handelt es sich um einen embryonalen Bezirk, der einem wohldefinierten Organ des betreffenden Tieres entspricht, ohne sichtbare morphologische und histologische Differenzierungen zu zeigen. In den oben besprochenen Versuchen zur Regulation offenbarte sich die relativ frühe Determination des Chorda-Mesodermfeldes. Im Zuge der weiter voranschreitenden Entwicklung erlangen auch andere, eng umschriebene Bezirke ihre Gleichstellung, so daß im Neurula-Stadium eine gewisse Anzahl dieser Felder determiniert vorliegt. Auf einem Modell der frühen Amphibien-Neurula kann man einen Plan mit Angaben über die Lage der morphogenetischen Felder herstellen, wobei es sich jetzt nicht mehr um präsumptive Bezirke wie bei der Blastula, sondern um echte Anlagen der verschiedensten Organe handelt.

Im Bereich der Neuralplatte ist das neurale Ektoderm in seiner Eigenschaft als Nervengewebe determiniert. Im vorderen Teil befinden sich die Hypophysen-Plakode sowie die Nasen-, Augen- und Linsen-Plakoden. Mehr lateral gelegen sind die Felder

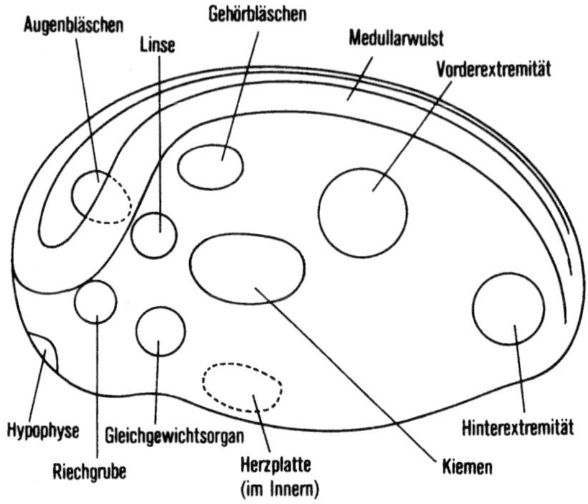

Bild 47
Die Lage der morphogenetischen Felder auf einem fortgeschrittenen Neurula-Stadium von *Triturus* in schematischer Darstellung.

für das Gleichgewichtsorgan, die Kiemen und die Extremitäten. Auch das als Ursprung des Herzens anzusehende Feld ist bereits medio-ventral im Innern festgelegt. Der Embryo gleicht von nun an einem echten Mosaik, da er sich aus einzelnen Bezirken zusammensetzt, deren Determination endgültig festliegt (Bild 47).

Wird solch ein morphogenetisches Feld exstirpiert, dann wächst der Embryo später ohne das betreffende Organ heran (Defektversuch): Bei einer vollständigen Abtragung ist keinerlei Regulation mehr möglich. Pflanzt man ein Stück aus einem derartigen Bezirk einem anderen Keim ein, so führt das zur Entstehung eines überzähligen Organs am Wirtskeim. Die Transplantation des Vorderextremitäten-Feldes auf eine andere Neurula verursacht die Bildung eines zusätzlichen Fußes auf dem Empfänger-Embryo. Ein morphogenetisches Feld verhält sich im Innern eines Embryos wie ein kleiner Keimling.

Unterdessen kann sich ein morphogenetisches Feld, das im Neurula-Stadium seine Determination als Ganzes erhalten hat, später noch nach und nach in feiner abgestufte Felder aufteilen. So entstehen z.B. im Herzfeld nachher ein Sinusfeld und ein Feld für die Vorhöfe und für die Kammern. Auch die Hauptachsen der Vordergliedmaßen werden schrittweise festgelegt. Im Innern besitzt ein Feld immer noch die Fähigkeit zur Regulation. Das von einem mophogenetischen Feld eingenommene Territorium greift weit über den späteren Sitz des Organs auf der Larve hinaus. Das Feld der Vorderextremität z.B. ist auf der Neurula beträchtlich ausgedehnt. Um einen Keim in diesem Stadium zu amputieren, ist es notwendig, eine umfangreiche Abtragung vorzunehmen. Wird nur eine Hälfte des Feldes exzidiert, dann kann der erhalten gebliebene Teil durch Regulation eine völlig normal gebaute Extremität aufbauen. Und auch die entnommene Partie ist nach der Transplantation auf einen anderen Keim imstande, dort ihrerseits eine weitere Extremität auszubilden. Es können sogar zwei Extremitäten entstehen, wenn das Transplantat in zwei Teilstücken vorliegt. Es besteht also die Möglichkeit, aus dem gleichen Bezirk, der als Vorderextremität determiniert ist, durch Regulation drei vollständige Extremitäten zu erhalten.

4.5. Regulation im Innern des Herzfeldes

Das Herz entsteht aus der medio-ventralen Verbindung der Seitenplatten, die nur im frühen Schwanzknospen-Stadium verwirklicht werden kann (Bild 48 A). Dabei verdickt sich die entstehende Herzplatte zusehends. Zellen des visceralen Blattes wandern zwischen Darmkanal und dem übrigen Mesoderm ein, wo sie das Ausgangsmaterial für das *Endocard* bilden (Bild 48 B). Zwischen den Seitenplatten tritt die Coelomhöhle deutlich hervor; sie entspricht der späteren *Pericardhöhle*, die zuerst doppelt angelegt wird. Die beiden Hohlraumsysteme stoßen dann ventral aufeinander und verschmelzen zur einheitlichen Pericardhöhle (Bild 48 C). Das viscerale Blatt verdickt sich und erhält eine rinnenförmige Eintiefung; aus ihm entsteht das *Myocard* oder der eigentliche Herzmuskel. Die beiden Randsäume der Rinne treten zusammen und bilden ein dorsales Mesocard, das später wieder verschwindet, wenn das Herz seine endgültige Form erlangt. Die so entstandene Tasche besteht aus dem eigentlichen Herzrohr, das inwendig vom endocardialen Endothel ausgekleidet wird. Die Umhüllung der Pericardhöhle, das *Pericard* im engeren Sinne, wird vom parietalen Blatt geliefert. Alles zusammen bildet das eigentliche Herz, das sich bald vom Rest der Seitenplatten ablöst (Bild 48 D).

Als erster hat COPENHAVER (1926) auf die Regulation innerhalb des Herzfeldes hingewiesen. Seine Versuchsmethode bestand darin, einer Neurula ventral ein Ektodermstück zu implantieren, so daß die medio-ventrale Verwachsung der Seitenplatten verhindert wird (Bild 48 E). Es entsteht nun zu beiden Seiten des implantierten Hautstücks je ein Herz, das aus einer der beiden lateral gelegenen Herzanlagen aufgebaut wird. Der Embryo und auch die junge Larve werden auf diese Weise mit zwei funktionstüchtigen Herzen ausgestattet. Die Verdopplung des Herzrohres hat sich durch Regulation vollzogen (Bild 48F).

Ebenso kann man das Herzfeld aus einer Neurula herausschneiden und einem anderen Embryo an einer beliebigen Stelle implantieren. Es wird sich dort mit Sicherheit zu einem Herzen differenzieren und sogar eine gewisse Zeit schlagen. Verpflanzt man dagegen das Herzfeld auf eine andere Neurula, und zwar in die entsprechende Region wie beim Spenderkeim, dann verschmelzen beide Felder. Es entsteht ein einziges Herz, das jedoch sehr viel größer als normal ist. Aus diesen Versuchen geht klar hervor, daß das Herzfeld im Neurula-Stadium zwar in seiner Eigenschaft als formativer Bereich des Herzens determiniert ist, in der Folgezeit aber noch über ein gewisses Regulationsvermögen verfügt.

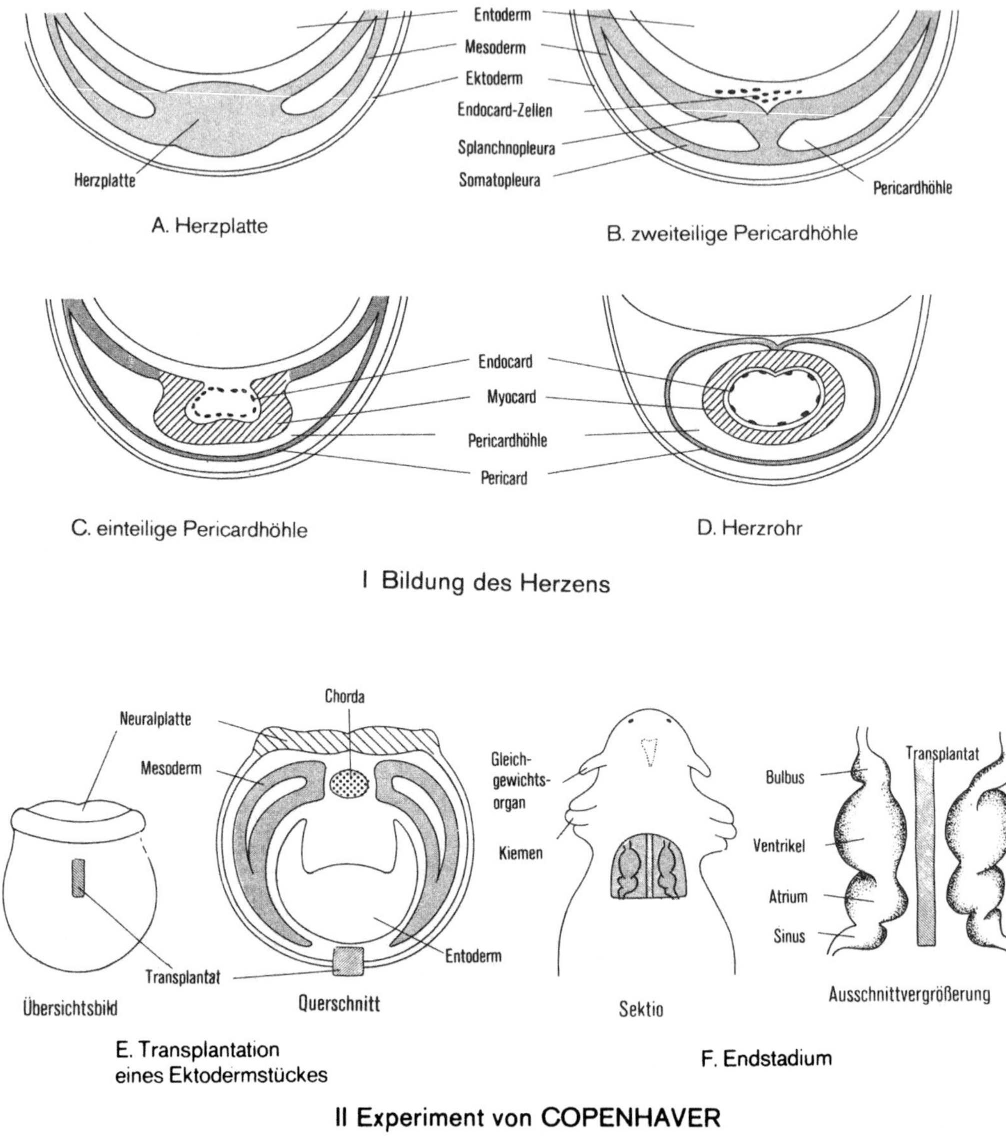

Bild 48. **Regulation im Innern des Herzfeldes. I. Bildung des Herzens; A, medio-ventrale Verschmelzung der Seitenplatten; B, Anfänge der zweiteiligen Pericardhöhle; C, einteilige Pericardhöhle; D, fertig ausgebildetes Herzrohr. II. Das Experiment von COPENHAVER; E, Verpflanzung eines Ektodermstückes in das Vorderende einer Neurula, um die medio-ventrale Verschmelzung der Seitenplatten zu verhindern; F, Verdopplung des Herzens; eine abgehobene Ektodermklappe gestattet die Beobachtung der beiden normal gebauten Herzen.**

5. Regulation bei den höheren Wirbeltieren

5.1. Vögel

Das Regulationsvermögen der Vögel hat LUTZ (1949) mit seinen eindrucksvollen Versuchen eingehend erforscht. Die relativ einfache Untersuchungsmethode besteht darin, das Blastoderm vor der Bebrütung zu spalten (Bild 49 A). Mit Enteneiern, denen in diesem Fall der Vorzug vor Hühnereiern gegeben wurde, erzielt man recht konstante Ergebnisse. Eine Glasnadel wird in das Gelbei eingestochen und unter das Blastoderm geführt. Man handhabt sie wie ein Skalpell. Die Nadel wird etwas angehoben und schließlich zurückgezogen, wobei allein schon der Reibungswiderstand unter dem empfindlichen Blastoderm ausreicht, um dieses in zwei Teilstücke zu spalten. Das Ei wird danach wieder verschlossen und für einige Tage zum Bebrüten gegeben.

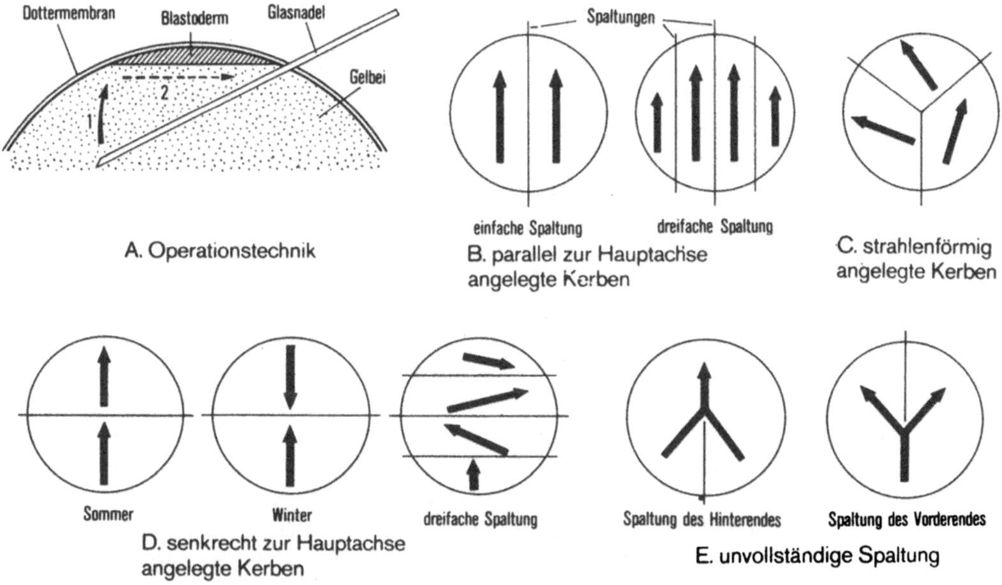

Bild 49. Regulation bei den Vögeln. Blastodermspaltung am Enten-Ei. A, Schema der Operationstechnik: die Nadel wird in Richtung 1 angehoben und in Richtung 2 zurückgezogen. B, Anlegen paralleler Kerben in der mutmaßlichen Hauptachse (die Embryonen sind schematisch als Pfeile dargestellt, deren Spitze dem Kopf entspricht): zwei parallel gelagerte Embryonen bei einer Spaltung, vier parallel gelagerte Embryonen nach drei Spaltungen. C. drei strahlenförmig angelegte Kerben: drei regellos verteilte Embryonen. D, senkrecht zur mutmaßlichen Hauptachse angelegte Kerben: im Sommer entstehen zwei hintereinander liegende, im Winter zwei mit den Köpfen zusammenstoßende Embryonen; vier Embryonen entstehen nach drei senkrechten Spaltungen. E, unvollständige Spaltung: λ-förmiger Embryo nach einer Spaltung der hinteren Region, y-förmiger Embryo nach einer Spaltung in der vorderen Region. (Verändert nach LUTZ, 1949).

Da die Orientierung des Embryos auf dem Blastoderm mit Hilfe der von -BAER-schen Regel ermittelt werden kann, ist es möglich, verschieden ausgerichtete Spaltungen in Beziehung zur vermuteten Hauptachse vorzunehmen. Eine mediane Spaltung entlang der mutmaßlichen Hauptachse des Embryos teilt den Keim in zwei gleiche Hälften, und es entsteht aus jedem Blastodermstück ein Embryo. Beide Embryonen sind übereinstimmend ausgerichtet (Bild 49 B). In dieser Art kann man zwei und sogar drei parallele Spaltungen in der vermuteten Hauptachse des Embryos erzeugen. Die drei oder vier dabei entstandenen Blastodermstücke entwickeln sich alle zu einem Embryo und sind alle gleichartig angeordnet.

Erfolgt die Blastodermspaltung am Entenei senkrecht zur vermuteten Hauptachse des Embryos, entstehen auch hier aus der vorderen und der hinteren Hälfte des Blastoderms je ein Embryo, die allerdings beide hintereinander liegen (Bild 49 D). Bezüglich der Lage des Kopfes kommen dabei zwei Möglichkeiten in Betracht: Bei den im Sommer gelegten Eiern liegen die Embryonen wirklich hintereinander, während sie im Winter mit ihren Köpfen aufeinander treffen. Der aus dem hinteren Blastodermabschnitt hervorgehende Embryo besitzt in jedem Fall die normale Orientierung, und der Embryo des vorderen Abschnittes kann dem entsprechen oder entgegengesetzt liegen. Dieser Unterschied wird von LUTZ im Zusammenhang mit der Entophyllbildung erklärt, die bei den Sommereiern weiter fortgeschritten ist als bei den Wintereiern. Nach mehrfacher, senkrecht zur Hauptachse des Keimes angelegter Spaltung entstehen so viele Embryonen, wie es Blastodermfragmente gibt. Dabei besitzt jeweils der aus dem hinteren Fragment hervorgehende die normale Orientierung, während die übrigen beliebig ausgerichtet sind.

Die Spaltung kann auch drei- oder vierstrahlig auf dem Blastoderm angelegt werden. Jedesmal entsteht aus den verschiedenen Teilstücken ein mehr oder weniger gut ausgebildeter Embryo (Bild 49 C). Bei einer unvollständigen, parallel zur vermuteten Hauptachse des Embryos erzeugten Spaltung oder einer nachträglichen, partiellen Verheilung entstehen Embryonen mit Doppelbildungen (Bild 49 E). Wenn nur die hintere Hälfte gespalten worden ist, dann erhält der sich entwickelnde Keim die Form des griechischen Buchstaben λ, denn er besteht aus einem Kopf mit zwei Hinterenden (Anadidymismus). Umgekehrt führt die Spaltung nur des vorderen Blastodermabschnittes zu einem y-förmigen Embryo, der nur eine Verdopplung seines Vorderendes besitzt (Katadidymismus). Man findet hier die entsprechenden, monströsen Doppelbildungen, wie sie bei *Triturus* nach einer unvollständigen Schnürung entlang der bilateralen Symmetrie-Ebene beobachtet werden konnten.

In einigen Regulationsversuchen konnte LUTZ bis zu sechs Embryonen erzeugen, die auf einem einzigen Blastoderm zu erkennen waren; allerdings entwickelten sich einige davon nicht weiter als bis zum Stadium des Primitivstreifens. Die Bebrütung gelingt selbst in den günstigsten Fällen nicht weiter als bis zum vierten oder fünften Tag. Aber schon in diesem Stadium sind alle Organe angelegt, und vor allem besitzt jeder Embryo ein schlagendes Herz. Wenn man berücksichtigt, daß das gespaltene Blastoderm einer Blastula im fortgeschrittenen Stadium entspricht, dann kann man die sehr weitreichende Regulationsfähigkeit des Vogeleis ermessen.

5.2. Säugetiere

Das Experimentieren am Säugerkeim erweist sich als ausgesprochen schwierig, so daß sich der Beweis für ein Regulationsvermögen nur indirekt und aus den Beobachtungen der *Polyembryonie* herleiten läßt.

Echte oder eineiige Zwillinge gehen beim Menschen aus einer befruchteten Eizelle hervor. Wann sich die Zweiteilung des Eis vollzieht, ist noch nicht sicher bekannt, jedoch muß dieses Ereignis sehr zögernd vonstatten gehen, und zwar erst nach dem 2-Blastomeren-Stadium. Dies ist durch Fälle echter Zwillinge bezeugt, die eine spiegelbildliche Lage aufweisen. Man muß daraus entnehmen, daß die Trennung nach der Determination der Symmetrie-Ebene erfolgt ist. Außerdem sind Beispiele bekannt geworden, wo zwei Foeten nur ein einziges Amnion besitzen; die Verdopplung kann dabei erst nach dem Beginn der Amnionhöhlen-Bildung stattgefunden haben, also erst bei einer Blastocyste in einem späteren Stadium. Gelegentlich ist nur eine einzige Placenta vorhanden, aber das ist nicht die Regel. Die unechten oder mehreiigen Zwillinge entstehen auf ganz andere Art; sie gehen auf die Ovulation und Befruchtung mehrerer Eizellen zurück. Nicht nur für vergleichende Untersuchungen über Ähnlichkeit der Individuen stoßen die Phänomene der Zwillingsbildung auf großes Interesse, sondern auch bei humangenetischen Studien und im Zusammenhang mit Organverpflanzungen. In der Mehrzahl der Fälle sind Transplantationen zwischen verschiedenen Individuen nur erfolgreich, wenn es sich um Isotransplantate, also Transplantate von eineiigen Zwillinge, handelt. In diesem speziellen Fall erfolgt keine Abwehrreaktion, die ein Abstoßen des Transplantates zur Folge hätte.

Unbekannt sind auch die Einflüsse, die eine Zweiteilung der Eizelle auslösen. Gelegentlich kommen unvollständige Verdopplungen vor wie im Fall der siamesischen Zwillinge, bei denen Vorder- oder Hinterkörper doppelt ausgebildet sein können, genau wie bei den Amphibien nach einer unvollständigen Schnürung oder einer partiellen Spaltung bei den Vögeln. Dabei entsprechen Exemplare mit einem verwachsenen Vorderende und dem doppelt angelegten Hinterende den λ-förmigen Vogelembryonen. Ein anderes Beispiel unvollständiger Zwillingsbildung ist den y-förmigen Embryonen vergleichbar, wo die Verdopplung nur das Vorderende betrifft, während das Hinterende einfach ausgebildet ist. Bei einem weiteren Typ von Mißbildungen ist allein die Thorax- und Rumpfregion des Lebewesens nicht doppelt angelegt (Anakatadidymismus).

Die Polyembryonie tritt regelmäßig beim Gürteltier auf; alle Jungen eines Wurfes haben demnach ihren Ursprung in einer einzigen Eizelle. Bei der Art *Dasypus novemcinctus* besteht der Wurf aus 9 Jungen, während es bei *Dasypus hybridus* in der Regel vier sind. Alle Geschwister eines Wurfes besitzen folglich das gleiche Geschlecht, und man beobachtet auch stets nur eine Placenta.

NICOLAS und HALL (1942) gelang es, eine der beiden ersten Blastomeren beim Rattenei zu zerstören. Die in ein anderes Weibchen reimplantierte Blastomere entwickelte sich zu einem winzigen Foeten, der aber zum Zeitpunkt, als er wieder herausgenommen wurde, eine durchaus normale Beschaffenheit aufwies. Nach einer Trennung der Blastomeren im 2- und 4-Zellen-Stadium erhielt SEIDEL (1960) einige lebensfähige Kaninchen. TARKOWSKI (1961–1964) arbeitete an Mäusen. Ihm glückte die Verschmelzung von zwei Eizellen, wobei er mehrfach lebensfähige Tiere erhielt. Die mit äußerster Sorgfalt ausgearbeitete Untersuchungsmethode setzt sich aus vier Abschnitten zusammen: Zuerst muß im 8-Blastomeren-Stadium die *Zona pellucida* abgehoben werden, dann kommen die enthüllten Eier in ein Kulturmedium und werden Seite auf Seite zusammengepreßt, um die Verschmelzung herbeizuführen. Das Verschmelzungsprodukt wird noch etwa 24 bis 40 Stunden – bis zum Eintritt des Blastocysten-Stadiums – weitergezüchtet, und schließlich reimplantiert man diese zusammengesetzte Blastocyste einer pseudoschwangeren Maus. Trotz der stark erhöhten Mortalität während der Trächtigkeit kamen 11 Junge termingerecht zur Welt. 9 davon starben in den folgenden Tagen, doch konnten 2 männliche Tiere bis zum Eintritt der Geschlechtsreife aufgezogen werden. Dieses Experiment besitzt eine große Tragweite, da es eine eingehende Untersuchung des Regulationsvermögens bei den Säugern sowie ein genaues Studium der entwicklungsphysiologischen Prozesse gestattet. Des weiteren ist es dabei geglückt, Chimären zwischen Mäusen zweier verschiedener Rassen zu erzeugen. Anhaltspunkte für eine positiv verlaufene, chimärenartige Verbindung liefert die Untersuchung der Pigmentzellen im Bereich der Retina. Aus einer Vermischung der für verschiedene Zuchtstämme typischen Pigmentzellen kann man schließen, daß die Vermischung des Blastomerenmaterials vom Augenblick der Verschmelzung an vollkommen gewesen ist. Dabei entwickelten sich 16 Tiere, bei denen man die Ausbildung der Geschlechtsorgane eingehender untersuchte, zu Hermaphroditen. Ohne Zweifel ist der Hermaphroditismus auf die Verschmelzung von Eiern mit unterschiedlicher Geschlechtsbestimmung zurückzuführen. Diese Versuche bieten möglicherweise auch eine Erklärung für das Auftreten von Hermaphroditen und Exemplaren von mosaikhafter Gestaltung, die aus einer spontanen Verschmelzung mehrerer Eier unter natürlichen Gegebenheiten entstanden sein könnten.

6. Das Phänomen der Induktion

6.1. Definition

Die Vorstellungen eines Induktionsvorganges, die als Grundlage für die gesamte, moderne Embryologie anzusehen sind, stellte zuerst SPEMANN (1901) zur Diskussion, ohne jedoch auf Anhieb allgemeine Anerkennung zu finden. Der deutsche Embryologe machte bei Untersuchungen über die Augenentwicklung die Feststellung, daß sich eine Linse nur im Fall eines Kontaktes mit einem darunterliegenden Augenbecher ausbilden kann. Die Kenntnis des Induktionsphänomens selbst, mit dem sich SPEMANN in den Jahren von 1921 bis 1924 auseinandersetzte, benötigte indes noch fast zwanzig Jahre, um eine größere Verbreitung zu erlangen.

Als Beispiel eines Induktionsvorganges greifen wir den einfachen, von HÖRSTADIUS am Seeigelei durchgeführten Versuch auf (Bild 42). Aus der animalen Hälfte oder dem animalen Zellkranz an 1 allein entsteht nur eine Cilienblastula, und isoliert gehaltene Mikromeren bilden nur eine relativ schnell degenerierende Zellmasse. Werden aber diese Mikromeren dem Zellkranz an 1 implantiert, kann sich infolge der nun eintretenden Regulation ein vollständiger *Pluteus* mit Larvalfortsätzen, Darmkanal und Kalkspikeln entwickeln. Die Larvalfortsätze entstammen den animalen Elementen, die Spikeln werden von den implantierten Mikromeren geliefert. Aus dem animalen Anteil entsteht wie bei der Normalentwicklung das Ektoderm, zusätzlich bildet er aber auch das Entoderm des Darmkanales aus. Die Verbindung mit den Mikromeren bewirkt eine Erweiterung der ektodermalen Potenzen, so daß zusätzlich noch der Darmkanal aufgebaut werden kann: Es liegt hier eine *Induktion* vor. Durch eine von den Mikromeren ausgehende Wirkung wird das Ektoderm angeregt, mehr Material als gewöhnlich zu liefern. Die Entwicklung eines Organismus läuft nach der Mobilisierung derartiger Ersatzpotenzen nicht beliebig ab, sondern zielt in Richtung auf einen harmonischen Organkomplex. Die Mikromeren schalten einen harmonisierenden Faktor ein, der den Anstoß für die Gastrulation und später für die Anlage der *Pluteus*-Larve gibt. Es ist ein Merkmal des Induktionsvorganges, daß er den Zellen ermöglicht, zusätzliche Entwicklungsleistungen, die von ihrer prospektiven Bedeutung abweichen, zu realisieren.

Die Ersatzpotenzen treten im Zusammenhang mit einem sich ergebenden Kontakt auf und bleiben dann beständig. Wenn die Induktionswirkung einmal eingetreten ist, läuft der Vorgang unwiderruflich ab; es gibt keine Möglichkeit, ihn rückgängig zu machen, selbst wenn der Induktionsreiz nachläßt. Der Induktionsvorgang vollzieht sich in zwei Akten, denen verschiedene Prozesse zugrunde liegen:

- die Realisierung zusätzlicher Entwicklungsleistungen eines bestimmten Bezirkes durch assimilierende Induktion;
- die Ausprägung eines Harmonisierungseffektes in der komplementären Induktion.

Wie läßt sich nun die Induktion in der Normogenese erfassen? Wie bereits erwähnt, ist bei den Amphibien das Chorda-Mesodermfeld schon früh sehr starr determiniert. Im Verlauf der Gastrulationsbewegungen gelangt die Zellschicht des Chorda-Mesoderms in engen Kontakt mit Zellpartien, deren Determination noch labil ist. Die Induktionswirkung des Chorda-Mesoderms beruht darin, diesen vorerst noch instabilen Partien eine Determination zu erteilen.

6.2. SPEMANNs fundamentales Experiment

6.2.1. Problemstellung

Bei seinen Versuchen über das Regulationsvermögen des *Triturus*-Keimes fiel SPEMANN die frühzeitige Determination des Chorda-Mesoderms auf, nur hatte man zu der Zeit noch keine Vorstellung von den Bezirken künftiger Organanlagen. Im Rahmen experimenteller Arbeiten nahm er sich vor, die dorsale Urmundlippe herauszuschneiden und sie einer anderen Gastrula zu implantieren. Für das Schicksal des Transplantates zog SPEMANN zwei Möglichkeiten in Betracht:

- falls das Transplantat noch instabil ist, wird es sich im Gewebe des Wirtskeimes ortsgemäß verhalten;
- falls das Transplantat schon fest determiniert ist, wird es sich im Wirtskeim herkunftsgemäß entwickeln, d.h. zu einer Chorda und einigen Somiten.

Allerdings erhielt SPEMANN weder das eine noch das andere der erwarteten Resultate, sondern man beobachtete nach der Transplantation der dorsalen Urmundlippe die Bildung eines zweiten Neuralrohres und schließlich eines ganzen Embryos auf dem primären Keim. Der deutsche Embryologe zögerte einige Jahre, bevor er diese Ergebnisse veröffentlichte. Zunächst erschien es ihm unbegreiflich, wie sich nach der Transplantation eines so kleinen Gewebestückes ein sekundärer Embryo ausbilden konnte. Leider mußte die Zahl seiner Versuche zwangsläufig gering bleiben, die er einerseits nur in der Laichperiode der Molche (April und Mai) ansetzen konnte und andererseits lag es an der unbedingt erforderlichen Aufrechterhaltung keimfreier Bedingungen bei den Untersuchungen. Diese Schwierigkeiten sind heute weitgehend behoben. Mittels Hypophysenextrakten ist es möglich geworden, fast das ganze Jahr hindurch Laich zu bekommen, und die Verwendung der modernen Antibiotika hat die Gefahr nekrotischer Prozesse bei den Keimen entscheidend verringert.

6.2.2. Transplantation der dorsalen Urmundlippe

SPEMANN führte die Transplantation der dorsalen Urmundlippe unter Verwendung zweier unterschiedlich gefärbter Keime durch: Dem hellen Ei von *Triturus cristatus* und dem etwas dunkleren von *Triturus taeniatus*. Dieser kleine Kunstgriff erwies sich als notwendig, um später im Wirtskeim die vom Transplantat hervorgebrachten Gewebe überhaupt wiederzufinden. Man zieht es heutzutage vor, zwei Keime derselben Art zu verwenden, nachdem vorher das Transplantat, oder noch einfacher gleich der ganze Spenderkeim, mit Vitalfarbstoff angefärbt worden ist.

Die dorsale Urmundlippe wird bei einer Gastrula exzidiert und dann verkehrt herum in das ventrale Ektoderm einer anderen Gastrula der entsprechenden Entwicklungsstufe verpflanzt (Bild 50 A). Dieser im Prinzip einfach erscheinende Vorgang ist doch ziemlich schwierig durchzuführen, und sein Gelingen hängt vor allem von der

Geschicklichkeit des Experimentators ab. Der Versuch läuft in einem Kulturmedium ab, in dem die Verheilung innerhalb einer Stunde erfolgt. Danach läßt man den Wirtskeim sich weiter entwickeln.

Am Wirtskeim setzen anschließend die Gastrulationsbewegungen ein. Das verpflanzte Gewebe stülpt sich im Bereich der Implantationszone ein und verschwindet im Innern. Das Stadium des Urmundspaltes, mit dem sich das Ende der Gastrulation ankündigt, tritt wie gewöhnlich ein, ohne daß ein besonderes Merkmal zu verzeichnen ist. Mit dem Beginn der Neurulation bildet sich ganz normal auf der Dorsalseite des Keimes eine *primäre Neuralplatte* aus. Zur gleichen Zeit erscheint in ventraler Lage zusätzlich noch eine *sekundäre Neuralplatte* (Bild 50 B).

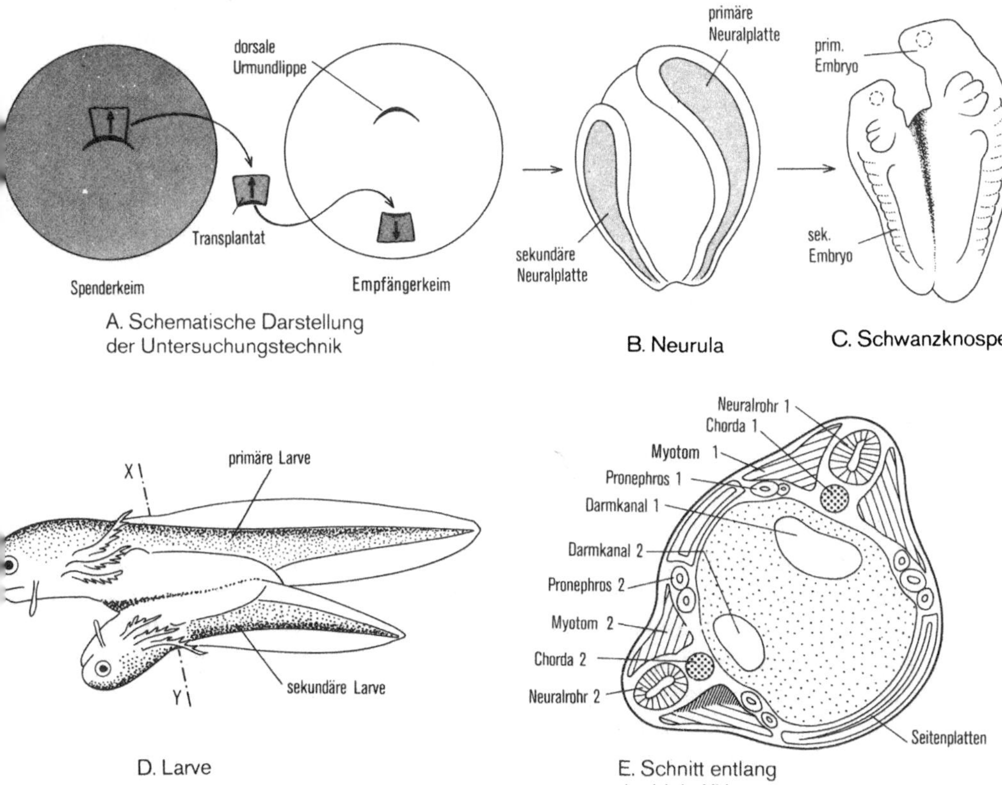

Bild 50. Das fundamentale Experiment von SPEMANN: A, schematische Darstellung einer Transplantation der dorsalen Urmundlippe; der Spenderkeim ist mit Neutralrot vitalgefärbt. B, Entwicklung des Wirtskeimes zur Neurula. C, Keim im Schwanzknospen-Stadium. D, Doppelbildung einer *Triturus*-Larve in einem geglückten Induktionsversuch. E, Querschnitt durch den vorigen Keim entlang der Linie XY, die Organe der primären Larve sind mit 1 bezeichnet, die der sekundären Larve mit 2. Bemerkenswert ist, daß die Chorda und ein Teil der Myotome als einzige Elemente der induzierten Larve vom ursprünglichen Transplantat abzuleiten sind.

Beide Neuralplatten setzen ihre Entwicklung unabhängig voneinander fort. Jede baut für sich ein Neuralrohr auf. Im günstigen Fall wird die Entwicklung über mehrere Wochen oder sogar Monate weitergeführt. Es entsteht ein normaler, als primär bezeichneter Embryo, und ventral von ihm bildet sich ein zweiter aus. Dieser sekundäre Embryo, der dort heranwächst, bleibt etwas kleiner als der primäre, aber auch er ist normal gebaut mit Kopf, Rumpf und Schwanz (Bild 50 D).

6.2.3. Neurale und mesodermale Faktoren der Induktion

In einem Querschnitt durch den im eben besprochenen Versuch entstandenen Doppelembryo sind die gut entwickelten Achsenorgane beider Embryonen zu erkennen (Bild 50 E). Der primäre Embryo besitzt ein Neuralrohr, eine Chorda, Myotome, Vornierenkanälchen und einen Darmkanal. Beim sekundären Embryo sind genau die gleichen Organe vorhanden. Es fällt gelegentlich schwer, ihn gegen den primären Embryo abzugrenzen, wenn nicht zuvor die Möglichkeit bestand, das Transplantat zu färben. Das Transplantat läßt sich tatsächlich wiederfinden, und zwar in Gestalt ausdifferenzierter und vitalgefärbter Gewebe. Die Färbung tritt aber nur bei der Chorda und einem geringen Teil der Myotome zutage, der übrige Teil des sekundären Embryos ist farblich nicht von den Geweben des normalen Embryos zu unterscheiden. Als erste Schlußfolgerung bietet sich bei dieser Entdeckung an, den transplantierten Bezirk – also die dorsale Urmundlippe – als bereits determiniert anzusehen. Sie hätte in diesem Fall das typische Verhalten eines determinierten Bezirkes gezeigt, indem sie sich herkunftsgemäß entwickelt hat. Nun hat sich aber oberhalb der Chorda ein sekundäres Neuralrohr ausgebildet, obwohl das über dem Transplantat gelegene Gewebe nur das gewöhnliche ventrale Ektoderm zu liefern hätte. Die neue mesodermale Achse hat also das darüber befindliche Ektoderm zum Aufbau einer Neuralplatte und schließlich eines vollständigen Neuralrohres induziert.

Diese Induktionswirkung geht auf einen neuralen Faktor zurück. Im Kontakt mit dem sich noch labil verhaltenden Ektoderm des Wirtes induziert das transplantierte Chorda-Mesoderm die Bildung eines kompletten Nervensystems. Dabei erfährt das ventrale Ektoderm eine Steigerung seines morphogenetischen Leistungsvermögens. Anstelle der einfachen Hautanhangsgebilde entstehen aus ihm Nervenzellen und zeugen von der beachtlichen prospektiven Potenz des präsumptiven Ektoderms. Die vom Mesoderm ausgehende, neurale Induktion des Ektoderms wird als *interdermale Induktion* charakterisiert.

Wie bereits erwähnt, sind nur in der Chorda und einem geringen Teil der Myotome vitalgefärbte Elemente nachzuweisen, in den restlichen Myotomen und den Vornierenkanälchen ist davon nichts zu erkennen. Es hat demzufolge eine Steigerung des morphogenetischen Leistungsvermögens im Mesoderm des Wirtskeimes stattgefunden. In der Bauchregion ist das Mesoderm normalerweise nur in den Seitenplatten vertreten. Der Aufbau von Muskulatur und Pronephrosstrukturen ist nur möglich durch die Mobilisierung von Ersatzpotenzen, die mit der *mesodermalen Induktion* erfolgt. Da sich der Induktionsvorgang in diesem Fall nicht zwischen zwei verschiedenen Keimblättern abspielt, sondern auf das betreffende Keimblatt beschränkt bleibt, wird dieser Typ als *intradermal* bezeichnet.

Auch am Entoderm des Wirtskeimes lassen sich Einwirkungen des Transplantates nachweisen. Der sekundäre Embryo besitzt nämlich einen normal gebauten Darmkanal mit Oesophagus und Magen, während sekundäre Bildungen des Eingeweidesystems verschmolzen sind und auf die des Wirtskeimes übergreifen. Die Aufzucht von Embryonen gestaltet sich daher nach einer Transplantation der dorsalen Urmundlippe äußerst schwierig, wenn erst einmal der gesamte Dottervorrat aufgebraucht ist. Immerhin überlebten von den Pleurodelen einige Exemplare die Metamorphose und erreichten ein Alter von mehreren Jahren (CAPURON, 1962, Bild 51).

Die dorsale Urmundlippe übt eine Induktionswirkung von beachtlichem Umfang auf das morphogenetische Leistungsvermögen der drei Keimblätter im Somabereich des Wirtskeimes aus, und man muß sich fragen, ob sie auch irgendeinen Einfluß auf die Keimzellen besitzt. CAPURON (1964) konnte in der letzten Zeit anhand seiner an den Pleurodelen gewonnenen Erkenntnisse zeigen, daß sich das Harnsystem und die Keimdrüsen des induzierten Embryos im gleichen Verhältnis wie die des Wirtskeimes aufbauen. Die Gonaden beider Individuen sind selbstverständlich gleichgeschlechtlich, entweder männlich oder weiblich. Allerdings scheint es nicht gerechtfertigt, von einer „germinalen Induktion" zu sprechen. In dem Augenblick, wo sich die Genitalleisten ausbilden, besteht kein Unterschied zwischen der Gesamtzahl der Urkeimzellen für beide Embryonen und der Anzahl, die einen normalen Embryo auszeichnet.

Die beiden Induktionsrichtungen, die neurale und die mesodermale, ergaben sich als Hauptmerkmale in dem grundlegenden Experiment von SPEMANN. Daneben existiert noch ein anderes Merkmal von gleicher, wenn nicht sogar noch größerer Bedeutung, das einige Rätsel aufgibt, da es nicht leicht zu verstehen ist. Es handelt sich darum, daß die induzierten Organe nicht irgendwelche beliebigen und zusammenhanglosen Gebilde darstellen. Der sekundäre Embryo besteht vielmehr aus einem harmonischen Organkomplex, der sich wie in der Normogenese nach und nach aufbaut. Die Organisation des induzierten Embryos ist vollkommen.

So gelangte SPEMANN zu der Ansicht, daß es sich bei der dorsalen Urmundlippe um einen Bezirk handelt, von dem die gesamte Organisation des Embryos gelenkt wird. Er bezeichnete daher die Randzone der Gastrula, von der das für die Induktion verantwortliche Transplantationsmaterial stammte, als *Organisationszentrum.*

Diese Randzone ist identisch mit dem Chorda-Mesodermfeld, dessen frühzeitige Determination und Regulationsfähigkeit bereits hervorgehoben wurden. Von diesem Feld wird sogar noch jener Bereich bedeckt und überragt, der kurze Zeit nach

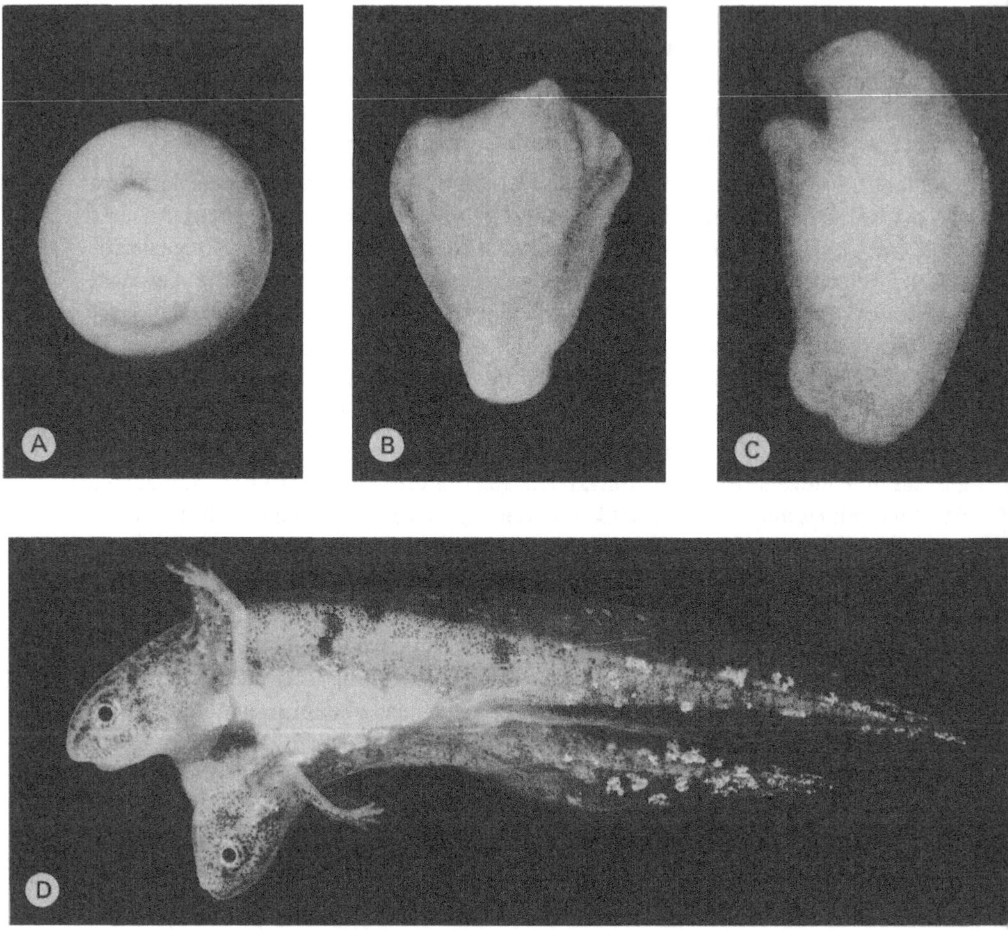

Bild 51. Verpflanzung der dorsalen Urmundlippe bei den Pleurodelen (nach CAPURON, 1962). A, Gastrula vom vegetativen Pol her gesehen, etwa 30 Minuten nach der Operation; die implantierte Urmundlippe befindet sich im unteren Teil. B, Neurula 2 Tage nach der Operation; die induzierte Neuralplatte befindet sich links. C, Schwanzknospen-Stadium 3 Tage nach der Operation; links entsteht der sekundäre Embryo. D, Larve im Alter von 4 Monaten; die sekundäre Larve liegt ventral von der primären.

der Befruchtung zum grauen Halbmond wird. Hier zeigt sich noch einmal in aller Deutlichkeit die Bedeutung der Symmetrisation für das Ei, denn die Position des Organisationszentrums liegt nach diesem Ereignis ein für alle Mal fest. Die Organogenese kann nun auf dem vorgezeichneten Weg ablaufen, wenn die Normogenese ohne Störungen vor sich geht.

6.2.4. Exogastrulation

Es stellt sich jetzt die Frage nach der Bedeutung des Chorda-Mesoderms für die Embryogenese. Ist es tatsächlich unerläßlich bei der neuralen Induktion in der Normogenese des Individuums? Eine Antwort auf diese Frage konnte HOLTFRETER (1933) mit seinem *Exogastrulations-Versuch* geben.

Enthüllte *Triturus*-Eier werden in ein hypertonisches Kulturmedium gegeben. Dabei läßt sich beobachten, daß nicht nur die Invaginationsbewegungen ausbleiben, sondern daß sogar Entoderm und Mesoderm, d.h. alles Material unterhalb der Invaginationslinie, sich nach außerhalb des Keimes verlagern. Es entsteht ein Entoderm-Mesoderm-Klumpen, der an einem winzigen Stielchen mit dem Ektoderm verhaftet bleibt (Bild 52 A). Dieses Ektoderm bildet niemals Nervenelemente aus.

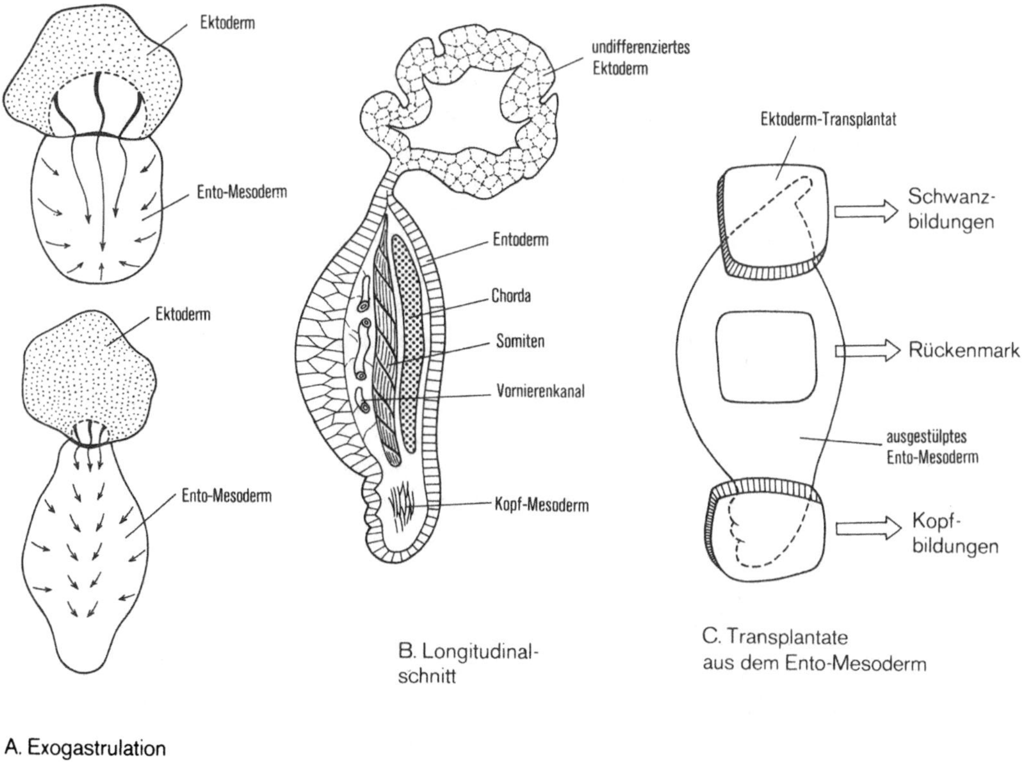

Bild 52. Exogastrulations-Experiment. A, zwei Darstellungen von der Exogastrulation des Ento-Mesoderms, die Bewegungsrichtung wird mit den Pfeilen angedeutet. B, Längsschnitt durch einen Keim nach vollständiger Exogastrulation. C, Lage der Ektodermtransplantate auf dem ausgestülpten Ento-Mesoderm-Klumpen; die im Ektoderm induzierten Bildungen stehen in enger Beziehung zu den Regionen, mit denen ein Kontakt bestand (nach HOLTFRETER).

Daher kann man folgern, daß für eine normale Ausdifferenzierung des Ektoderms die Gegenwart des Organisationszentrums unbedingt erforderlich ist. Für die Entstehung eines Nervensystems ist der Kontakt zwischen Chorda-Mesoderm und Ektoderm unerläßlich.

Innerhalb des ausgestülpten Entoderm-Mesoderm-Klumpens können noch histologische Unterscheidungen vorgenommen werden (Bild 52 B). Die äußere Epithelschicht wird vom Entoderm geliefert. Zentral ist eine Chorda vorhanden, die sich im Kopfmesoderm fortsetzt; lateral differenziert sich das Rumpfmesoderm, in dem die Bildung einzelner Tubulistrukturen auf die Anwesenheit von Elementen des Pronephros hinweist. Nervengewebe tritt nicht in Erscheinung, da das Ektoderm ja fehlt.

Im Verlauf des gleichen Versuchs glückte der Gegenbeweis, mit dem die entscheidende Rolle des Chorda-Mesoderms als Induktor für das Ektoderm herausgestellt werden konnte. Man implantierte nämlich dem Entoderm-Mesoderm-Klumpen ganz gewöhnliches Ektoderm, das einer normalen Blastula entnommen wurde (Bild 52 C). Das Ektoderm ist nicht zur Selbstdifferenzierung befähigt, es bildet aber bei einem Kontakt mit darunterliegendem Chorda-Mesoderm neurale Elemente aus. Dabei lassen sich voneinander abweichende Induktionstendenzen erkennen. Im cranialen Abschnitt, wo sich das Kopfmesoderm befindet, differenzieren sich aus ektodermalem Material Organteile des Gehirns. Im mittleren Abschnitt führt die Induktion zur Differenzierung eines Rückenmarks. Im hinteren Abschnitt schließlich bildet sich das Neuralrohr wie in der Rumpfregion aus, und abschließend bauen Ektoderm und Chorda-Mesoderm gemeinsam die Schwanzknospe auf. Es tritt somit noch ein neuer Gesichtspunkt auf, der weiter unten eingehender behandelt werden soll: Die durch Induktion aus dem Ektoderm hervorgegangenen Gebilde fallen qualitativ verschieden aus und lassen Beziehungen zu den einzelnen Regionen des unterlagernden Chorda-Mesoderms erkennen. Man kann in diesem Fall von einer *regionalspezifischen Induktion* sprechen.

Es ist an dieser Stelle besonders hervorzuheben, daß die Induktionswirkung des Chorda-Mesoderms mit dem Einsetzen der Gastrulation beginnt und während der gesamten Periode andauert. Wenn das bereits eingestülpte Chorda-Mesoderm am Ende der Gastrulation herausgeschnitten und auf eine noch jüngere Gastrula transplantiert wird, ist es als Induktor noch wirksam. Am Ende der Neurulation besitzt allein das Chorda-Material noch Induktionswirkung. Mit der Weiterentwicklung des Keimes nimmt die Induktionsleistung des Chorda-Mesoderms merklich ab.

Die Ausbildung sekundärer Organanlagen, wie sie aus dem eben beschriebenen Versuch hervorgehen, und auch die induzierten Neuralbildungen nach einer Ektodermtransplantation auf den Entoderm-Mesoderm-Klumpen sind bei weitem nicht so vollständig wie in den Induktionsexperimenten nach der Verpflanzung der dorsalen Urmundlippe. Nur in den günstigsten Fällen entsteht ein sekundärer Embryo, im allgemeinen führt die Induktion nur zu einer Embryoanlage oder zu einem Teilembryo. Allerdings ließ sich auch in dem als fundamental anzusehenden Experiment SPEMANNs nur bei den besonders gut verlaufenden Versuchen die Bildung eines kompletten, sekundären Embryos beobachten. Nicht selten wird bloß eine Embryoanlage induziert oder die Ausdifferenzierung eines Teiles davon.

Nachdem die grundlegenden Erkenntnisse SPEMANNs und seiner Schule allgemeine Anerkennung gefunden hatten, konzentrierten sich die späteren Untersuchungen auf drei verschiedene Richtungen:
- die Herausarbeitung allgemeingültiger Merkmale des Induktionsphänomens;
- die biochemischen Vorgänge bei der Induktion;
- Induktionsleistungen höheren Grades.

6.3. Die allgemeine Gültigkeit des Induktionsphänomens

Es erhebt sich die Frage, ob die Induktionswirkung des Chorda-Mesoderms, wie wir sie oben besprochen haben, auch für andere Amphibien und überhaupt alle Vertebraten Gültigkeit besitzt? SPEMANN's Ergebnisse bezogen sich auf die Gattung *Triturus*, deren Vorteile für den Experimentator klar auf der Hand liegen. Die Eier werden in großer Zahl abgelegt, sie sind relativ leicht zugänglich, und die Entwicklung läßt sich mittels Variieren der Umgebungstemperatur beschleunigen oder verzögern. Ähnliche Ergebnisse konnte man 1930 mit Anuren erzielen. Zwar ist es ehr viel schwieriger, diese Eier zu enthüllen, aber die Transplantation der dorsalen Urmundlippe führt in jedem Fall zur Bildung eines sekundären Embryos. Gleichartige Beobachtungen wurden 1935 an Knochenfischen angestellt. Bei den Vögeln, wo der Primitivstreifen als Äquivalent der Urmundlippen der Amphibien zu gelten hat, entspricht der HENSENsche Knoten der dorsalen Lippe. Zur Erleichterung des Experimentierens wird das Blastoderm auf koaguliertem Plasma gezüchtet. Die ersten Versuche von WADDINGTON (1933) bestanden darin, zwei Keimscheiben herauszutrennen und sie mit den Bauchseiten aufeinanderzukleben. Dabei bildete sich diejenige Keimscheibe, die mit der Dorsalseite dem Kulturmedium auflag, zurück, während sich die obere weiter entwickelte und ein Gehirn, ein Neuralrohr und Somiten lieferte. Außerdem wurde ein sekundärer Embryo in der *Area pellucida* induziert, wo sich normalerweise nie ein Embryo differenziert. Es reagiert aber nicht nur das Ektoderm der *Area pellucida*, sondern auch das der *Area opaca* auf den Induktionsreiz. Das Ektoderm spricht bei den Vögeln in starkem Maße auf die induzierende Wirkung des Chorda-Mesoderms an. Wenn der Bezirk des HENSENschen Knotens oder Teile des Primitivstreifens unter das isoliert weitergezüchtete Ektophyll implantiert werden, induzieren sie im Wirtsblastoderm regelmäßig sekundäre neurale Bildungen. Zwischen dem Organisationszentrum der Amphibien und dem Primitivstreifen der Vögel besteht völlige Übereinstimmung.

Unsere Kenntnisse von der Induktion lassen sich auch auf die Evertebraten übertragen. Im Zusammenhang mit den Versuchen von HÖRSTADIUS, die darin bestanden, einer animalen Hälfte oder einem animalen Zellkranz Mikromeren zu implantieren, haben wir versucht, eine Definition für den Induktionsvorgang zu geben. Unter dem induzierenden Einfluß der Mikromeren gehen aus dem Ektoderm zusätzliche Differenzierungen wie das Entoderm hervor, so daß der entstehende Keim organisiert erscheint, da sich ein *Pluteus* mit harmonischen Organanlagen entwickelt.

Bei den Ascidien erweist sich der Bereich der Chorda und des darunter befindlichen Entoderms als notwendig für neurale Differenzierungen. Aber nur das präsumptive neurale Ektoderm zeigt die Fähigkeit, Nervenelemente auszubilden; auf diese Region beschränkt sich die Ansprechbarkeit des Ektoderms bei der neuralen Induktion.

Auch bei den Insekten existiert ein *Differenzierungszentrum*, das man dem *Organisationszentrum* der Amphibien gleichsetzen kann. Nur ist es bei den letzteren das Chorda-Mesoderm, von dem die Differenzierungen des Ektoderms induziert werden, während es sich im Fall der Insekten um einen streng lokalisierten Bereich im Ektoderm handelt, von dem mesodermale Differenzierungen induziert werden.

Das Induktionsphänomen läßt sich bei allen Entwicklungsformen beobachten. Wir werden noch sehen, daß es sich nicht nur auf die Anfänge der Organogenese eines Embryos beschränkt, sondern auch noch während des Aufbaues wohldefinierter Organe in Erscheinung tritt, wenn verschiedenartige Gewebe miteinander in Verbindung gebracht werden.

7. Biochemische Vorgänge bei der Induktion

Seit dem Bekanntwerden der grundsätzlichen Wesenszüge der Induktion stellte sich die Frage, ob nicht vom Induktor ein chemischer Wirkstoff an seinen Wirt abgegeben wird. Erfolgt die Induktion dank einer chemischen Vermittlersubstanz, die den Empfänger aktiviert? Wohl ist im Zusammenhang mit der Erforschung der Induktion die Zahl der untersuchten Substanzen rasch angestiegen, die chemische Natur ihres Wirkungsmechanismus konnte dagegen noch nicht aufgeklärt werden.

7.1. Mangelnde Spezifität der Induktoren

Die auf eine Gastrula transplantierte Urmundlippe kann von einem Keim einer völlig anderen Art als der, zu der der Wirtskeim gehört, stammen. Ohne weiteres induziert die dorsale Urmundlippe eines Anuren einen sekundären Embryo, wenn sie auf eine Urodelenblastula transplantiert wird. Auch der umgekehrte Versuch ist möglich. Genauso induziert bei den Vögeln der Primitivstreifen des Hühnchens auf dem Blastoderm der Ente einen sekundären Embryo. Schließlich induziert sogar ein Stück vom Primitivstreifen eines Kaninchens, wenn es auf das Blastoderm des Hühnchens transplantiert wird, dort die Bildung eines sekundären Embryos. Auf einem *Triturus*-Keim erfolgt auch nach der Transplantation eines von einem Fisch stammenden Organisators eine Induktion.

Diese Versuche, die zur Erforschung der Verhältnisse bei den Vertebraten sehr breit angelegt worden sind, beweisen unzweifelhaft die Unspezifität der Induktionsvorgänge in bezug auf artliche Zugehörigkeiten.

7.2. Übertragung von Induktionsfähigkeiten

Wenn ein einfaches Ektodermstück aus einer Blastula herausgeschnitten und in die zukünftige Bauchhaut einer anderen Gastrula implantiert wird, so erfolgt keine Induktion (Bild 53 A und B). Allein die dorsale Urmundlippe vermag einen sekundären Embryo zu induzieren. Wird das betreffende Ektodermstück in die dorsale Urmundlippe verpflanzt, dann macht es die Invaginationsbewegungen mit und findet sich am Schluß der Gastrulation, wenn vorher die Möglichkeit einer Vitalfärbung bestand, im Urdarmdach wieder (Bild 53 C und D). In einem zweiten Versuch wird das ehemalige Ektodermstück erneut herausgeschnitten und einem frühen Gastrula-Stadium eingepflanzt. Dieses Mal erfolgt eine Induktion, wobei ein sekundärer Embryo entsteht (Bild 53 E). Das normale Ektoderm, das üblicherweise keine Selbstgliederung zeigt, erhält mit dem Augenblick, wo es sich für einige Zeit mit dem Organisationszentrum in Kontakt befindet, die Fähigkeit zur Induktion. Man kann sich vorstellen, daß bei diesem Vorgang das Transplantat mit einer Substanz imprägniert wird, von der die induzierenden Eigenschaften übertragen werden. SPEMANN nannte diese hypothetische Substanz *Organisin;* dieser Name wurde allerdings bald wieder aufgegeben. Man bevorzugt heute die neutralere Bezeichnung *"Induktions-Substanz"*.

Die Vermutung vom Vorhandensein einer Induktions-Substanz kann durch ähnliche Beobachtungen noch erhärtet werden. Das präsumptive Ektoderm einer Blastula z.B. besitzt keine induzierende Wirkung, wohl aber das Neuro-Ektoderm, das einer frühen Neurula aus dem Bereich der Neuralplatte herausgeschnitten wird. Die Neuralplatte selbst erlangt die Fähigkeit zur Induktion, nachdem sie Kontakt mit dem induzierenden Chorda-Mesoderm bekommen hat. Dabei hat eine Überleitung der Induktions-Substanz aus dem Chorda-Mesoderm in die Neuralplatte stattgefunden.

7.3. Induktionsleistung verschiedener Gewebe

Die Induktionsfähigkeit ist nicht unbedingt an das intakte Zellmaterial der dorsalen Urmundlippe gebunden. Es gelang nämlich SPEMANN (1931) zu zeigen, daß das Organisationszentrum, obgleich seine Zellen durch Hitze, Kälte, Alkohol oder Aus-

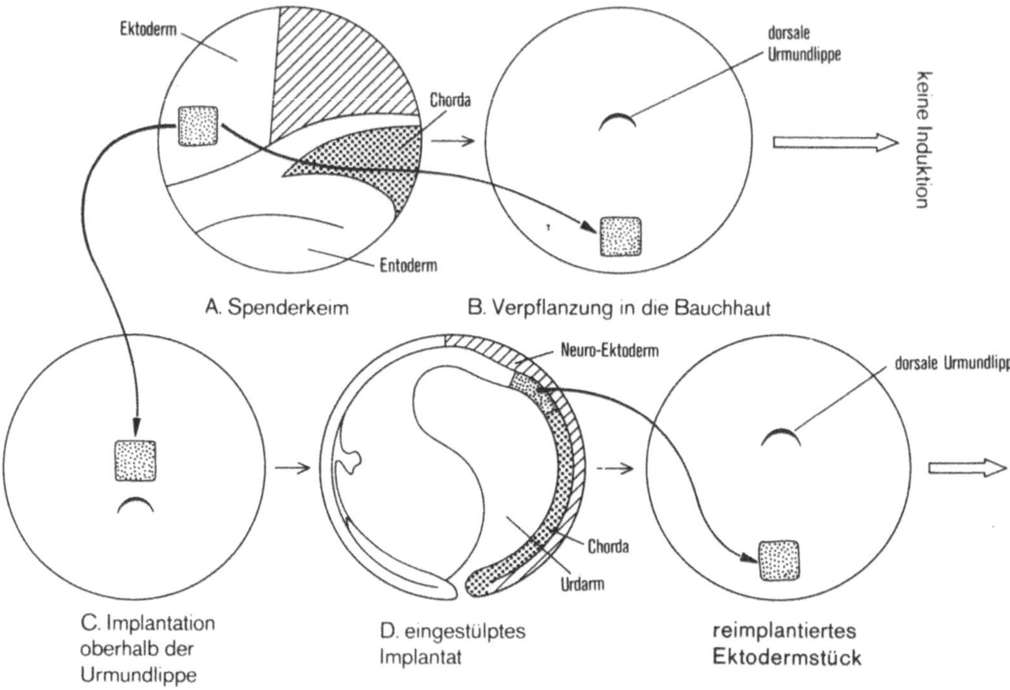

Bild 53. Übertragbarkeit der Induktionsfähigkeit. A, Transplantation von präsumptivem Ektoderm, das aus einer Blastula herausgeschnitten wurde. B, eine Verpflanzung in die Bauchhaut ergibt keine Induktion. C, Implantation über der dorsalen Urmundlippe. D, Invagination des Transplantates, das sich zum Schluß der Neurulation im Urdarmdach befindet. E, das erneut entnommene und in die Bauchhaut reimplantierte Ektodermstück führt zu einer Induktion (verändert nach SPEMANN und GEINITZ).

trocknung abgetötet worden waren, seine induzierenden Eigenschaften bewahrt hatte. Ein weiterer, sehr wichtiger Versuch beleuchtet das Problem von einer ganz anderen Seite. Wir haben bereits gesehen, daß das normale, keine Selbstgliederung zeigende Ektoderm eine Induktionsfähigkeit erlangt, wenn es eine Zeitlang mit der dorsalen Urmundlippe in Berührung kommt. In einem sehr viel einfacheren Verfahren wird auch ein gewöhnliches Ektodermstück, das vorher durch Hitze abgetötet wurde, zum Induktor. Die induzierenden Eigenschaften treten nicht nur bei Transplantationsexperimenten an Gastrula-Stadien auf, sondern auch bei Verpflanzungen in das Blastocoel (Bild 54A). Im Verlauf der Gastrulationsbewegungen taucht die entodermale Masse in das Blastocoel ein, das dann immer weiter zurückgedrängt wird. Das Transplantat wird dabei fest gegen das präsumptive Ektoderm gedrückt. Eine andere, sehr elegante Methode besteht darin, daß man ein möglichst großes undifferenziertes Ektodermstück exzidiert und es um ein Organisatorexplantat wie

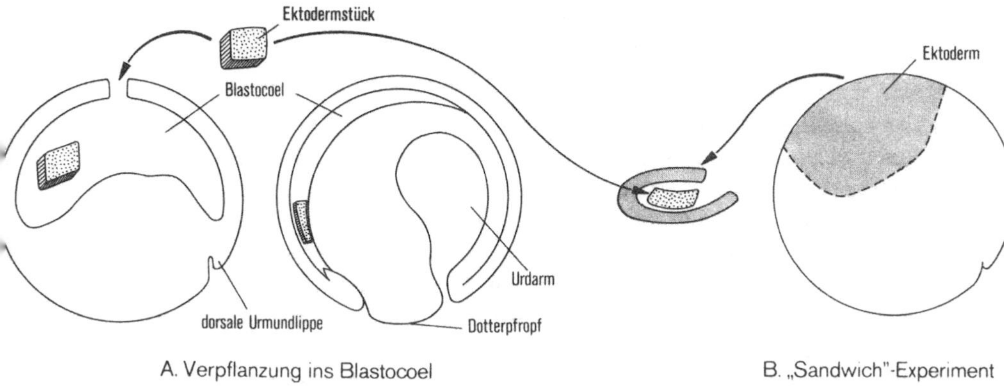

Bild 54. Schema der gebräuchlichsten Untersuchungstechniken, um fremde Induktoren zu testen. A, ein in das Blastocoel gestecktes Transplantat drückt sich im Verlauf der Gastrulation unter das Ektoderm. B, „Sandwich"-Experiment, das Transplantat wird in ein von einer frühen Gastrula entnommenes Ektodermstück gehüllt.

eine Tasche faltet („Sandwich"-Experiment). Dieser umhüllte Induktor wird dann in einem geeigneten Kulturmedium weitergezüchtet (Bild 54 B).

HOLTFRETER (1934) konnte zeigen, daß ein Ektoderm- oder Entodermstück, das im lebenden Zustand nicht als Organisator wirksam ist, nach vorherigem Abtöten eine Induktion herbeiführt, wenn es in das Blastocoel eingeschoben oder als „Sandwich" weitergezüchtet wird. Diese Versuche deuten darauf hin, daß die Fähigkeit zur Induktion nicht auf das Organisationszentrum begrenzt ist, sondern im gesamten Keim vorhanden ist. Nur ist sie normalerweise allein im Organisationszentrum wirksam und bleibt in den anderen Partien der frühen Gastrula unter natürlichen Bedingungen verdeckt; sie kann aber z.B. durch Abtöten der Gewebe plötzlich freiwerden.

Wenn die Induktions-Substanz auf der frühen Gastrula so weit verbreitet ist, könnte sie möglicherweise auch in anderen Geweben anzutreffen sein, vorausgesetzt, daß diese abgetötet worden sind; eventuell macht sie sich sogar im noch lebenden Material bemerkbar.

Ausgehend von dieser Hypothese wurde eine große Anzahl von lebenden und abgetöteten Geweben oder deren Extrakte sowie noch andere Substanzen geprüft, indem sie in das Blastoderm gesteckt oder als „Sandwich" kultiviert wurden. Praktisch ergab sich bei jedem der getesteten Gewebe, das von Vertebraten wie auch von Evertebraten stammen konnte, eine Induktionswirkung. Man spricht in diesem Fall von *heterogenen Induktoren* im Gegensatz zu den normalen Induktoren, die vom Organisationszentrum repräsentiert werden. Es ging sogar so weit, daß man Kaolin, Seifenstückchen, Quarz und sogar Kieselerde-Partikeln in das Blastocoel steckte, und es waren jedesmal Ansätze einer Induktion zu beobachten.

An dieser Stelle scheint ein wichtiger Hinweis angebracht: Die dorsale Urmundlippe ist durch nichts zu ersetzen, wenn ein wohlgestalteter, sekundärer Embryo mit Neuralrohr und mesodermalen Bildungen erzeugt werden soll. Bei den Beispielen mit heterogenen Induktoren erhält man aus dem Ektoderm nicht selten nur angedeutete neurale Bildungen. Man bezeichnet diesen Vorgang regelrecht als *Evokation*. Durch die getesteten Gewebe und Substanzen entstehen Gebilde, die eine mehr oder weniger entfernte Ähnlichkeit mit neuralen Strukturen besitzen, ohne daß sich jemals ein echtes Neuralrohr aufbaut. Dem Begriff der Evokation stellt man den der *Individuation* gegenüber, um den Fall zu kennzeichnen, wenn tatsächlich ein neurales Achsenorgan entsteht. Als Induktoren im eigentlichen Sinne können die einfachen, in das Blastocoel verpflanzten Substanzen nicht bezeichnet werden, da sie eher Überträger-Mechanismen darstellen. Ihre Rolle beschränkt sich darauf, die normalerweise in allen Ektodermzellen vorhandenen, echten Induktionstendenzen freizusetzen. Das eigentliche Problem stellt sich nicht im Bereich des Induktors, da praktisch alles zur Induktion befähigt ist, sondern eher vom reagierenden Gewebe aus, in diesem Falle also vom Ektoderm. Die Induktions-Substanz könnte im Bereich des reaktionsfähigen Ektoderms in Gestalt einer inaktiven Komplexverbindung vorhanden sein, und es ist durchaus denkbar, daß ein beliebiges Agens sich als geeignet erweist, diesen Komplex aufzubrechen, die Freisetzung der Substanz hervorzurufen und schließlich eine Induktion herbeizuführen. Als Beweis könnte die *autonome Neuralisierung* angesehen werden. Es sind einige Fälle bekannt, wo das Ektoderm ohne Vermittlung eines induzierenden Agens zur Ausbildung von neuralen Strukturen befähigt ist. Beim Ektoderm von *Ambystoma* ist diese Besonderheit am stärksten ausgeprägt. Schon von der Kulturflüssigkeit, in der das isolierte Ektoderm einer *Ambystoma*-Gastrula gezüchtet wird, geht sowohl im sauren wie auch im alkalischen Milieu eine Schockwirkung aus, die neurale Differenzierungen in diesem Gewebe hervorruft. Die Wirkung der Kulturflüssigkeit beruht auf der Freisetzung einer Induktions-Substanz, die sogar noch im Innern der Ektodermzellen von *Ambystoma* anzutreffen ist.

Es lag nahe, zunächst die chemische Natur der Substanz zu untersuchen, die im Verlauf der Induktion ihre Wirkung offenbart. Tatsächlich handelt es sich aber nicht nur um eine, sondern um mehrere Induktions-Substanzen, wie in den folgenden Versuchen bewiesen werden konnte.

7.4. Regionalspezifische Induktion

Die dorsale Urmundlippe besitzt zum Beginn der Gastrulation nicht die gleiche Bedeutung wie an ihrem Ende, da sie nicht mehr als ein geometrisch fixierter Ort ist, in dessen Bereich das kurz vor der Invagination stehende Material vorbeifließt.

Wenn die dorsale Urmundlippe das erste Mal wahrgenommen werden kann, besteht sie zunächst aus Prächorda-Material, etwas später aus dem vorderen und schließlich aus den hinteren Abschnitten der Chorda. Das zuerst eingestülpte Material entspricht der Region, über der das Gehirn induziert wird. Vom nachfolgenden Material wird das Rückenmark induziert, und von den zuletzt eingestülpten Elementen geht die Induktion des Schwanzes aus. Daraus folgt, daß im Organisationszentrum verschiedene Bezirke enthalten sind, von denen jeder eine spezifische Induktionsleistung hervorbringt, so daß man von einer regionalspezifischen Induktion sprechen kann.

Die regionalspezifische Induktion wird besonders auffällig, wenn man die als Transplantat verwendete dorsale Urmundlippe zusammen mit dem Ort der Einpflanzung berücksichtigt. Implantiert man die dorsale Urmundlippe von einem frühen Stadium mit prächordalem Material auf einen anderen Keim in die dem präsumptiven cranialen Bezirk entsprechende Region, dann beschränken sich die induzierten Gebilde fast ausschließlich auf typische Kopforgane wie Riechgruben, Augen- und Ohrbläschen. Ein in die präsumptive Kopfregion implantierter Kopfinduktor erzeugt also im wesentlichen Kopforgane.

Eine dorsale Urmundlippe, die einer Gastrula gegen Ende des Dotterpfropf-Stadiums entnommen wird, ist identisch mit dem Chordamaterial der Rumpf- und Schwanzregion. Eine Transplantation dieser Urmundlippe in den Bereich des präsumptiven Rumpfektoderms führt zur Induktion eines Rückenmarks, von Somiten und einem Schwanz und gelegentlich auch noch der Ohrbläschen. Der in die präsumptive Rumpfregion verpflanzte Rumpfinduktor liefert also Bildungen, die zum Rumpf-Schwanz-Komplex gehören. In diesen beiden Versuchen kommt die Existenz eines *Kopf-* und eines *Rumpfinduktors* klar zum Ausdruck. Das Problem erweist sich jedoch als weitaus nuancierter, da die Verpflanzung einer jungen dorsalen Urmundlippe in die präsumptive Rumpfregion zur Ausbildung eines harmonisch gebauten sekundären Embryos mit Kopf- und Schwanzorganen führt. Umgekehrt erzeugt auch eine gegen Ende der Gastrulation entnommene Urmundlippe bei der Verpflanzung in die präsumptive Kopfregion einen wohlproportionierten sekundären Embryo. Wenn man die besonderen Eigenschaften des Induktors zu denen des Empfängers in Relation setzt, können induzierte Gebilde eines hohen Entwicklungsgrades planmäßig angelegt werden.

Wir haben oben schon auf das Experiment der Exogastrulation hingewiesen, bei dem Mesoderm und Entoderm nach außen verlagert werden und als Anhängsel einer undifferenzierten ektodermalen Masse vorliegen. Hier bietet sich eine Möglichkeit, die Induktionswirkung verschiedener Regionen des Chorda-Mesoderms zu prüfen, indem man ein einfaches, von einer Blastula exzidiertes Ektodermstück aufpflanzt (Bild 52). Wenn das Transplantat in die vordere Region des Entoderm-Mesoderm-Klumpens eingefügt wird, baut sich durch den Kontakt mit dem Kopfmesoderm das Gehirn mit Augen- und Gehörbläschen auf, es entstehen also typische Kopforgane. Ein in die mittlere Region eingefügtes Transplantat bildet dort ein Rückenmark, seltener auch Gehörbläschen aus, Nervenelemente also, die für die Rumpfregion typisch sind. Wird ein Transplantat schließlich in die hintere Region – genauer in die Schwanzregion – gesetzt, entsteht dort ein Neuralrohr, und außerdem vereinen sich Chorda-Mesoderm und implantiertes Ektoderm zur Bildung eines Schwanzes. Auch diese Versuchsreihe kann als eindeutiger Beweis für die regionalspezifische Induktion gelten. Die Ausdeutung dieser Versuche führte dazu, die Existenz von zwei Tendenzen in der neuralen Induktion anzunehmen. Eine davon wurde als *archencephaler* oder *Vorderkopf-Induktor* bezeichnet, d.h. von ihm wird die Bildung der Riechgruben sowie der Augen- und Gehörbläschen induziert; als *spinalen* oder *Rumpfschwanz-Induktor* kennzeichnete man die andere, auf die die Bildung des Rückenmarks und des Schwanzes zurückgeht. Allerdings sind beide der qualitativ so verschiedenen Induktionstendenzen nicht haarscharf gegeneinander abgegrenzt, sondern es besteht eine weitgehende Überlagerung der induzierten Organe. Eine Grenze zwischen beiden kann man im Bereich des hinteren Hirnabschnittes annehmen, wo die Gehörbläschen entstehen. Man spricht gelegentlich sogar von einem weiteren, als *deuterencephaler* oder *Hinterkopf-Induktor* bezeichneten Typ aufgrund des Überwiegens von Ohrbildungen als Ergebnis dieser Induktionstendenz. Die Tatsache, daß sich die induzierten Organe auch überlagern können, führt einige Autoren dazu, eine Zweiheit hinsichtlich der Qualität des Induktors abzulehnen. Ihrer Ansicht nach existiert für den gesamten Bereich nur ein einziger Induktor, dessen Intensität in cephalo-caudaler Richtung abnimmt. Die Bildung der Kopforgane entspräche demnach einem verhältnismäßig hohen Gehalt an Induktions-Substanz, deren allmähliche Verringerung dann zur Entstehung des Nachhirns, des Rückenmarks und schließlich des Schwanzes führt.

Es ist schwer zu entscheiden, welcher Theorie man den Vorzug geben soll: Derjenigen, die qualitative, oder derjenigen, die quantitative Unterschiede in den Eigenschaften des Induktors zugrunde legt. Die Versuche lassen sich sowohl mit der einen wie auch mit der anderen Version interpretieren. Es scheint aber, als würde sich die Mehrheit der Bearbeiter aufgrund sehr differenzierter Analysen, die bei Versuchen mit heterogenen Induktoren angestellt werden konnten, für die Annahme verschiedener Induktions-Substanzen entscheiden. Unter heterogenen Induktoren versteht man z.B. die vom Meerschweinchen stammenden Organe Leber, Niere, Knochenmark oder Extrakte davon. Es handelt sich dabei um Induktoren, die ihrem Charakter nach von der dorsalen Urmundlippe völlig abweichen, da sie sich ja als unentbehrlich in der Normogenese herausgestellt hat.

Weiter oben betrachteten wir allein den Fall der neuralen Induktion, die sich bei der induzierenden Wirkung des Chorda-Mesoderms auf das Ektoderm beobachten läßt. Daneben bestand in dem fundamentalen Experiment von SPEMANN auch noch eine mesodermale Induktion, die sich in der Ausbildung von Myotomen und Pronephroselementen aus den Seitenplatten äußerte. Eine generelle Erklärung der Induktionsleistung wird durch die Tatsache noch mehr erschwert, daß auch bei der mesodermalen Induktion eine Regionalspezifität ausgeprägt ist, und zwar in dorso-ventraler Richtung. Ohne nun näher auf die Einzelheiten der Versuchs methode einzugehen, bei der die regionalspezifische Induktion evident wurde, soll nur noch angedeutet werden, daß die Interpretation der Ergebnisse sowohl nach der Hypothese von mehreren Induktions-Substanzen unterschiedlicher Qualität wie auch nach der Hypothese von einer einzigen, deren Wirkung auf quantitativen Unterschieden beruht, möglich ist.

7.5. Möglichkeiten zur Identifizierung der Induktions-Tendenzen

Über die chemische Natur der Induktions-Substanzen bestehen keine Zweifel mehr. Nachdem sich herausgestellt hatte, daß von den verschiedenen heterogenen Induktoren eine ähnliche Wirkung ausgehen kann, versuchte man, aus den in Frage kommenden Substanzen einzelne Bestandteile zu isolieren. Kleine Agarblöckchen wurden mit der zu untersuchenden Substanz getränkt, oder man suchte sie in eine feste Form zu bringen. Diese Teilchen werden anschließend in das Blastocoel einer Amphibien-Gastrula gesteckt, oder sie werden im „Sandwich"-Experiment von einem Ektodermstück umhüllt und in einem Kulturmedium weitergezüchtet. Die Interpretation der Ergebnisse bereitet einige Schwierigkeiten, denn man muß sich vor Augen halten, daß die Versuchsbedingungen vor allem beim „Sandwich"-Experiment von den Bedingungen einer Normogenese sehr abweichen.

Auch mit heterogenen Induktoren ließen sich regionalspezifische Induktionen erzielen. Bei der Verwendung frischer Meerschweinchengewebe ergaben sich folgende Resultate (TOIVONEN, 1940):

- mit Lebergewebe entwickeln sich archencephale Gebilde, d.h. also Vorderhirn mit Riechgruben und Augenbläschen;
- mit Nierengewebe entwickeln sich deuterencephale Gebilde in Gestalt der Gehörbläschen und spino-caudale Elemente wie Rückenmark, Chorda, Myotome und Schwanz;
- mit Knochenmarksgewebe entwickeln sich Strukturen des Rumpfmesoderms wie Chorda, Myotome, Vornierenkanälchen und Elemente des Blutsystems.

Alle drei heterogenen Induktoren wurden am Ektoderm einer *Triturus*-Gastrula getestet, und sie verhielten sich einzeln genommen wie die Gesamtheit der regionalspezifischen Induktoren eines normalen Amphibienkeimes. Die Untersuchung der in diesen Geweben vorhandenen chemischen Bestandteile sollte bei der Aufklärung der sicher auf chemischen Grundlagen basierenden Mechanismen des normalen

Induktionsvorganges behilflich sein. TOIVONEN und seine Schule gelangten 1950 zu den folgenden Ergebnissen:

- der für die archencephale Induktion verantwortliche Faktor der Meerschweinchenleber ist verhältnismäßig thermostabil, löslich in Petroläther, tritt in der Nucleoproteid-Fraktion auf und ist leicht dialysierbar;
- der für die spino-caudale Induktion verantwortliche Faktor der Meerschweinchenniere ist thermolabil, unlöslich in Petroläther, wird durch proteolytische Enzyme inaktiviert und ist nicht dialysierbar.

Aus den Untersuchungen der finnischen Schule geht über die Natur der Induktions-Substanzen hervor, daß es sich dabei um Eiweißkörper handelt, wobei die Verbindung mit Nucleinsäure keine Rolle spielt. Diese Ergebnisse konnte YAMADA (1957) bestätigen. Ein von ihm aus der Meerschweinchenleber isoliertes Protein induzierte archencephale und ein aus der Meerschweinchenniere stammendes spino-caudale Bildungen. YAMADA folgerte daraus, daß zu jeder Induktions-Tendenz ein spezifisches Protein gehört, doch ist diese Spezifität keine absolute, da es durch geeignete Behandlungsmethoden möglich ist, sie so abzuwandeln, daß sie zu andersartigen Induktionsleistungen befähigt wird. Sehr deutlich kommt das in dem folgenden Versuch zum Ausdruck. Man weiß, daß vom Knochenmark des Meerschweinchens ausschließlich mesodermale Strukturen induziert werden. Behandelt man aber dieses Knochenmark in immer längeren Zeiträumen mit Wasserdampf, führt es durch die Alkoholreihe und wäscht anschließend in Wasser, dann erhält man mesodermale Bildungen in immer schwächerem Maß, während archencephale Bildungen in den Vordergrund treten.

YAMADA testete in dieser Weise behandeltes Knochenmark in einem mehrere Serien umfassenden „Sandwich"-Experiment:

- Serie I : durch Alkohol abgetötetes Knochenmark induziert einzig mesodermale Bildungen;
- Serie II : durch Alkohol abgetötetes und anschließend 20 s dampfbehandeltes Knochenmark zeigt nur noch reduzierte mesodermale Bildungen, spino-caudale sind dagegen zahlreich;
- Serie III : lebendfrisches Knochenmark wird 40 s lang heißem Wasserdampf ausgesetzt und anschließend mit Alkohol behandelt; danach entstehen keine mesodermalen und nur wenige caudale Bildungen, dagegen erscheinen deuterencephale;
- Serie IV : das Knochenmark bleibt 60 s lang im Dampf und wird anschließend mit Alkohol behandelt; danach werden keine spinocaudalen Bildungen induziert, die deuterencephalen werden geringer, während archencephale zahlreich in Erscheinung treten;

– Serie V : das Knochenmark wird länger als 150 s bedampft und anschließend mit Alkohol behandelt; nun nehmen auch die archencephalen Induktionsleistungen mehr und mehr ab, wie sich ja auch mesodermale Elemente schon längere Zeit nicht mehr ausbildeten.

In dieser knappen Zusammenstellung werden die Versuche von YAMADA nur gestreift, aber es wird dennoch deutlich, daß sich nach den verschiedenen Behandlungsmethoden ein gewissermaßen fließender Übergang bei den einzelnen Induktions-Tendenzen einstellt. Die ursprüngliche Eigenschaft der im Knochenmark vorhandenen Induktions-Substanz, die spezifische mesodermale Bildungen hervorbringt, wird durch die auf das Gewebe einwirkende Behandlung völlig verändert.

7.6. Die chemische Verwandtschaft der Induktoren mit den Proteinen

Es war unumgänglich, die chemische Zusammensetzung der Induktions-Substanz zu präzisieren. Wir haben bisher nur die neuesten Ergebnisse der japanischen Schule betrachtet, die sich aus der Verwendung von Knochenmarksextrakten des Meerschweinchens oder von Extrakten aus Amphibienembryonen ergaben. Mit Äthanol behandeltes und im „Sandwich"-Experiment zusammen mit dem Ektoderm einer frühen *Triturus*-Gastrula gezüchtetes Knochenmark vom Meerschweinchen induziert praktisch alle klassischen mesodermalen Bildungen: Chorda, Nierenkanälchen, Extremitätenknospen, Mesenchym, Blutelemente, Herz, Knorpel und Rumpfmuskulatur. Vom reaktionsfähigen Ektoderm werden gleichermaßen entodermale Bildungen wie Pharynx, Kiementaschen, Oesophagus, Darm und Lungenanlagen induziert.

Die Fraktionierung von Knochenmarksextrakten mittels Streptomycinsulfat ergab eine Fraktion mit einem hohen Gehalt an Nucleoproteiden, die kaum Indukte erzeugte, und eine stark induktionsfähige Fraktion mit nur einem geringen Anteil an Nucleoproteiden. Auch bei der Ultrazentrifugation verbunden mit einer geeigneten Nachbehandlung gewinnt man einen Nucleoproteide enthaltenden Anteil und einen fast ausschließlich aus Proteinen bestehenden Teil. Allein der proteinhaltige Teil hat sich als hochgradig induktionsfähig erwiesen.

Es ist wichtig hervorzuheben, daß die zunehmende Reinigung des Extraktes nicht mit einer Einschränkung in der Vielfalt der Indukte einhergeht. Eine Probe aus der letzten Fraktion vermag die ganze Skala der mesodermalen Bildungen wie das Knochenmark selbst zu induzieren. Für die mesodermale Induktion ist eine einzige Substanz ausreichend, wobei aber der Reinheitsgrad der letzten Probe eine entscheidende Rolle spielt. Um die verschiedenen Fraktionen der Extrakte zu testen, wandte YAMADA eine neue, von der „Sandwich"-Methode abgeleitete Untersuchungstechnik an. Sie ermöglicht, die fragliche Substanz direkt in das Kulturmedium zu übertragen und ihre Einwirkungszeit von einigen Minuten bis auf mehrere Tage zu variieren. Dieses Verfahren ist vor allem für das Studium der Modifikationen innerhalb der zellulären Strukturen in Verbindung mit dem Differenzierungsvorgang geeignet. Interessante Aufschlüsse ergaben auch elektronenmikroskopische Untersuchungen von gezüchteten Fragmenten. Wenn sich das Ektoderm sechs Stunden lang in einem Kulturmedium befindet, in dem das aus dem Knochenmark extrahierte Protein enthalten ist, beginnt sich die Deckschicht der Dotterschollen aufzulösen und ist nach zwölf Stunden vollständig verschwunden. Kleine Einstülpungen und bläschenartige Gebilde in der Nähe der Zellmembran erwecken den Anschein, als würde das „Induktions-Protein“ vom Kulturmedium in das Cytoplasma der kompetenten Zellen übertreten. Darüber hinaus enthüllten Untersuchungen mit fluoreszierenden Antikörpern das Vorhandensein dieses Proteins im Cytoplasma der Ektodermzellen; die Fluoreszenz kann hauptsächlich im Bereich der Dotterschollen nachgewiesen werden. Diese Versuche basieren auf serologischen Kriterien. Man konnte in ihnen tatsächlich den Übertritt von Meerschweinchen-Antigenen in das reaktionsfähige *Triturus*-Ektoderm demonstrieren.

Die Fraktionierung von Extrakten voll ausgebildeter Gewebepartien mit spezifischer Induktionswirkung gab der Hoffnung neuen Auftrieb, daß sich die Fähigkeit zur Induktion in einer subzellulären Fraktion des Embryos lokalisieren lassen könnte. Aus einem Quetschprodukt ganzer *Triturus*-Neurulae versuchte YAMADA, verschiedene Zellbestandteile zu fraktionieren. Die Resultate ergaben, daß die Induktionsfähigkeit vornehmlich auf die Mikrosomenfraktion begrenzt ist, allerdings ist der Wirkungsbereich ziemlich schwach. Das ist auf die Tatsache zurückzuführen, daß ganze Embryonen und nicht nur Organisatorbezirke verarbeitet wurden. Die abgetrennte Mikrosomenfraktion stammt zu einem großen Teil von Bezirken, denen die Fähigkeit zu einer Induktion fehlt. Dennoch erzeugt dieser Extrakt Indukte sämtlicher regionalspezifischer Kategorien mit einem gelegentlichen Überwiegen archencephaler Strukturen. Es ist durchaus möglich, daß sich während des Trennverfahrens die Induktionswirkung der Mikrosomen, die zuvor alle anderen Tendenzen außer der archencephalen auszulösen vermochte, in Richtung auf diesen Typ verändert hat. Da die Mikrosomen reich an Nucleoproteiden sind, erhebt sich die Frage, ob der Nucleinsäure- oder der Proteinanteil als Basis des Induktionsprozesses die ausschlaggebende Bedeutung besitzt. Alle neueren Untersuchungen und unter ihnen gerade die am besten abgesicherten sprechen gegen eine Mitwirkung der Ribonucleinsäuren im direkten Induktionsmechanismus, so daß die spezifischen Induktions-Substanzen einzig in den Proteinen zu finden wären.

Es bleibt noch zu zeigen, daß die aus heterogenen Induktoren gewonnenen Proteine mit denen übereinstimmen, die in der gewöhnlichen Induktion wirksam werden. Bisher ist es technisch noch nicht durchführbar, Induktions-Substanzen im Zellmilieu zu testen. Weiterhin besteht die Schwierigkeit zu beweisen, daß zwischen den unter Kulturbedingungen eingreifenden Faktoren, die eine Induktionswirkung erzielen, und den normalerweise im Organisationszentrum vorhandenen Induktions-Substanzen eine Übereinstimmung besteht. Immerhin sprechen die von der finnischen Schule in den letzten Jahren durchgeführten Experimente für eine solche Identität. Es traten nämlich keine Indukte in Erscheinung, wenn die dorsale Urmundlippe mit einem Anti-Urmundlippenserum behandelt wurde. Und ebenso büßte ein heterogener Induktor wie Meerschweinchenleber oder -knochenmark nach der Behandlung mit dem homologen Antiserum seine Wirkung ein. Die Induktionsfähigkeit eines Gewebes wird durch das homologe Antiserum blockiert. Dieser Versuch ist gleichzeitig als Bestätigung für eine chemische Verwandtschaft der Induktions-Substanz mit den Proteinen anzusehen.

7.7. Schlußbetrachtung

Wie kann man sich nun die Verbindung zwischen den chemisch definierten Induktions-Substanzen und den verschiedenartigen Strukturen vorstellen, die sich während der Normogenese herausbilden? Es fehlt nicht an Theorien, die auch den beobachteten Erscheinungen der Regionalspezifität Rechnung zu tragen versuchen; auf zwei von ihnen werden wir weiter unten näher eingehen.

Nach den Ansichten von YAMADA existieren zwei Vermittlersubstanzen, die in die Normogenese eingreifen:

- eine Vermittlersubstanz oder ein Faktor steuert die dorso-ventrale Differenzierung;
- eine andere Vermittlersubstanz steuert die cephalo-caudale Differenzierung.

Die dorso-ventrale Vermittlersubstanz scheint stabil zu sein und trägt zur archencephalen Induktion bei. Die cephalo-caudale Vermittlersubstanz erscheint dagegen labil und ist verantwortlich für spino-caudale Indukte. Die Vermittlersubstanzen wirken gemeinsam, und die resultierende Induktionsleistung ist abhängig von dem sich zwischen ihnen einstellenden Gleichgewicht. Wenn der dorso-ventrale Faktor allein wirksam ist, werden von ihm ein Vorderhirn mit Riechgruben und Augenbläschen induziert. Im Verein mit dem cephalo-caudalen Faktor wird die Bildung von Chorda, Somiten und Rückenmark veranlaßt. Ein Überwiegen der dorso-ventralen Vermittlersubstanz führt zur Bildung des Nachhirns, und umgekehrt werden durch ein Überwiegen der cephalo-caudalen Vermittlersubstanz Elemente der Schwanzregion induziert. Das Positive dieser Hypothese besteht darin, daß sie die Vielzahl der Induktions-Substanzen mit ihrer qualitativen Wirkung in Einklang zu bringen vermag.

Nach der Auffassung von NIEUWKOOP, die an dieser Stelle nur stark vereinfacht wiedergegeben werden kann, erfolgt die neurale Induktion in zwei Etappen. Ein kurzfristiges Einwirken des Chorda-Mesoderms auf das Ektoderm bzw. die Freisetzung der Induktions-Substanz in diesem Teil des Ektoderms führt zur Neuralisation und zu Bildungen vom archencephalen Typ. Bei einer anschließenden, länger andauernden Einwirkung des Chorda-Mesoderms wird der Aufbau einer Substanz von weitaus komplexerer Zusammensetzung ermöglicht, die für die spino-caudale Induktion verantwortlich ist.

Das Problem der Induktion wird schließlich in den Problemkreis der Zelldifferenzierung eingereiht, wo es nur einen kleinen Ausschnitt darstellt. Wie ist es z.B. möglich, daß eine Induktions-Substanz einfache Ektodermzellen zu so spezifischen Differenzierungen, wie es Neuroblasten oder Myoblasten sind, anregt? Möglicherweise ruft der Induktionsfaktor eine Änderung in der Entwicklungstendenz hervor; er könnte den Kern des Reaktionssystems dadurch beeinflussen, daß er die für die Differenzierung notwendigen Strukturgene aktiviert. Von der Induktions-Substanz würde dann die Zusammenstellung der aktivierten Gene gesteuert, um eine spezifische Modifikation innerhalb der Reaktionsnorm zu erzeugen.

8. Induktionsleistungen höheren Grades

Wir erwähnten bereits, daß der Amphibienkeim im Neurula-Stadium nicht mehr aus den präsumptiven Anlagenbezirken, sondern aus morphogenetischen Feldern besteht. Diese Felder sind hinsichtlich ihres weiteren Schicksals determiniert, jedoch ist in der histologischen Struktur ihrer Zellen noch keine Differenzierung zu erkennen. Durch eine Folge sich immer detaillierter gestaltender Induktionen wird der Aufbau der verschiedenen Organe gewährleistet. Am Beispiel der Augenentwicklung und in der Entstehung des Urogenitaltraktes soll gezeigt werden, daß die Organogenese auf eine Kette von sich gegenseitig bedingenden Induktionen zurückzuführen ist.

8.1. Induktionen in der Augenregion

Organogenese und Struktur des Auges zeigen innerhalb der einzelnen Wirbeltierklassen nur geringfügige Unterschiede. Das Auge wird aus Elementen recht unterschiedlicher Herkunft gebildet, die gemeinsam das kompliziert zusammengesetzte optische System aufbauen:

- die Retina ist ein Bestandteil des Gehirns;
- die Linse leitet sich von der Epidermis ab.

Aus einer Ausstülpung des embryonalen Hirns, der Augenblase, entstehen die Retina als Rezeptor für die Lichtreize und das Pigmentepithel. Von der Epidermis, die den Kopf des Embryos überzieht, stammen die Linse, in der die Lichtstrahlen gebündelt werden, und die Cornea ab. Die Augenhäute (Chorioidea und Sklera) und die Blutgefäße leiten sich vom Kopfmesenchym ab. Wie nun können sich Elemente so verschiedenartigen Ursprungs im Verlauf der Organogenese zu einem Ganzen zusammenfügen, um ein an seine Funktion so vorzüglich angepaßtes Organ aufzubauen? Zur Lösung dieser Frage waren umfangreiche und langwierige Versuchsreihen nötig.

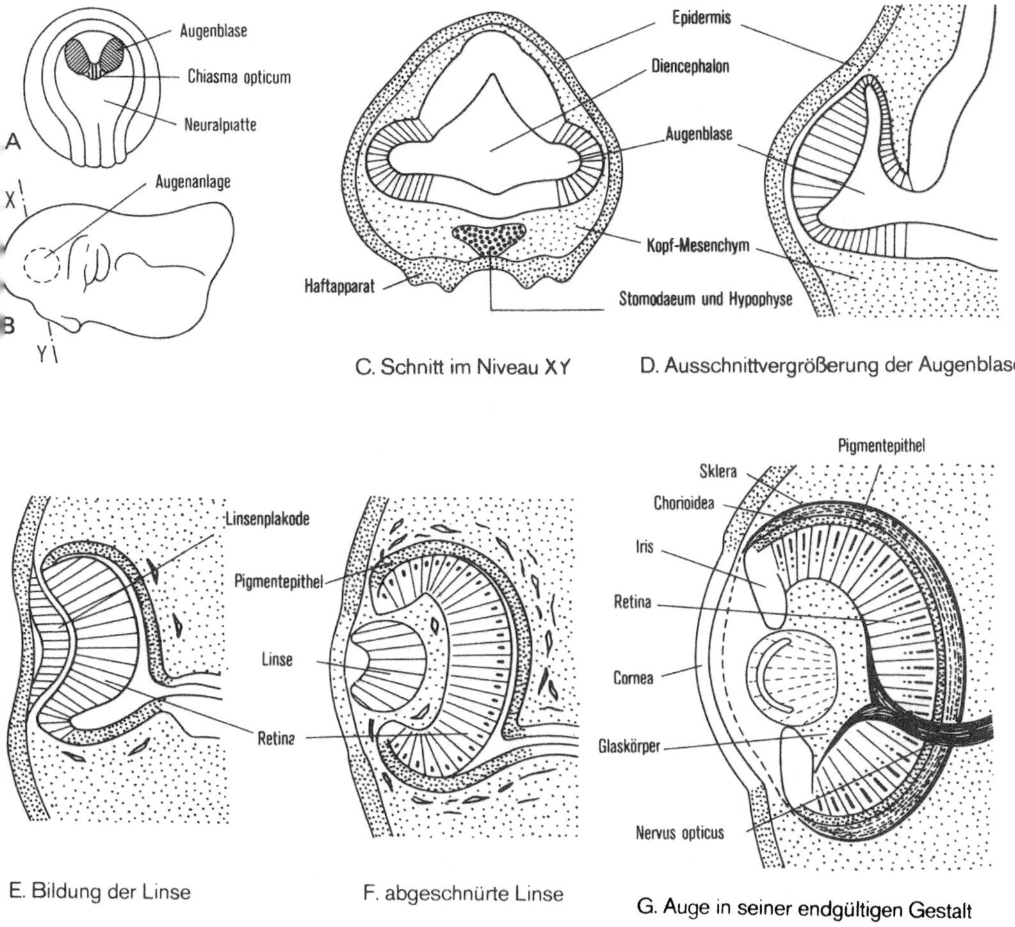

Bild 55. Organogenese des Auges. A, Lage der Augenbläschen auf einer Amphibien-Neurula. B, Schwanzknospen-Stadium des Frosches. C, Querschnitt im Bereich der Augenanlagen. D, E, F und G zeigen aufeinander folgende Entwicklungsstufen des Auges.

8.1.1. Die normalen Differenzierungsvorgänge beim Amphibienauge

Die Anlage der Augenblasen wird im Neurula-Stadium durch zwei ovale Augenplatten am vorderen, an dieser Stelle kaum verdickten Neuralwulst repräsentiert. Wenn sich die Medullarrinne zum Gehirn schließt, stülpen sich die lateralen Partien aus und bilden die Augenblasen, die untereinander durch das *Chiasma opticum* verbunden bleiben. Durch eine Einschnürung wird schließlich jede Blase bis auf einen Stiel – den späteren *Nervus opticus* – vom Diencephalon abgetrennt (Bild 55).

Die Außenseite der Blase verdickt sich und dellt sich becherförmig ein ; die Innenseite bleibt dünn. Der Boden des Bechers drückt sich gegen das Ektoderm, das sich seinerseits an den Berührungsstellen zu den *Linsenplakoden* verdichtet, die damit unmittelbar im Augenbecher inserieren. Die Linsenplakode wird schließlich von der Epidermis völlig abgeschnürt, womit der Vorgang der Linsenentstehung abgeschlossen ist. Sie hebt sich nachher noch leicht vom Grund des Augenbechers ab, und der dabei entstehende Raum wird von Mesenchym erfüllt und stellt den Glaskörper dar. Die Linse hat jetzt nur noch mit der als Iris bezeichneten Randzone des Augenbechers Kontakt. Der Boden des Bechers hat sich inzwischen beachtlich verdickt und bildet das mehrschichtige Sinnesepithel der Retina. Die andere Wand bleibt einschichtig, nimmt Melaninkörnchen auf und wird zum Pigmentepithel. In der über der Linse gelegenen Epidermisschicht entstehen keine Hautdrüsen; sie bleibt frei von Pigmenteinlagerungen und wird zur durchsichtigen *Cornea.*

8.1.2. Induktion der Augenbläschen

Bei einer Analyse der Organogenese des Auges stellt man sich zuerst die Frage, weshalb vom Diencephalon überhaupt diese Ausstülpungen angelegt werden, die das Ausgangsmaterial für die Augenblasen liefern. Die Medullarplatte liegt ja mit ihrem vorderen Abschnitt direkt dem Urdarmdach auf, das aus dem bei der Gastrulation zuallererst eingestülpten prächordalen Material besteht. Eine Abtragung des prächordalen Mesoderms unterhalb der Neuralplatte bedingt das Fehlen von Augenbildungen oder häufiger noch die Zyklopie, d.h. die wachsende Larve trägt nur ein Stirnauge. Das prächordale Mesoderm besitzt eine doppelte Aufgabe: Auf der einen Seite unterstützt es aktiv die Entwicklung der Augenblasen und hemmt andererseits die Entstehung von Augenmaterial inmitten des Hirndaches. Auf diese Weise entstehen zwei Augen. Die Behandlung der jungen Gastrula mit Lithiumchlorid hemmt die Entwicklung der prächordalen Platte und die Vollendung der Invaginationsbewegung. Eine vorsichtig ausgeführte Behandlungsmethode führt zu zyklopenartigen Larven, während bei einer intensiveren Anwendung augenlose Exemplare entstehen.

Der vordere Abschnitt der Neuralplatte erfährt – alles in allem genommen – eine Induktion vom archencephalen Typ, der die Bildung der Augenblasen determiniert. Diese Bildung gehört in den Rahmen der neuralen oder primären Induktion im Bereich des zukünftigen Vorderendes des Keimes.

8.1.3. Induktion der Linse

Die ersten Versuche an *Rana temporaria* gehen auf SPEMANN (1901) zurück, der daraufhin zu einer allgemeineren Auffassung von der Induktion gelangte. Eine Entfernung der Augenblase im Schwanzknospen-Stadium führt dazu, daß auf der operierten Seite kein Auge entsteht und sich auch keine Linse bilden kann. Die Verpflanzung eben dieser Augenblase unter die Bauchhaut desselben Embryos determiniert die Entstehung eines Auges mit Retina, Linse und Cornea. Wenn man das über der Augenblase gelegene Kopfektoderm durch die Bauchhaut eines Embryos im Schwanzknospen-Stadium ersetzt, entstehen gleichfalls eine Linse und ein vollständiges Auge. Nach diesen drei relativ einfach zu übersehenden Versuchen besteht kein Zweifel mehr, daß von der Augenblase eine Substanz ausstrahlt, die vom Induktor in den Reaktor übertritt und damit die Linsenentstehung sichert. Ein und dieselbe Augenblase ist sogar fähig, nacheinander mehrere Linsen zu induzieren, wenn man sie ein oder zwei Tage nach ihrer Verpflanzung in die Bauchhaut wieder entfernt. Dieser Induktor wirkt ebenso wie die dorsale Urmundlippe unabhängig von taxonomischen Einheiten, so daß die Augenblase eines Anuren im Ektoderm eines Urodelen eine Linse zu induzieren vermag und umgekehrt. In diesem Zusammenhang taucht wieder das Problem der Spezifität des Induktionsvorganges ganz allgemein auf, da Gewebeteile, die wirksame Induktoren abgeben, wie etwa frische Molchleber, auch fähig sind, Linsenanlagen zu induzieren.

Bei der Mehrzahl der Knochenfische, Amphibien und Vögel gilt als Auslöser der Linsenbildung die von der Augenblase auf das Ektoderm übergreifende Induktionswirkung. Immerhin trifft dies nicht generell für alle Amphibien zu. SPEMANN (1912) konnte beobachten, daß die Entfernung der Augenblase bei *Rana esculenta* die normale Ausdifferenzierung einer Linse keinesfalls verhindert; die Linse zeigt sich in diesem speziellen Fall zur Selbstdifferenzierung befähigt. Die Linsenbildung ist bei *Rana esculenta* durch das Phänomen der doppelten Sicherung gewährleistet, d.h. die Linse verfügt über zwei Möglichkeiten, sich zu differenzieren. Entweder entsteht sie durch die Induktionswirkung der Augenblase oder unabhängig davon durch Selbstdifferenzierung. In diesem Fall spielt aber die Temperatur eine große Rolle, bei der die Embryonen aufgezogen werden. Erfolgt die Aufzucht bei 10 °C, dann wird eine Linse gebildet, während diese Reaktion bei 25 °C ausbleibt. Die Erklärung dafür liegt in der Trennung der morphologischen von den physiologischen Differenzierungsvorgängen. Man konnte nämlich zeigen, daß bei einer durch Kälte verlangsamten morphogenetischen Entwicklung der Eier im Verhältnis dazu der Stoffwechsel weniger langsam abläuft, so daß die chemische Differenzierung gegenüber der morphologischen einen Vorsprung aufweist. Die von der Augenblase ausgehende Induktions-Substanz kann sich bei kühl gehaltenen Embryonen sehr wohl ausbilden, während die eigentliche Entwicklung noch nicht so weit fortgeschritten ist.

8.1.4. Die Bedeutung des cephalen Entomesoderms

Die Deutung der Linsenbildung durch das Phänomen der doppelten Sicherung erscheint etwas summarisch und wird den innerhalb der verschiedenen Arten oder bei einzelnen Stadien anzutreffenden Variationen nicht vollauf gerecht. Die spezifischen Unterschiede stehen in enger Beziehung zum unterschiedlichen Alter des Ektoderms und leiten über zum Problem der *Ektoderm-Kompetenz.* Die Kompetenz des Ektoderms zur Linsenbildung verringert sich tatsächlich mit unterschiedlicher Geschwindigkeit innerhalb der einzelnen Arten. Außerdem kann diese Kompetenz nur durch den Kontakt mit dem Kopf-Entomesoderm geschaffen werden, d.h. mit der prächordalen Platte und dem ihr im Zuge der Invaginationsbewegung vorangehenden Entoderm. So besitzt das Ektoderm einer frühen Gastrula, das noch keinen Kontakt mit mesodermalem Substrat hatte, nicht die Fähigkeit zur Linsenbildung, wenn es mit der Augenblase zusammenkommt. Für die Induktion der Linse ist folglich das Vorhandensein von zwei Elementen erforderlich: Des Entomesoderms und der Augenblase. Das Entomesoderm allein oder noch typischer die Augenblase allein können die Linse nur entsprechend dem gerade vorliegenden Stadium des Ektoderms induzieren. Die relative Bedeutung dieser beiden Faktoren schwankt bei den einzelnen Arten, je nachdem wie rasch sich der Alterungsprozeß des Ektoderms vollzieht. In der Normogenese verschiedener Arten ist gerade die Einwirkung des Entomesoderms von entscheidender Wichtigkeit, die sich dann später mit der der Augenblase überlagert. Die Aktion des Entomesoderms besteht nicht darin, eine Linse, sondern vielmehr einen Komplex von Vorderhirn-Anlagen zu induzieren. Später bewirkt die Augenblase eine Sammlung der verschiedenen Tendenzen, die zur Linsenentstehung führt. Das Entomesoderm, das in das Kopfmesenchym aufgeht, spielt dann noch eine Rolle bei der Differenzierung des Pigmentepithels und der Retina.

Wie ist es zu verstehen, daß aus dem Boden des Augenbechers die mächtige Retina mit dem Pigmentepithel als Außenschicht entstehen kann? Zu Anfang der Entwicklung sind beide Elemente der Augenblase äquipotent. Eine Transplantation von präsumptivem Pigmentepithel oder präsumptiver Retina im Augenbecher-Stadium in verschiedene Bereiche des Kopfes hat gezeigt, daß sowohl aus der einen wie aus der anderen Schicht eine Retina oder ein Pigmentepithel entstehen kann. Mit diesem Versuch wird eine Verbindung hergestellt zur Erscheinung der Augendoppelbildung beim Hühnchen nach einer horizontal oder vertikal angelegten Spaltung der Augenanlage im 20 – 28-Somiten-Stadium. Aus jedem Augenfragment entsteht aufs neue ein vollständiges Auge.

Die Bildung der Retina ergibt sich aus dem Kontakt mit dem Ektoderm. Es induziert also nicht bloß die Augenblase die Linsenbildung im Ektoderm, sondern dieses induziert seinerseits die Bildung der Retina in der Augenblase. Die Differenzierung des Pigmentepithels hängt von der Gegenwart des umliegenden Kopfmesenchyms ab. Bei Transplantationsversuchen stellte sich heraus, daß der Differenzierungsgrad des Pigmentepithels umso erheblicher ist, je umfangreicher das Kopfmesenchym ist. Die zukünftige Retina verliert ihre Eigenschaft, sich in das Pigmentepithel umzubilden in dem Stadium, das ihrer Verdichtung zu mehreren Zellschichten vorangeht. Im Gegensatz dazu behält das Pigmentepithel noch über einen längeren

Zeitraum die Befähigung, zur Retina zu werden. Diese Möglichkeit kann bei den Anuren bis zum Eintritt der Metamorphose bestehen bleiben und bei den Urodelen sogar während des ganzen Lebens. Das Regenerationsvermögen der Retina bei den Urodelen oder von Retina und Linse nach ihrer Entfernung bei Salamandern und Molchen läßt sich auf diese Eigenschaft des Pigmentepithels zurückführen.

8.1.5. Das Erscheinen spezifischer Proteine in der Linse

Die Linse bildet ein vorzügliches Untersuchungsobjekt, um die spezifischen immunologischen Reaktionen eines Organs zu studieren. Sie ist in ihrer Struktur in der Tat erstaunlich homogen. Außerdem liefert sie durch das Fehlen einer Vaskularisierung in ihrem Bereich ein relativ einfach zu übersehendes Antigen-System, da es praktisch keine Zufuhr von Proteinen aus anderen Organen oder anderen Körperteilen gibt.
Injiziert man einem erwachsenen Tier wiederholt Linsenextrakt, dann kann man schließlich ein Anti-Linsen-Serum von ihm gewinnen. Es kann unter anderem dazu dienen, ein oder mehrere spezifische Proteine in der Linse des betreffenden Tieres während der Entwicklung zu erkennen. Die Linsenproteine des Adultus sind beim Hühnerembryo schon nach 60 Stunden Bebrütungszeit vorzufinden, zu einem Zeitpunkt, wo die Linse noch nicht einmal die charakteristische fibrilläre Struktur aufweist. Hier haben wir einen schönen Beweis für die oben aufgestellte Behauptung, daß die chemische Differenzierung der morphologischen vorauseilt. Bei der Diffusion im Agargel treten sieben Präzipitatlinien in Erscheinung, die mit sieben verschiedenen Antigenen in der Linse des erwachsenen Huhnes identisch sind. Die Antigene erscheinen nacheinander vom 19–25-Somiten-Stadium an und in der nachfolgenden Entwicklungszeit. Jedes neue Antigen steht für die Anwesenheit bzw. die Ausbildung eines neuen Proteins auf den einzelnen Stufen der Organogenese.

Bei den Amphibien sind die Linsenproteine im Stadium der Linsenplakode nachweisbar. Extrakte des präsumptiven Linsenektoderms aus dem Neurula-Stadium ergeben in Gegenwart von Anti-Linsenserum keine Präzipitate; in diesem Stadium existieren im Ektoderm noch keine Linsenproteine. Auch mit dem Augenblasenextrakt zeigen sich in Gegenwart des gleichen Anti-Linsenserums keine Präzipitate. Daraus kann geschlossen werden, daß im Neurula-Stadium auch die Augenblase keine Linsenproteine enthält. Wenn man aber das präsumptive Linsenektoderm mit der präsumptiven Augenblase zusammen für 24 Stunden in ein Kulturmedium gibt, dann erhält man eine Präzipitation aus dem Extrakt dieser Kultur mit dem Anti-Linsenserum. Dies ist als Beweis für die Synthese spezifischer Proteine bei der Augenbildung anzusehen. Die Synthese ergibt sich aus den Wechselbeziehungen zwischen den Elementen des Nervensystems und dem Ektoderm – das eine vermag ohne das andere nichts zu liefern. Der Einfluß des einen Bezirkes auf den anderen bewirkt die Bildung besonderer Proteine, die letztlich zum Aufbau des Auges führen.

8.1.6. Induktion der Cornea

Das über Augenbecher und Linse gelegene Ektoderm erfährt eine spezielle Ausbildung. An dieser Stelle entstehen weder Drüsen noch enthalten die Zellen Farbstoff, sie bilden zusammen die durchsichtige Cornea. Retina- oder Linsenfragmente, die beliebig unter das Ektoderm verpflanzt werden, determinieren lokale Corneabildungen. Es handelt sich dabei um einen neuen Induktionseffekt, den man als tertiären einordnen kann. Jedoch sind diese Indukte nicht beständig: Die Cornea bleibt nur so lange durchsichtig, wie ein Kontakt mit der Linse besteht . Sobald man die Retina oder die Linse wieder entfernt, wird die Cornea trübe. In diesem besonderen Fall erfordert die Induktion eine kontinuierliche Einwirkung.

Für die normale Organogenese des Auges ist also eine Abfolge von drei Induktionsschritten erforderlich:

– die primäre Induktion, die vom Urdarmdach ausgeht, bedingt die Bildung der Augenblasen aus der Neuralplatte. Diese primäre Induktion gehört in den allgemeinen Rahmen der neuralen Induktionstendenz;
– die sekundäre Induktion rangiert auf einer höheren Stufe als die vorhergehende und geht von der Augenblase aus, die im Ektoderm eine Linse induziert;
– die tertiäre Induktion steht auf einem noch höheren Niveau und geht von Linse und Retina aus, die durch ihr Zusammenwirken die Bildung einer durchsichtigen Cornea aus dem Kopfektoderm hervorrufen.

Der Aufbau eines so vollkommenen Organs, wie es das Auge darstellt, erfordert also eine Kette von aufeinanderfolgenden Induktionen. So vollzieht sich die Organogenese allmählich und schrittweise dank einer Serie von Induktionen, die einander bedingen.

8.2. Induktionen innerhalb des Urogenitaltraktes

8.2.1. Induktion des Mesonephros

Im Verlauf der Organogenese des Urogenitaltraktes entsteht der Mesonephros, die Urniere, in unmittelbarer Nähe der Keimdrüse. Dieses sekundäre Nierenorgan ist die definitive Niere der Amphibien, die dann bei den Amnioten durch den Metanephros, die Nachniere, ersetzt wird. Der WOLFFsche Gang oder primäre Harnleiter dient bei den niederen Wirbeltieren als Harnsamenleiter, während er bei den Amnioten nur Samenleiterfunktion erfüllt. Durch neuere Untersuchungen gilt es als bewiesen, daß die Differenzierung der Urniere aus dem Urnierenblastem von der Induktionswirkung des primären Harnleiters abhängig ist. Mit seinen Versuchen an *Rana dalmatina* konnte CAMBAR (1948) dieses Phänomen klar herausstellen. In den unmittelbar vor dem Schlüpftermin liegenden Stunden gelangt der primäre Harnleiter direkt unter das Ektoderm. Es ist mit einem Einschnitt hinter dem

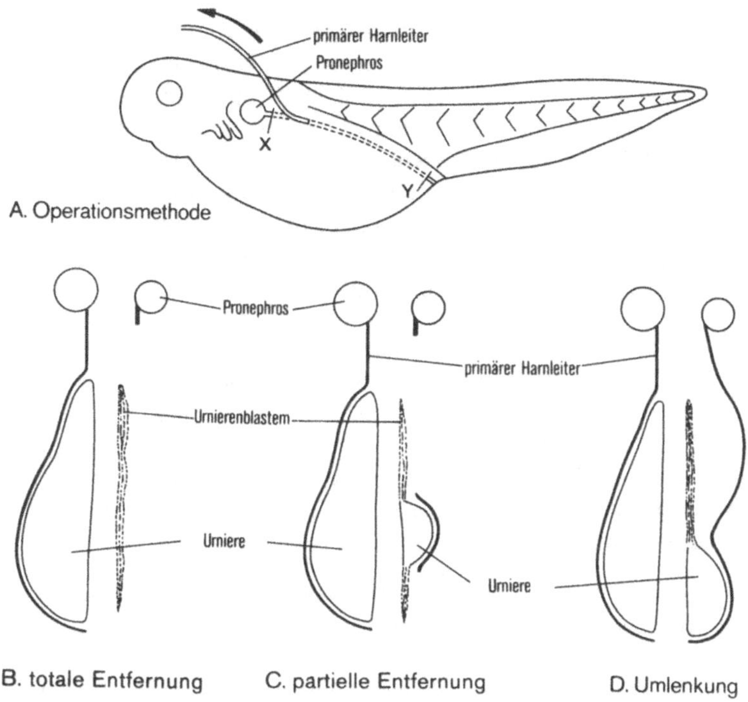

Bild 56. Induktion des Mesonephros beim Frosch. A, Schema der Operationstechnik: der primäre Harnleiter wird bei X und Y durchgetrennt und schließlich in Pfeilrichtung herausgezogen, B, Fehlen des linken Mesonephros nach einer Totalexstirpation des Harnleiters. C, Mesonephros-Knötchen im Bereich des Harnleiters nach einer partiellen Abtragung. D, nach operativer Verlagerung differenziert sich das Urnierenblastem nur in unmittelbarer Nähe des primären Harnleiters. Die Keimdrüsen sind nicht berücksichtigt worden (verändert nach CAMBAR, 1948).

Pronephros und einem weiteren im Bereich der Kloake möglich, ihn ohne Verletzung anderer Organe des Embryos einseitig zu entfernen (Bild 56 A). Auf dieser Seite, der nun ein Harnleiter fehlt, differenziert sich die Urniere nicht aus, es persistiert lediglich ein Streifen Urnierenblastem, das keinerlei Tubulusstrukturen ausbildet und schließlich ganz verschwindet (Bild 56 B). Wenn der Harnleiter in einem kleinen Teil der Urnierenregion erhalten bleibt, beobachtet man – auf diese Region beschränkt – eine lokale Nierendifferenzierung (Bild 56 C). In einem anderen Fall wird der Ureter teilweise abgelenkt, und es bildet sich nur dort die Urniere aus, wo der Abstand des Blastems zum Harnleiter weniger als 90 μ m beträgt (Bild 56 D). Der Einfluß des primären Harnleiters auf die Ausdifferenzierung des Mesonephros geht aus diesen Versuchen eindeutig hervor. Die Kompetenz des Ektoderms, unter dem Einfluß der von der Augenblase ausgehenden Induktionswirkung eine Linse zu bilden, nimmt vom Schwanzknospen-Stadium an ständig ab. Anders verhält es sich mit der Kompetenz des Urnierenblastems für die Induktionswirkung des primären Ureters, die über längere Zeit persistiert. Bei den Kröten ist die Urniere schon im Alter von acht Tagen gut differenziert. Wenn es dann mit einem besonders geschickten, operativen Eingriff gelingt, den Kontakt mit dem primären Harnleiter um einige Wochen hinauszuzögern, wird trotzdem die Urniere ausgebildet, wenn auch verlangsamt. Die Kompetenz des Blastems erreicht normalerweise bei der sechs bis acht Tage alten Kaulquappe ihr Optimum, aber sie hält noch für weitere fünfzehn bis zwanzig Tage an (CAMBAR und GIPOULOUX, 1956).

Bei den Vögeln bewirkt eine einseitige Wachstumshemmung des primären Harnleiters außerdem den Ausfall der Urniere auf der operierten Seite. Nun geht der sekundäre Harnleiter aus einer Ausstülpung im Endabschnitt des primären hervor, so daß bei dessen Fehlen auch der sekundäre Harnleiter nicht ausgebildet werden kann. In diesem Fall gilt das gleiche wie auch für die Urniere – es erscheint zwar das Nachnierenblastem, aber es erfolgt keine Ausdifferenzierung. Ohne den sekundären Harnleiter kann sich also die Nachniere nicht entwickeln.

Mit Hilfe dieser Experimente lassen sich auch Anomalien der Harnwege bei den Säugetieren erklären. Das einseitige Fehlen der Niere beim Menschen könnte demnach auf das ursprüngliche Fehlen des primären Harnleiters zurückzuführen sein. Tatsächlich beobachtet man bei congenitalem und einseitigem Ausfall einer Niere des Menschen stets das Fehlen des Samenleiters (Vas deferens, primärer Harnleiter) auf der betreffenden Seite. Man kennt bei der Maus einen Letalfaktor, der homozygot zu ungenügender oder mangelnder Ausbildung der Niere führt. Diese Mutation bedingt zunächst eine mehr oder weniger vollständige Reduktion des sekundären Harnleiters. An diesem Beispiel läßt sich die enge Beziehung zwischen dem Entwicklungsgrad des sekundären Harnleiters und der Nierendifferenzierung gut demonstrieren.

Es muß noch erwähnt werden, daß nicht allein der primäre Harnleiter die Fähigkeit zur Induktion von Urnierenkanälchen besitzt. Beim Grasfrosch und dem Vogelembryo war es möglich, eine lokale Ausdifferenzierung der Urniere durch einen Kontakt des Blastems mit einem Stück Nervengewebe zu erreichen. Überdies gelang es, bei den Vögeln die Bildung von Urnieren-, aber nicht von Nachnierenkanälchen hervorzurufen, wenn man experimentell einen Kontakt zwischen primärem Harnleiter und dem Nachnierenblastem herstellt, bevor dieses noch mit dem sekundären Harnleiter in Berührung gekommen ist. Beide Nierenblasteme besitzen das gleiche Leistungsvermögen, die Differenzierung in Ur- oder Nachniere wird vom Induktionsfaktor – entweder dem primären oder dem sekundären Harnleiter – bestimmt. Die Fähigkeit zur Anlage nicht spezifischer Nierenstrukturen besteht in allen Bereichen des Harnsystems und ist im wesentlichen einheitlich.

Das für die Nierenbildung infrage kommende Material stellt eine morphogenetische Einheit dar; die Spezifität der entstehenden Niere hängt von der Art des betreffenden Induktors und seiner Wirkungweise ab. Durch eine früh einsetzende und stark wirksame Induktion entsteht eine Urniere, und eine abgeschwächte, später einsetzende führt zu einer Nachniere.

8.2.2. Induktion im Bereich der Keimdrüse

Die undifferenzierte Keimdrüse setzt sich bei den Amphibien aus zwei wesentlichen Elementen zusammen:

- der Rinde, bestehend aus der Gesamtheit der Urkeimzellen;
- dem Mark, hervorgegangen aus dem Urnierenblastem.

Wenn der Ausfall des primären Harnleiters die Ausbildung der Urniere verhindert, dann könnte damit ebenso die Entstehung der Markstreifen und schließlich des Marks selbst gehemmt werden. Wie kann sich eine Keimdrüse ohne Mark entwikkeln? Da ein Überwiegen des Marks zur Ausdifferenzierung des männlichen Geschlechts führt, müßte die Unterdrückung dieses Bereiches eine allein aus Rinde bestehende und daher stark weiblich bestimmte Gonade ergeben. Es ist erwiesen, daß die Zerstörung der Keimbahnzellen durch die verschiedenartigsten Schädigungen bei Amphibien und Vögeln die Sterilität der betreffenden Individuen bewirkt. Die Markkomponente differenziert sich unterdessen allein in die entsprechenden Hoden- oder Ovarienstrukturen. Welcher Art sind nun im einzelnen die Auswirkungen, die das Fehlen der Markregion für die Rindenregion hat? Diese Fragestellung lag den Experimenten zugrunde, in denen eine Trennung der beiden Gonadenkomponenten bei dem Molch *Pleurodeles waltlii* herbeigeführt wurde. Bei einer älteren Neurula wird ein Ektodermstück im Anschluß an die Urnierenregion implantiert, so daß der primäre Harnleiter im weiteren Wachstum gehemmt wird (Bild 57 A); er wird vor dem Hindernis aufgehalten, das in seinen Verlauf eingeschaltet ist (Bild 57 B und C). Die Operation wird einseitig vorgenommen, wie auch bei den vorhergehenden Experimenten mit Totalexstirpation, wobei die intakte Seite als Kontrolle dient, um die normale Entwicklung von Niere und Gonade verfolgen zu können. Als erstes Ergebnis ist der Ausfall der Urniere auf der Seite ohne Harnleiter festzuhalten. Immerhin beobachtet man nicht selten einige durch Selbstdifferenzierung entstandene Urnierenknötchen (Bild 57 D). Diese Gebilde stellen reine Tubulusstrukturen dar und verschwinden schließlich wieder, so daß man bei den adulten Tieren keinerlei Spuren mehr davon vorfindet.

Der Aufbau der Keimdrüse beginnt ganz normal: Zu beiden Seiten des dorsalen Mesenteriums treten die Keimzellen auf, die sich dann hintereinander in den Genitalleisten anordnen.

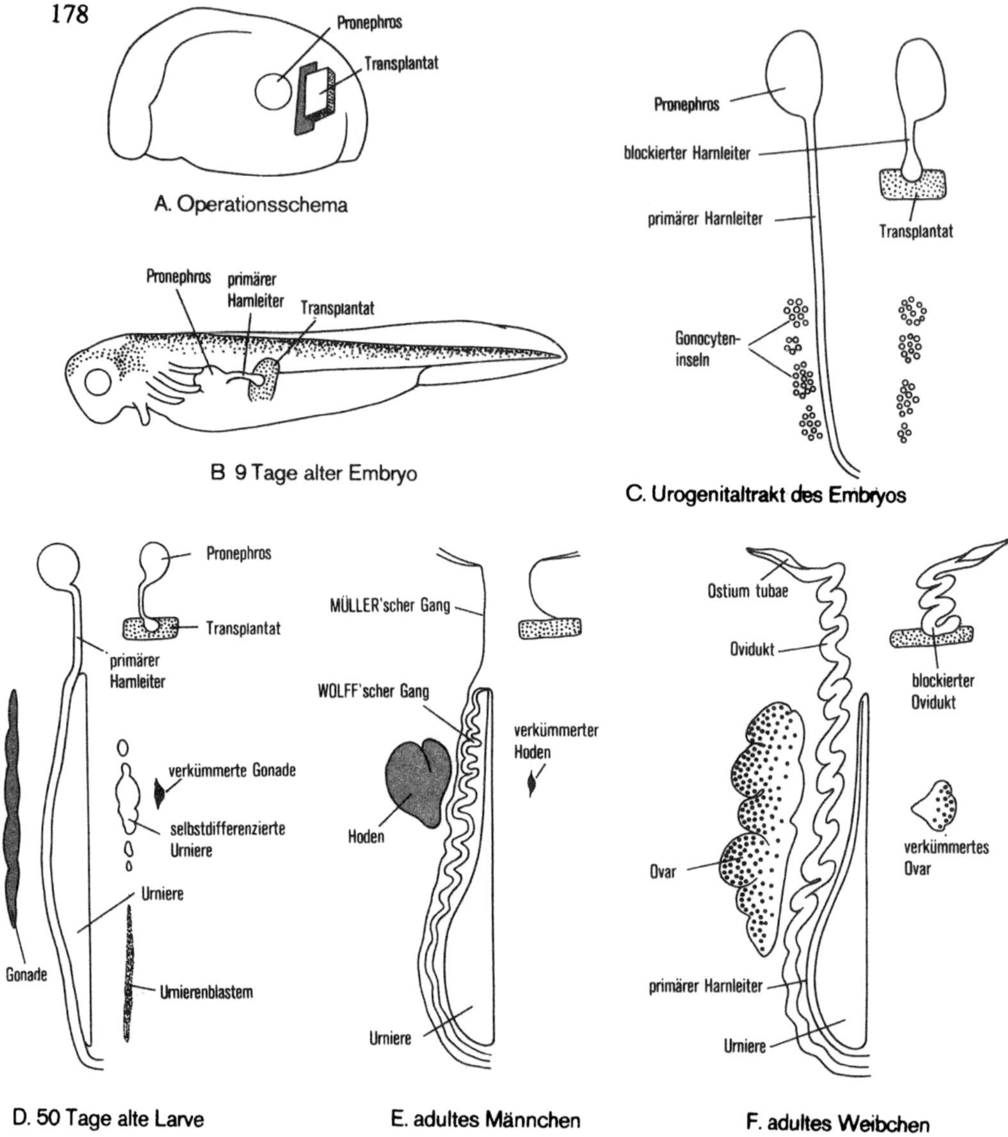

Bild 57. Induktion der Gonade bei den Pleurodelen. A, hinter dem Pronephros im Neurula-Stadium durchgeführte Transplantation. B, 9 Tage alter Embryo, der linke primäre Harnleiter wird vor dem Transplantat blockiert. C, schematische Darstellung des Urogenitaltraktes des vorigen Keimes, die Urkeimzellen ordnen sich auf der intakten wie auf der operierten Seite in gleicher Weise an. D, Urogenitaltrakt einer Larve, deren linker primärer Harnleiter blockiert war: im Bereich eines durch Selbstdifferenzierung entstandenen Mesonephros-Knötchens befindet sich eine verkümmerte Gonade. E, Urogenitaltrakt eines zwei Jahre alten männlichen Pleurodelen: auf der Seite, auf der anfänglich der primäre Harnleiter entfernt wurde, fehlt die Niere und der Hoden ist verkümmert. F, adultes Pleurodelenweibchen: auf der Seite, wo der primäre Harnleiter entfernt wurde, fehlt die Niere und das Ovarium ist verkümmert; der MÜLLERsche Gang endet vor dem Transplantat, von dem ursprünglich das Vordringen des primären Harnleiters blockiert wurde (nach HOUILLON, 1956).

Trotz des fehlenden, primären Harnleiters gruppieren sich die Keimzellen ordnungsgemäß, indes bleiben einige auf einzelne Inseln beschränkt. Ihre Zahl, die zwischen 40 und 50 schwankt, ist in jeder Genitalleiste gleich und bleibt konstant bis zu dem Stadium, wo sie mit Sicherheit abzuzählen sind. Das ist entweder im Alter von zwei Wochen, wenn sich gerade die Markstreifen herausbilden, oder im Alter von vier Wochen der Fall. Anschließend vollzieht sich die Anlage der Markstreifen auf der intakten Seite zusammen mit der Ausdifferenzierung der Urniere. An den Berührungsstellen mit den Markstreifen vermehren sich die Urkeimzellen sehr intensiv. Die Anzahl der Gonocyten wächst rasch an, und man kann einige Wochen später schon über 400 zählen. Die undifferenzierte Gonade erreicht in der sieben Wochen alten Larve ihr Endstadium und besitzt dann den klassischen Aufbau mit dem kompakten zentralen Mark und der peripheren Rinde. Auf der ohne primären Harnleiter bleibenden Seite zeigt das Urnierenblastem bis auf einige streng lokalisierte Bereiche keinerlei Differenzierung. Es entstehen keine Markstreifen, und die Keimzellen degenerieren bald. Innerhalb einer Woche ist die Ausgangsmenge der Gonocyten rapide auf vier oder fünf Einheiten zurückgegangen. Sie persistieren nur in der Nähe einiger Urnierenknötchen, die ihre Entwicklung fördern. Dort, wo das Urnierenblastem zur Selbstdifferenzierung befähigt ist, können sich Markelemente bilden, und die in dieser Zone liegenden Urkeimzellen überdauern. Sie beginnen sich ihrerseits zu vermehren. Der auf diese Weise entstehende, kleine Genitalknoten erscheint durchaus normal, wenn auch Rinde und Mark im gleichen Verhältnis reduziert sind (Bild 57 D). Die auf der Seite ohne primären Harnleiter liegende, verkümmerte Keimdrüse entwickelt sich in Übereinstimmung mit der genotypischen Geschlechtsbestimmung des betreffenden Tieres. Allerdings wird durch sie ein leichtes Zurückbleiben in der Entwicklung der Körperhälfte mit den normal angelegten Organen verursacht: Diese Retardierung zeigt sich bei den erwachsenen Tieren am ausgeprägtesten. Im Stadium der Metamorphose, also im Alter von drei oder vier Monaten, befindet sich die verkümmerte Gonade stets im Bereich eines blasig gewordenen Urnierenknotens und steht im Begriff, sich einzustülpen. Das Ausmaß der Keimdrüsen-Insuffizienz steht in enger Beziehung zur Mächtigkeit des Urnierenmaterials. In rund 10 % der Fälle fehlt die Gonade vollständig auf der ohne primären Harnleiter verbleibenden Seite, ebenso wie keinerlei Urnierendifferenzierung nachzuweisen ist. Die männlichen Pleurodelen zeigen als erwachsene Tiere auf der Körperseite, auf der ursprünglich der primäre Harnleiter entfernt wurde, eine stark reduzierte Keimdrüse, die einen augenfälligen Kontrast zum umfangreichen Hoden der intakten Körperseite bildet. Die rudimentäre Keimdrüse hat zwar ihre Entwicklung als Hoden fortgesetzt, aber sie gelangt nicht über das Stadium mit den primären Spermatogonien hinaus (Bild 57 E). Bei den ausgewachsenen Weibchen verbleibt das auf der operierten Seite gelegene Ovarium ebenfalls im verkümmerten Zustand, wenn die Geschlechtsreife eintritt (Bild 57 F). Vor der Ausbildung des Eierstocks, die aus dem Überwiegen der Rinde über das Mark resultiert, ist aber noch eine Induktion der Markregion auf den Rindenbereich erforderlich, um den Aufbau der zunächst einmal undifferenzierten Gonade (sog. Indifferenz-Stadium) zu ermöglichen. Das Mark ist nicht allein eine Region mit vorwiegend männlichen Potenzen, es ist auch für die ungestörte Organogenese der Keimdrüse von entscheidender Bedeutung. Wenn der Antagonismus zwischen Rinde und Mark für die geschlechtliche Differenzierung eine Rolle spielt, dann muß sich vorher ein gewisser *„Mark-Rinden-Synergismus"* eingestellt haben, der zur Entwicklung der undifferenzierten Gonade führt. Eine Verschiebung des Gleichgewichtes zwischen beiden Bereichen äußert sich in Anomalien der Gonadenentwicklung, die bis zur Sterilität reichen können wie im Fall der männlichen Pleurodelen, wo die verkümmerte Gonade niemals zur Geschlechtsreife gelangt. Diese Versuchsergebnisse deuten eine Erklärungsmöglichkeit für das beim Menschen im KLINEFELTER-Syndrom [1])umschriebene Erscheinungsbild an. Dabei handelt es sich um sterile Männer mit der Chromosomenkonfiguration XXY. Es ist denkbar, daß durch den mit zwei X stärker determinierten Rindenbezirk, als es die durch ein einziges Y ausgezeichnete Markregion ist, ein Mißverhältnis geschaffen wird, durch das die Gonaden-Insuffizienz hervorgerufen wird. Die beim KLINEFELTER-Syndrom beobachtete Gonaden-Dysplasie ist genetischen Ursprungs. In den Beispielen, wo eine Trennung von Mark und Rinde bei den Pleurodelen gelungen ist, resultiert die Gonaden-Dysplasie aus der in Beziehung zum Rindenbezirk ursprünglich unzureichend entwickelten Markregion, so daß sich der Rindenbezirk durch den Mangel an Mark-Substanz zu Beginn der geschlechtlichen Organogenese nicht entwickeln kann.

8.2.3. Die Rolle des Bidderschen Organs

Das BIDDERsche Organ, das oberhalb der normalen Gonade sowohl bei der männlichen wie bei der weiblichen Kröte angelegt wird, ist eine Keimdrüse, die weibliche Potenzen in sich birgt. Es entwickelt sich nämlich nach der Entfernung der eigentlichen Keimdrüse zum funktionstüchtigen Ovarium. Eine Interpretation dieser Keimdrüsenanlage ist möglich geworden, nachdem die Beziehung von Mark und Rinde bei den Pleurodelen aufgeklärt werden konnte. Danach stellt das BIDDERsche Organ wahrscheinlich eine rudimentäre Gonade dar. Tatsächlich ist am Beginn seiner Bildung die Zulieferung von Marksubstanz ziemlich gering, wenn auch nicht gerade völlig unterbunden. Dieser Mangel führt zu einem Mißverhältnis der Komponenten und äußert sich in der Anlage einer rudimentären Gonade. Man kann sich vorstellen, daß nach dem Auftreten der morphogenetischen Felder die ursprünglich vorhandene, auf den Mangel an Marksubstanz zurückgehender Hemmung nun durch die normale und funktionstüchtige Gonade ausgeübt wird, indem sie die Wirkungs-

[1]) Im weiblichen Geschlecht: ULLRICH-TURNER-Syndrom mit der Chromosomenkonfiguration XO. Es sind auch Aberrationen mit XXX und XXXY beobachtet worden.

mechanismen der gonadotropen Hypophysenhormone für sich allein in Anspruch nimmt. Nach der Entfernung der funktionstüchtigen Gonade kommen die Inkrete der Hypophyse dem rudimentären Ovarium, also dem BIDDERschen Organ, zugute, das daraufhin seine weiblichen Potenzen zur Entfaltung bringen kann. Ein analoger Vorgang ist bei den Pleurodelen zu beobachten. Wird die normale, auf der Körperseite mit einem primären Harnleiter gelegene Gonade entfernt, so wird damit die Weiterentwicklung der rudimentären Gonade bis zur Geschlechtsreife bewirkt. Die gesamte Hormonproduktion der Hypophyse konzentriert sich auf die verkümmerte Keimdrüse, die sich auf der Körperseite befindet, wo ganz zu Anfang der primäre Harnleiter entfernt wurde. Damit wird eine normale Entwicklung dieses zunächst verkümmert gebliebenen Organs erreicht. Die Entwicklung vollzieht sich in Übereinstimmung mit der genotypischen Geschlechtsbestimmung des betreffenden Tieres, da sich die wesentlichen Bauelemente der Gonade, selbst wenn sie unterentwickelt bleibt, in einem ausgewogenen Verhältnis befinden. Beim Weibchen ist sogar die Passage der Eier durch den MÜLLERschen Gang möglich, der auf der Seite ohne den primären Harnleiter angelegt wird. Im Gegensatz dazu bleibt das Männchen steril, da es seine Spermien durch den Ausfall von Urniere und WOLFFschem Gang nicht abgeben kann. Der Zustand der rudimentären Gonade ändert sich nicht, wenn gleichzeitig mit der Kastration der normal entwickelten Gonade eine Hypophysektomie vorgenommen wird.

Im rechten Ovarium der Vogelweibchen tritt das umgekehrte Phänomen wie beim BIDDERschen Organ auf. Die Markregion ist in normaler Ausbildung vorhanden, aber in der Rindenregion macht sich eine Insuffizienz bemerkbar. Das Resultat dieses Mißverhältnisses ist die Anlage einer rudimentären Gonade, die jedoch Hodenpotenzen besitzt. Diese Potenzen können sich nach einer Entfernung des normalen rechten Ovars erfolgreich durchsetzen.

Eine Analyse der einzelnen Entwicklungsschritte, die zum Aufbau des Urogenitaltraktes führen, bietet ein sehr gutes Beispiel für das Auftreten von Induktionsketten im Verlauf der Organogenese. Es lassen sich die folgenden, unterschiedlichen Induktionen erfassen:

– die primäre, neurale oder mesodermale Induktion, die zur Anlage der Grundelemente des Urogenitalapparates führt, d.h. des primären Harnleiters und des Urnierenblastems;
– eine Induktion höheren Grades, nämlich die des primären Harnleiters auf das Urnierenblastem, bedingt den Aufbau von Urniere und Mark;
– der Mark-Rinden-Synergismus gewährleistet die Entstehung der undifferenzierten Gonade, wobei ein Mißverhältnis zwischen beiden Elementen eine rudimentäre bzw. überhaupt fehlende Gonade verursacht;

– die geschlechtliche Differenzierung ergibt sich aus dem Vorherrschen eines der beiden Elemente. Es handelt sich dabei noch um eine stark verzögerte Reaktion, bei der embryonale Induktions-Substanzen wirksam werden, wie sich bei Fällen von Parabiose und Free-Martins (Zwicken) gezeigt hat;
– die cytologische Differenzierung der Keimzellen ist abhängig von ihrer Lage in Rinde oder Mark. Das Mark induziert die Cytodifferenzierung der Urkeimzellen zu Spermatogonien und die Rinde zu Oogonien;
– die ausdifferenzierte Gonade schließlich beginnt mit der Produktion von Geschlechtshormonen, von denen die Entwicklung der primären und sekundären Geschlechtsmerkmale gesteuert wird. Am Ende der Induktionskette steht die Auswirkung der Geschlechtshormone auf die neutralen Somazellen, um den Phänotypus des betreffenden Geschlechtes zu verwirklichen. In diesem Fall ist die chemische Natur des auf die neutralen Somazellen einwirkenden Induktors wirklich bekannt. Er ist verantwortlich für die Sexualität, die sich entsprechend dem männlichen oder weiblichen Phänotyp ausprägt.

So vollzieht sich auch die sexuelle Ontogenese Schritt für Schritt durch eine ununterbrochene Abfolge von Induktionen.

8.2.4. Schlußbetrachtung

Unter dem Eindruck der von der experimentellen Embryologie erbrachten Resultate stellt sich die Entwicklung insgesamt als *Epigenese* dar, d.h. als die sich schrittweise vollziehende Realisierung eines bestimmten Planes. Jeder einzelne Vorgang löst einen neuen aus, und er selbst ist nur durch den vorangegangenen erklärbar. Zu guter Letzt stößt man auf die Phänomene der immer spezifischer werdenden Induktionen, von denen diese allmähliche Realisierung des Individuums ausgeht. Es muß jedoch erwähnt werden, daß in den Anfängen der Ontogenese eines jeden Organismus auch die Präformation eine gewisse Rolle spielt. So ist die Polarität des Eis schon sehr früh determiniert; die Ausmaße der Eizelle sowie Menge und Qualität des Dotters sind für eine bestimmte Art festgelegt. An erster Stelle steht aber als eigentliches Ausgangselement jedweder Ontogenese der Zellkern, der die Gene und damit die Träger der Erbsubstanz enthält.

So hat man sich von den alten Vorstellungen der Präformation und der Epigenese recht weit entfernt, aber damit ist das Problem nur auf eine andere Ebene verschoben worden. Wenn es auch inzwischen genügend Anhaltspunkte dafür gibt, wie man sich die Beziehungen eines Gens zu dem ihm zugeordneten Merkmal vorzustellen hat, so bleibt es doch nach wie vor ein Rätsel, wie ein Gen oder eine ganze Gengruppe mit der Differenzierung eines Organs zusammenhängt und weit mehr noch, wie die Wechselbeziehungen zwischen dem Genom und der Realisierung des Organismus im einzelnen beschaffen sind.

Literaturverzeichnis

Allgemeines

ABERCROMBIE, M., J. BRACHET: Advances in Morphogenesis. vol. 1 (1961) bis vol. 9 (1971). Academic Press, New York, London.

BALINSKY, B. J.: An Introduction to Embryology. Saunders Company, Philadelphia u. London. 3. Aufl. 1970.

BELL, E.: Molecular and Cellular Aspects of Development. Harper & Row, New York, Evanstone, London (1965).

BRACHET, J., A. DALCQ, P. GERARD: Traité d'Embryologie des Vertébrés. Masson & Cie, Paris, 2. ed, (1935).

BRACHET, J.: The Biochemistry of Development. Pergamon Press, New York, Los Angeles, London, Paris (1960).

DALCQ, A.: L'oeuf et son Dynamisme organisateur. Paris (1941).

DE BEER, G. R.: Embryos and Ancestors. Oxford University Press, London and New York, (1951).

EBERT, J. D.: Entwicklungsphysiologie. BLV München (1967).

FREEMAN, W. H., and B. BRACEQIRDLE: An Atlas of Embryology. Heinemann, London (1963), 2. Aufl. 1969.

HADORN, E.: Experimentelle Entwicklungsforschung. Springer, Berlin, Heidelberg, New York (1970).

HERTWIG, O.: Handbuch der vergleichenden und experimentellen Entwicklungslehre der Wirbeltiere Bd. I–III. Fischer, Jena (1901–1906).

HUETTNER, A. F.: Fundamentals of Comparative Embryology of the Vertebrates. Macmillan Company, New York, 2 nd ed. (1949).

KORSCHELT, E. und K. HEIDER: Vergleichende Entwicklungsgeschichte der Tiere. Bd. 1 und 2, Jena (1936).

KÜHN, A.: Vorlesungen über Entwicklungsphysiologie. Springer, Berlin, Göttingen, Heidelberg (1955). 2. Aufl. 1965.

LEHMANN, F. E.: Einführung in die physiologische Embryologie. Basel (1945).

NEEDHAM, J.: Biochemistry and Morphogenesis. Cambridge (1942). Neudruck 1950.

NELSON, O. E.: Development of Vertebrates. W. B. Saunders, Philadelphia (1956).

MOHR, H. und P. SITTE: Molekulare Grundlagen der Entwicklung. BLV München (1971).

PFLUGFELDER, O.: Lehrbuch der Entwicklungsgeschichte und Entwicklungsphysiologie der Tiere. Fischer, Jena (1962). 2. Aufl. 1970.

RAVEN, C.P.: An Outline of Developmental Physiology. London, 2nd ed. (1959).

RUSH, R.: Experimental Embryology. Burgess, Minneapolis (1968).

ROMER, A.S.: Vergleichende Anatomie der Wirbeltiere. Parey, Hamburg, Berlin, 2. Aufl. (1966).

SCHLEIP, W.: Die Determination der Primitiventwicklung. Leipzig (1929).

SCHMIDT, G.A.: Evolutionäre Ontogenie der Tiere. Akademie-Verlag, Berlin (1966).

SEIDEL, F.: Entwicklungsphysiologie der Tiere I und II. Sammlung Göschen, Berlin (1953).

SIEWING, R.: Lehrbuch der vergleichenden Entwicklungsgeschichte der Tiere. Parey, Hamburg (1969).

STARCK, D.: Embryologie. Thieme, Stuttgart, 2. Aufl. (1965).

SYMPOSIUM on the Chemical Basis of Development. ed. by W. D. McELROY and B. GLASS, Baltimore (1958).

TANNER, J. M., and G. R. TAYLOR: Das Wachstum. Time-Life Int. (1966).

VOSS, H.: Embryologischer Atlas für Studenten. Fischer, Jena, 2. Aufl. (1962).

WADDINGTON, C. H.: Principles of Embryology. London (1956).

WITSCHI, E.: Development of Vertebrates. W. B. Saunders, Philadelphia (1956).

WOLFF, E.: Experimentelle Embryologie. Fischer, Stuttgart (1971).

Echinodermen

BOVERI, Th.: Polarität von Ovocyte, Ei und Larve von *Strongylocentrotus lividus.* Zool. Jb. Anat. 14 (1901).

HERBST, C.: Experimentelle Untersuchungen über den Einfluß der veränderten chemischen Zusammensetzung des umgebenden Mediums auf die Entwicklung der Tiere. Z. wiss. Zool. 55 (1892).

HERBST, C.: Weiteres über die morphologische Wirkung der Lithiumsalze und ihre theoretische Bedeutung. Mitt. Zool. Stn. Neapel 11 (1893)

HERTWIG, O. und R.: Über den Befruchtungs- und Teilungsvorgang des tierischen Eies unter dem Einfluß äußerer Agentien. Z. Naturw. 20 (1887).

HÖRSTADIUS, S.: Über die Determination des Keimes der Echinodermen. Acta Zool., Stockh. 9 (1928).

HÖRSTADIUS, S.: The mechanics of sea-urchin development, studied by operative methods. Biol. Rev. Cambridge Philos. Soc. 14 (1939).

LALLIER, R.: Analyse expérimentale de la différenciation embryonnaire chez les échinodermes. Experientia (Basel) 14 (1958).

MORTENSEN, Th.: Contributions to the study of the development and larval forms of Echinoderms. Danske Vid. Seslk. Skr. Nat. Afd. (9) 4 (1931).

RUNNSTRÖM, J.: Über Selbstdifferenzierung und Induktion beim Seeigelkeim. Wilhelm Roux, Arch. Entw. Mech. Org. 117 (1929).

RUNNSTRÖM, J.: Zur Entwicklungsmechanik des Skelettmusters bei dem Seeigelkeim. Wilhelm Roux, Arch. Entw. Mech. Org. 124 (1931).

RUNNSTRÖM, J.: Some results and views concerning the mechanism of initiations of development in the sea-urchin-egg. Pubbl. Staz. zool. Napoli 21, Suppl. (1949).

UBISCH, L. v.: Entwicklung von *Strongylocentrotus lividus.* Z. wiss. Zool. 106 (1913).

UBISCH, L. v.: Entwicklungsphysiologische Studien an Seeigelkeimen. Z. wiss. Zool. 124 (1925).

UBISCH, L. v.: Formbildungsanalyse an Seeigellarven. Naturwissenschaften 21 (1933).

UBISCH, L. v.: Über die Organisation des Seeigelkeims. Wilhelm Roux Arch. Entw. Mech. Org. 129 (1933).

Ascidien

CONKLIN, E. G.: Mosaic development in Ascidian egg. J. exp. Zool. 2 (1905).

HOLMGREN, E.: Ein Beitrag zum experimentellen Studium der Clavellina-Metamorphose. Wilhelm Roux Arch. Entw. Mech. Org. 129 (1933).

UBISCH, L. v.: Über die Entwicklung von Ascidienlarven nach frühzeitiger Entfernung organbildender Keimbezirke. Wilhelm Roux Arch. EntwMech. Org. 139 (1939).

UBISCH, L. v.: Weitere Untersuchungen über Regulation und Determination im Ascidienkeim. Wilhelm Roux Arch. EntwMech. Org. 140 (1940).

Amphibien

BAUTMANN, H., J. HOLTFRETER, H. SPEMANN, und O. MANGOLD: Versuche zur Analyse der Induktionsmittel. Naturwissenschaften 20 (1932).

CHUANG, HSIAO-HUI: Spezifische Induktionsleistungen von Leber und Niere im Explantatversuch. Biol. Zbl. 58 (1938)

CHUANG, HSIAO-HUI: Defekt- und Vitalfärbungsversuche zur Analyse der Entwicklung der kaudalen Rumpfabschnitte des Schwanzes bei Urodelen. Wilhelm Roux Arch. EntwMech. Org. 143 (1947).

EKMAN, G.: Experimentelle Beiträge zur Herzentwicklung der Amphibien. Wilhelm Roux Arch. EntwMech. Org. 106 (1925) und 116 (1929).

EKMAN, G.: Beobachtungen über den Bau durch halbseitige obere Urmundlippe induzierter Embryonen bei *Triton,* Annls. Acad. Sci. fenn., Ser. A, 45 (1936).

HENZEN, W.: Transplantationen zur entwicklungsphysiologischen Analyse der larvalen Mundorgane bei *Bombinator* und *Triton.* Wilhelm Roux Arch. EntwMech. Org. 149 (1957).

HOLTFRETER, J.: Differenzierungspotenzen isolierter Teile der Anurengastrula. Wilhelm Roux Arch. EntwMech. Org. 138 (1938).

HOLTFRETER, J.: Differenzierungspotenzen isolierter Teile der Urodelengastrula. Wilhelm Roux Arch. EntwMech. Org. 138 (1938).

HOLTFRETER, J.: Studien zur Ermittlung der Gestaltungsfaktoren in der Organentwicklung der Amphibien. Wilhelm Roux Arch. EntwMech. Org. 139 (1939).

MANGOLD, O.: Das Determinationsproblem I–III. Ergebn. Biol. (1928, 1929, 1931).

MANGOLD, O.: Über die Induktionsfähigkeit der verschiedenen Bezirke der Neurula von Urodelen. Naturwissenschaften 21 (1933).

NOBLE, G. K.: The Biology of the Amphibia. Dover Publications, New York (1954).

SPEMANN, H.: Entwicklungsphysiologische Studien am Tritonei I und II. Wilhelm Roux Arch. EntwMech. Org. 12 (1901) und 15 (1902).

SPEMANN, H.: Experimentelle Beiträge zu einer Theorie der Entwicklung. Berlin (1936).

TOIVONEN, S.: Stoffliche Induktoren. Rev. Suisse Zool. 57 (1950).

VOGT, W.: Gestaltungsanalyse am Amphibienkeim mit örtlicher Vitalfärbung I und II. Wilhelm Roux Arch. EntwMech. Org. 106 (1925) und 120 (1929).

Vögel

GRAEPER, L.: Die Primitiventwicklung des Hühnchens. Wilhelm Roux Arch. EntwMech. Org. 116 (1929).

KOPSCH, F.: Die organbildenden Keimbezirke im zentralen Felde der Keimscheibe des unbebrüteten Hühnereies. Z. mikrosk.-anat. Forsch. 53 (1943).

PATTEN, B. M.: The early Embryology of the Chick. London, 4. ed. (1950)., 6. Aufl. 1971.

PETER, K.: Untersuchungen über die Entwicklung des Dotterentoderms. Z. mikrosk.-anat. Forsch. 43, 44 (1938).

ROMANOFF, A. L., and J. ROMANOFF: The Avian Egg, New York (1949).

ROMANOFF, A. L., and J. ROMANOFF: The Avian Embryo, New York (1961).

WETZEL, R.: Untersuchungen am Hühnchen. Wilhelm Roux Arch. EntwMech. Org. 119 (1929).

WETZEL, R.: Primitivstreifen und Urkörper. Wilhelm Roux Arch. EntwMech. Org. 134 (1936).

Säugetiere

FLYNN, T. T.: The early development of *Didelphys aurita*. Q. J. microsc. Sci. 63 (1918).

FLYNN, T. T., and J. P. HILL: The development of the Monotremata. Trans. zool Soc. London 24 (1939), 25 (1941), 26 (1947).

GROSSER, O.: Über vergleichende Anatomie und Phylogenie der Plazenta. Verh. anat. Ges. (1935).

GROSSER, O., und R. ORTMANN: Grundriß der Entwicklungsgeschichte des Menschen. Springer, Berlin, Heidelberg, New York (1966).

HÖRSTADIUS, S.: The neural Crest. London, New York (1950).

McCRADY, E. jr.: The embryology of the Opossum. Am. anat. Mem. 16 (1938).

STARCK, D.: Die Frühphase der menschlichen Embryonalentwicklung und ihre Bedeutung für die Beurteilung der Säugerontogenese. Ergebn. Anat. EntwGesch. 35 (1956).

WARD, M. C.: The early development and implantation of the golden hamster *Cricetus auratus*. Am. J. Anat. 82 (1948).

Sachwortverzeichnis

» Sexualität

Von Charles Houillon. (Sexualite, dt.) Aus dem Französischen übersetzt und herausgegeben von R. Altevogt. Mit 54 Abbildungen – Braunschweig: Vieweg 1969. 182 Seiten. DIN C 5 (uni-text/Lehrbuch.)
ISBN 3 528 03525 0 (Paperback)
ISBN 3 528 03517 X (Gebunden)

Inhalt: *Keimbahn – Spermatogenese – Oogenese – Befruchtung – Organogenese des Urogenitalsystems der Wirbeltiere.*

"... Houillon behandelt alle biologischen Seiten der Sexualität von der Entwicklung der männlichen und weiblichen Keimzellen an über die Befruchtung bis zur Bildung des Urogenitalsystems hin. Der Keimbahnbegriff wird neu umrissen, die experimentelle und natürliche Parthogenese sowie Anomalien bei den Vorgängen einbegriffen. Auch auf Fragen der künstlichen Besamung, Eiverpflanzung, Parabiose u. a. wird eingegangen. Stets werden auch die hormonalen Steuerungen, biochemischen Prozesse und die elektronenmikroskopisch ermittelten Feinststrukturen mit aufgeführt. Die klaren, großenteils farbigen Zeichnungen helfen gut zum Verstehen des Textes. Ein sehr ausführliches Inhalts- und ein Sachverzeichnis fördern die Benutzungsmöglichkeit dieses übersichtlich aufgegliederten, ausgezeichneten Buches."

Säugetierkundliche Mitteilungen, München

» vieweg

» Die Zelle

Von Michel Durand und Pierre Favard. (La cellule, dt.) Aus dem Französischen übersetzt von B. Heinrich. Herausgegeben von R. Altevogt. Mit 74 Abbildungen – Braunschweig: Vieweg 1970. VIII, 206 Seiten. DIN C 5 (uni-text/Lehrbuch.)

ISBN 3 528 0**3537** 4 (Paperback)
ISBN 3 528 0**3518** 8 (Gebunden)

Inhalt: *Morphologie der Zelle: Statische Aspekte – Dynamische Aspekte der Zellmorphologie – Chemischer Aufbau der Zelle: Statische Aspekte – Dynamische Aspekte des chemischen Aufbaus der Zelle – Methoden der Zellforschung: Morphologische Untersuchung – Methoden der chemischen Untersuchung – Physiologische Untersuchungsmethoden.*

". . . Für jede Form der Organisation und für jede der großen chemischen Gruppen werden ausgewählte Einzelbeispiele gebracht und mit guten Zeichnungen das Verständnis gefördert. Es wird gezeigt, wie die Molekularbiologie das Verständnis für Anbau und Bedeutung der Primär- bis Quartärstruktur der großen Zellbausteine ermöglichte. Typische Reaktionsabläufe an Eiweißkörpern, Nukleinsäuren, Lipiden und Kohlenhydraten werden unter Berücksichtigung des Energiehaushaltes dargestellt. Den Beschluß bilden die modernen Zellforschungsmethoden. Nach diesem didaktisch so guten Buch darf man auf die anderen Bände, die sich u. a. mit der Physiologie und der Genetik der Zelle befassen sollen, gespannt sein."

Deutsches Ärzteblatt, Köln

» **vieweg**

GPSR Compliance

The European Union's (EU) General Product Safety Regulation (GPSR) is a set of rules that requires consumer products to be safe and our obligations to ensure this.

If you have any concerns about our products, you can contact us on ProductSafety@springernature.com

In case Publisher is established outside the EU, the EU authorized representative is:

Springer Nature Customer Service Center GmbH
Europaplatz 3
69115 Heidelberg, Germany

Batch number: 10577876

Printed by Printforce, the Netherlands